改訂新版

日本の農と食を学ぶ

上級編

日本農業検定 1 級対応

農業（経営）が持つ特性とは何だろう？

「農業は生き物相手で、工業・商業とは違う」と言われる要因を考えてみよう。

1．農業生産と地域社会が一体に

大規模経営が増えたとはいえ、都府県ではまだまだ個々の経営面積が小さいというのが大きな特徴である（北海道 34.0ha　都府県 2.4ha ／ 2023 年）。そのため農村環境や農業生産基盤（農地や農業用水等）を保全管理・整備するために地域全体の共同作業が欠かせない。その絆が、地域社会を支える大きな力ともなっている。

2．自然の影響を受けやすい

イネや野菜などの生産では、天候に恵まれた時には高品質で高収量が実現できても、不順の場合は低品質・低収量になるなど自然の影響を大きく受ける。また、販売価格は、品質や収量・天候等の影響を受けて大きく変動する。ハウスなどの施設栽培が普及した現代でも、天候に左右されるというのは農業が持つ宿命である。

3．市場・消費者に影響されやすい

農産物の多くは、市場を通して取引されている。価格変動が大きく、かつ厳しい出荷規格があるが、大規模経営には選別の高度化による規格品大量出荷のメリットがある。JA や集落で選別・出荷施設をもち運営する産地も多い。一方、近年増えているのが生産者自身による直販（Web 直販含む）や農産物直売所への出荷である。生産者が自分で値決めできるプラス面があるが、自らの営業努力が欠かせない。また、入金の遅れや回収不能のリスクもあり、売れ残った場合の対策も必要になってくる。

いろいろな農地

水田

普通畑

牧草地

樹園地

ビニールハウス

植物工場

肥料の種類

ナタネ油カス

ダイズ油カス

魚カス

蒸製骨粉

苦土石灰

被覆肥料

野菜の花

コマツナ（アブラナ科）

サツマイモ（ヒルガオ科）

シュンギク（キク科）

ナス（ナス科）

ニンジン（セリ科）

ブロッコリー（アブラナ科）

はじめに

日本農業検定は、「農」に関わる様々な知識から「農業全般」「環境」「食」「栽培」の４分野に分け、これらの基礎的な知識を段階的・継続的に学んでいただくものです。

それらの知識を検証する場として検定試験を受けていただき、さらにご自身の「農」に関する知識を深め、多くの方が農業に関わる様々な場面で「農業のファン」となり将来、日本農業検定を勉強したことが、生活の中で役立ち、その価値を認識いただけることを願って実施しております。

上級（1級）では、日本農業検定の集大成として、中級（2級）初級（3級）の農業の基礎的な知識から農業の現場とつながって、より深い総合的知識を身につけることを主眼として編成されています。

ぜひ、このテキストで学んで、上級（1級）に挑戦していただきたいと思います。

この検定を通して、多くの方が農業への理解を深め、将来様々なかたちで農業の担い手や応援団になっていただく事を期待するとともに一人一人が食の安全や安心について、高い関心と必要な知識を持っていただくことを切に願っております。

2024年5月
日本農業検定事務局

日本農業検定1級　実施要領

1. 出題範囲

このテキストより出題されますが、一部、中級（2級）、初級（3級）テキストからも出題されます。

2. 受験資格

特にありません。どなたでも受検できます。

3. 問題数・解答時間・解答方法

検定問題数：「農業全般」「環境」「食」「栽培」の4分野から70問

解答時間　：70分

解答方法　：4者択一方式にてパソコンまたはマークシートによる解答方法

4. 会場・試験日・受検料

※詳細は日本農業検定のホームページでご確認ください（https://nou-ken.jp）

種別	会場	試験日	受検料（2024年度現在）
個人受検	CBT会場	1月上旬～中旬	5,800円
団体受検（学校）	実施団体が準備・提供した会場	1月上旬～中旬	• 小・中学生　2,200円 • 高校生　2,500円 • 大学・専門学校　3,200円 • 特別支援学校（小中学部）　2,200円 • 特別支援学校（高等部）　2,500円
団体受検（その他団体）	実施団体が準備・提供した会場	1月上旬～中旬	4,800円

5. 合格基準

正答率70％以上。問題の難易度により若干調整を行う場合があります。

6. 申込期間

日本農業検定ホームページでご確認ください。

7. 申込方法

日本農業検定ホームページから申し込む。

8. 試験結果

試験実施年度の2月末に結果を郵送します。

9. 実施主体

一般社団法人　全国農協観光協会　（日本農業検定事務局）

〒101-0021　東京都千代田区外神田1-16-8　GEEKS AKIHABARA 4階

TEL：03-5297-0325　FAX：03-5297-0260

ホームページ：https://nou-ken.jp

目　次

4. 栽培分野（1）

5. 栽培分野（2）

改訂新版『日本の農と食を学ぶ』上級編　（正誤訂正表）

p.208 におきまして監修者の肩書きに誤りがございました。監修者ならびに読者の皆様にお詫び申し上げるとともに、以下のとおり訂正いたします。

誤

[上から４行目]

柴田　一

東京都立学校農業関係教諭

[上から６行目]

竹中 真紀子

東京家政学院大学現代生活学部現代家政学科准教授

正

[上から４行目]

柴田　一

元東京都立学校農業関係教諭

[上から６行目]

竹中 真紀子

東京家政学院大学現代生活学部現代家政学科教授

54024138

1

農業全般分野

農業全般の基礎知識

縄文時代に始まった日本の農耕

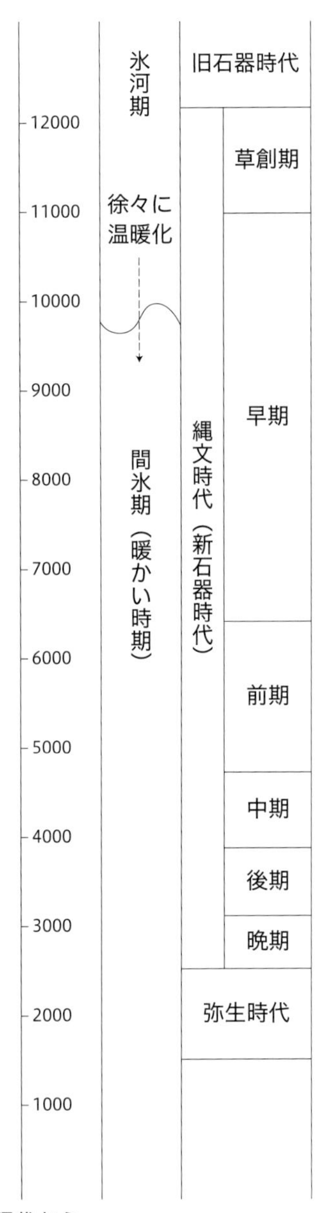

表1　縄文時代年表

自然の恵みを巧みに活かした縄文人

紀元前1万年頃に始まったとされる日本列島の縄文時代は、世界共通の考古学的時代区分でいえば、旧石器時代の次にくる新石器時代（石を研磨した磨製石器や土器を用い、農耕・定住化が進んだ時代）に相当する。

日本列島東部は、中国南部やアムール川流域と並ぶ世界で最も古い土器の故郷である。1971年に青森県東津軽郡で出土した日本最古の土器は1万6500年前のものと分析され、この頃を縄文時代の草創期とする説もある。1万6500年前はまだ氷河期の最中で食料も乏しかったが、土器の登場により煮炊きをして、それらを貯蔵することができるようになった。

土器の発明は、人類史上の大きな転機の一つとなった。日本列島では土器の出現期から、1万年を超えて土器文化が継続し、縄文文化が形成された。温暖期を迎えて豊かな落葉広葉樹林が広がった東日本では、ドングリやトチなどの堅果類が得やすく、これを調理するには土器をもつことが有効に働いた。

1950年に神奈川県夏島貝塚で縄文土器（図1）が発掘された。土器はドングリなど食料の貯蔵容器として役立っていたと考えられている。

しかし、ドングリはアクが強く一度にはたくさん食べられない欠点があった。アクの強いドングリを食べやすくするために、火を使う容器としても土器が使われていたと思われる。

氷河期の末期に到来した温暖化と寒冷化の繰り返しも、貯蔵や煮炊きができる土器で乗り切れたと考えられている。

原始的な農耕も加えた自給自足の生活へ

日本列島の豊かな堅果類の恵みに適応した縄文文化では、これまでは本格的な農耕には入らなかった文化と考えられてきたが、近年の発掘調査により、縄文時代にもサトイモなどの栽培や陸稲を含む雑穀類の農耕が行われていたことがわかってきた。

1992～1994年の青森県の三内丸山遺跡（図2）の発掘調査（青森県運動公園の拡張事業に伴う三内丸山遺跡の大規模発掘調査）から縄文文化の食のイメージは大きく変わった。クリの渋皮が大量に出土し、DNA分析によってこのクリが栽培用に選抜された同一種であることが明らかになった。

ほかにもヒョウタン、ゴボウ、豆類（野生種のアズキやダイズ）の栽培植物も出土している。

図2　三内丸山遺跡（青森県青森市）
紀元前約3900～2200年頃に営まれた縄文時代前期中葉～中期の大規模集落跡（2000年、国の特別史跡指定）。復元した大型掘立（ほったて）柱建物の材料はクリの巨木である。（三内丸山遺跡センター所蔵）

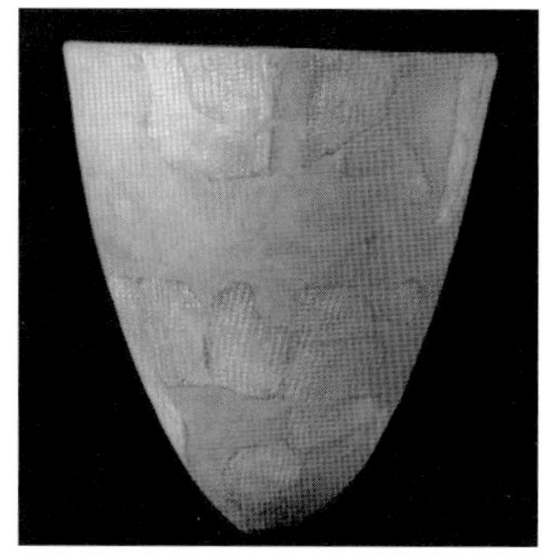

図1　縄文土器（横須賀市）
内部はよく磨かれ高密度で、水が漏れることはない。尖底（せんてい）の土器を石で囲むか地面に埋めて、周りで焚き火をして煮炊きした。縄文時代が進むにつれて縄で文様を付けた土器が多くなり、縄文土器と呼ばれている。
（写真提供：明治大学博物館）

また、動物タンパク源としては海産の魚（サバやブリ、サメなど）が主体で、肉類はウサギ、ムササビ、カモなどが見つかっている。

なお、竪穴式住居群を中心に、村の周りにはクリやクルミ、ウルシなど多くの有用植物が栽培された雑木林が成立し、自然と共生していたと考えられている。

稲作の始まり

今から約3000年前の縄文時代晩期にはすでに大陸から稲作が伝わっていた。これは、福岡県の四箇東（しかひがし）遺跡や熊本県の東鍋田（ひがしなべた）遺跡の土壌からプラントオパール❶が確認されていることからもわかる。さらに約2700年前の九州の遺跡の調査から非常に整備された形で水稲耕作が行われていたことがわかっており、縄文晩期には大陸で稲作を行っていた集団が稲作技術とともに日本に渡来し、稲作をおこなっていたと考えられる。また、この水田稲作技術が伝わる以前は、イネをアワ、ヒエ、キビなどの雑穀類と混作する農業が行われていた可能性がある。

九州地方に伝わった稲作技術は弥生時代が始まる頃（紀元前3～5世紀頃）から急速に全国に伝播し、列島全体が稲作中心の社会に替わっていった（参考：公益社団法人 米穀安定供給確保支援機構HP）。

❶プラントオパール
イネ科の植物などが土壌中の珪酸（けいさん）を特定の細胞に蓄積して作るガラス質の細胞体。植物によって作られる細胞体の形が異なり、植物が失われても土壌中に長期間残り続けるので、過去にどんな植物があったかの手がかりとなる。

世界の農業と食料情勢

世界の人口増加と農耕地面積の推移

止まらぬ途上国の人口増加

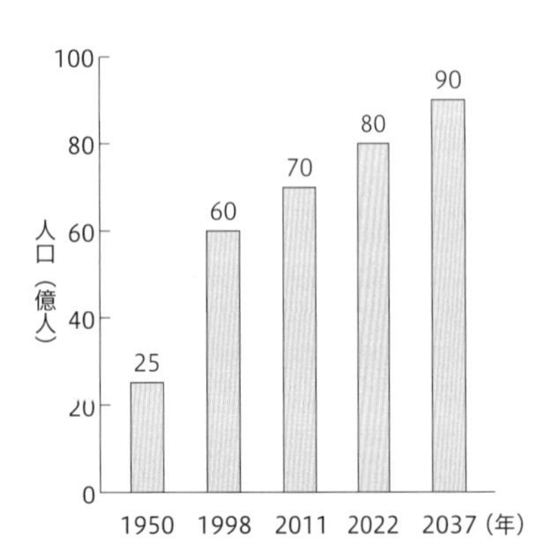

図1　世界人口の推移と見通し
（資料：国連「世界人口推計2022」2022年7月）

1950年に25億人だった世界人口は48年後の1998年には35億人増加し、60億人に増加した。この間を平均すると10億人増加するのに、約13.7年かかっている。

2022年に発表された国連人口推計によると、60億人から70億人に達するまでは約13年、70億人から80億人までは約11年と増加のスピードが加速している（図1）。

しかし、90億人に達するのは2037年と予測されており、80億人から約15年かかり、人口増加の勢いは若干小さくなると見込まれている。

2050年までの世界人口増加の半分以上は、コンゴ民主共和国やエジプト、エチオピア、インド、ナイジェリア、パキスタン、フィリピン、タンザニアの8カ国に集中することになると予想されている。

国別に2050年の推計人口を見ると、インドが中国を抜いて16.68億人と最も多く、次いで中国が13.17億人との予測である（表1）。

一方、先進諸国の多くは、多産から少産に向かっており、中国においても早ければ2023年から総人口が減少に転じるとされているが、インドやアフリカでは人口増加は続いていくと考えられている。

表1　世界推計人口ランキング上位10カ国　（単位：億人）

2050年	世界計 96.87
1位	インド（16.68）
2位	中国（13.17）
3位	米国（3.75）
3位	ナイジェリア（3.75）
5位	パキスタン（3.66）
6位	インドネシア（3.17）
7位	ブラジル（2.31）
8位	コンゴ民主共和国（2.15）
9位	エチオピア（2.13）
10位	バングラデシュ（2.04）

（資料：国連「世界人口推計2022」2022年7月）

増加が続く世界の穀物消費量

食料の確保は、昔も今も人類の最大の課題である。人類は食料問題を農耕の発明によって切り抜け、より多くの人口を養うことを可能にしてきたが、増え続ける人口を食料生産（とりわけ主食となる穀物生産）で支え切れるのかが課題になっている。

穀物の収穫面積❶は1960年代から停滞しており、世界人口増加のなかで、1人当たりの収穫面積は減少を続けている。しかし、これまで世界の穀物生産量の増加は、農業技術の革新による単収（→p.36「水田の活用と飼料用米の増産」参照）の向上で支えられてきた。

世界の穀物消費量は、途上国の人口増、所得水準の向上等に伴い増加傾向で推移している（図2）。2022/23年度は、2000/01年度に比べ1.5倍の水準に増加している。一方、生産量は、

❶収穫面積は栽培した面積のうち、実際に収穫した面積。

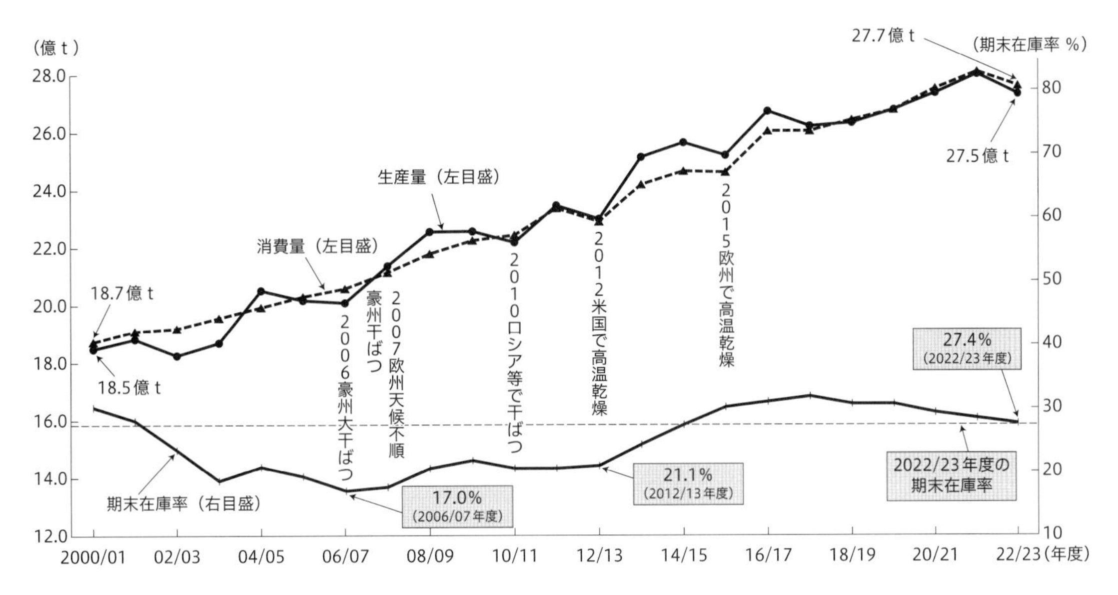

図2 世界の穀物の生産量、消費量、期末在庫率（資料：農林水産省「世界の穀物需給及び価格の推移」2023年3月）
注1：穀物は、コメ、とうもろこし、小麦、大麦等
注2：期末在庫率＝期末在庫量÷年間総消費量×100

主に単収の伸びにより消費量の増加に対応している。期末在庫率については、2022/23年度は生産量が消費量を下回り、27.4%と前年度より低下する見込みである。

世界で加速する農地争奪

2008年の穀物価格の高騰（ダイズ・コムギ・トウモロコシが輸出国の輸出禁止もあって史上最高価格を記録）を契機に、食料輸入国の企業などがアジア、南米、アフリカなどに対する大型農業投資を活発化させている。輸入量確保のために中国、韓国、中東諸国などの企業が投資先の途上国の土地に数十年の長期貸借契約を結ぶケースが多くなっている。外国企業による大規模な農地取得が途上国の貧しい農民から耕作可能な土地を奪った場合、収穫物が現地には出回らず、食料不足などの深刻な被害を生じさせるおそれがある。

この状況は、世界的な天候不順や、2022年2月に始まったロシアのウクライナ侵攻などによってさらに悪化している。

世界の農業と食料情勢

世界の食料需給

食料需要は増加の見通し

世界の食料需要は、人口の増加や食生活の変化による肉類需要の増加、畜産物生産に必要な飼料穀物の増加などが予測されることから、2010年の34億tから2050年の58億tまで1.7倍に増加すると見込まれている（図1）。

特に穀物と畜産物については、2010年に比べてそれぞれ15億t（約1.7倍）と6億t（約1.8倍）ほど生産量を増加させる必要があると見込まれている。

さらに食料向けと競合する形で、トウモロコシやナタネといったバイオ燃料向け農産物の需要の増加が見込まれている。

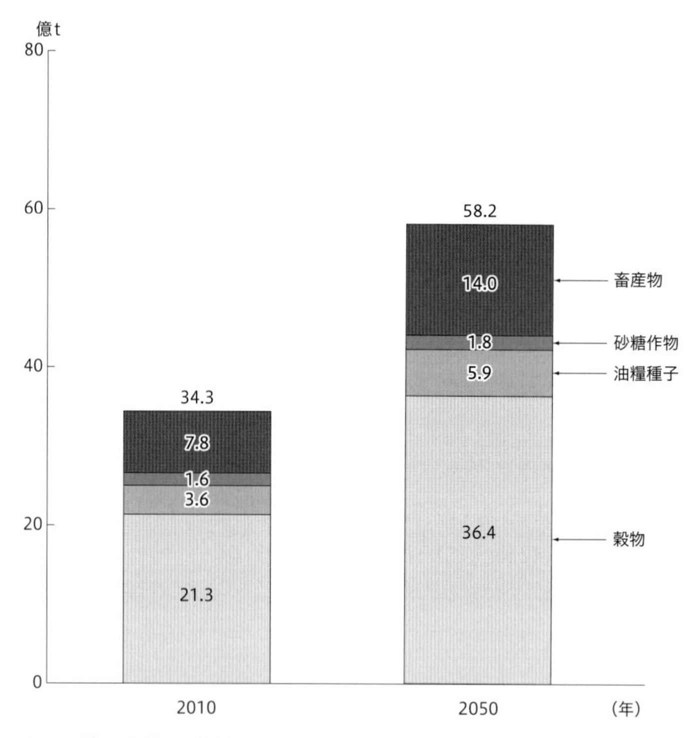

図1　世界全体の食料需要の見通し

（資料：農林水産省「2050年における世界の食料需給見通し」2019年9月）

注1：2010年値は、毎年の気象変化等によるデータの変動影響を避けるため、2009年から2011年の3カ年平均値

注2：穀物　小麦、米、とうもろこし、大麦及びソルガムの合計
油糧種子　大豆、菜種、パーム及びひまわりの合計
砂糖作物　サトウキビ及びテンサイの合計
畜産物　牛肉、豚肉、鶏肉及び乳製品の合計

中国が穀物の「爆買い輸入国」へ

人口14億人を超える「人口大国」の中国は今、急速に穀物の輸入を増やしている。中国の穀物輸入量の増加は、日本やメキシコなど穀物輸入国と直接競合し、価格の上昇に直結している。

中国のダイズの輸入量は2021年には9652万tとなり世界全体のダイズ貿易量❶のうち60％以上を占める。生産増大の続くブラジルの純輸出量の増加分を買い占める構図になっている。

中国のトウモロコシ自給率は、2009年まで100％を上回っていたが、2010年を境に輸入量が急増して2017年には352万t、2021年には2835万tに達している。中国国内の消費量のうち約64％が飼料用である。トウモロコシもダイズ（油糧用に使った後のダイズかす）も家畜の飼料に回され、肉や牛乳、卵の消費増大を支えている。

世界最大の穀物消費国である中国の需要量・輸入量の増加は、穀物の国際価格を上昇させる要因の一つになっている。

世界全体の穀物需給が引き締まるなかで、中国は穀物在庫を増加させている。

2022年の米国農務省の発表によると2022/23年度の世界全体の期末在庫率はコムギで34.1%、トウモロコシで26.4%だが、中国を除いた国全体の期末在庫率は、コムギ19.7%、トウモロコシ12.2%と極めて低く、穀物不足の発生が懸念されている。（資料：農林水産省発行「食料安全保障月報」2022年7月）

❶世界全体の貿易量とは各国輸入量の合計のこと

世界の都市化

20世紀後半の人口爆発の過程で、世界の人口は都市に集中していった。1950年時点では、世界の都市人口❷は7億4000万人で、農村人口（18億人）を大きく下回っており、2009年までは農村人口が都市人口を上回っていた。その後2018年には都市人口が42億人に膨れ上がり、一方農村人口は34億人となった（図2）。

❷都市人口
人口集中地区（Densely Inhabited District）の人口

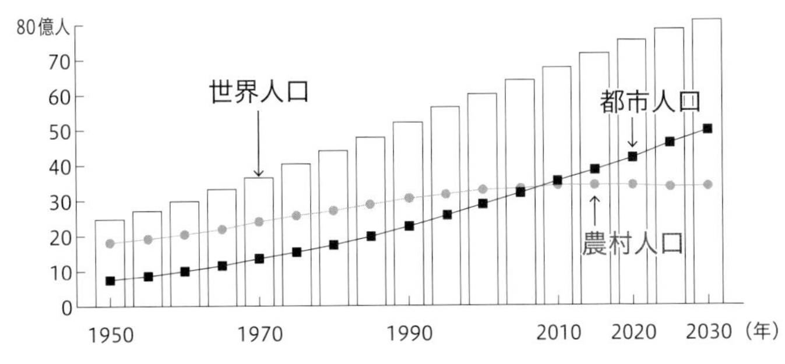

図2　世界の都市人口と農村人口の推移　（資料：世界銀行）

1 農業全般分野

世界の農業と食料情勢

食料生産の不安定要素の増大

食料需給の変動要因

世界の食料需給は、さまざまな要因の影響を受けて変動している。このうち、需要面の変動要因である「世界人口の増加」については、前節で見たように、2050年には97億人近くに達すると推計されている。また、開発途上国の国民の所得水準の向上に伴い、食生活が変化し、畜産物や油脂類の需要増加が見込まれている。さらに、再生可能エネルギーとしてバイオ燃料❶向け農産物の需要増加も大きな変動要因である。供給面では、地球温暖化による異常気象の頻発、水資源の制約など不安定要素も多く存在している。

悪性の家畜伝染病

近年の食料生産（供給）には、悪性の家畜伝染病❷の世界的な発生が大きな不安定要素となっている。BSEや口蹄疫、高病原性鳥インフルエンザなどは今のところ治療法がなく、発生した場合は輸出入の停止、発生地域からの移動禁止、殺処分が行われるため、発生した畜産農家への影響があるばかりではなく、産地全体にも影響を及ぼし、当該畜産物の供給にも大きな支障が出てくる。

地下水枯渇が懸念される穀物生産大国

世界人口のおよそ6分の1に当たる12億人が高度の水制約下にある農業地域に暮らし、農村人口のおよそ15%がひっ迫した水不足のリスクにさらされている。水欠乏の主たる背景要因は人口の増加である。1人当たりの1年間に利用可能な淡水量は、過去20年間で2割以上も減少した。この傾向は北アフリカや西アジアで特に深刻である（世界食糧農業白書2020）。

今農産物輸出国が直面しているのは、最も基本的な生産資源である農地と農業用水の問題である。今日、世界の40％の食糧は全耕地の20％程の灌漑農地❸で生産されているといわれている（国連食糧農業機関のSOLAW2021による）が、その用水のかなりの部分を地下水に頼っている。農産物輸出国ではその地下水の枯渇と農地の劣化が持続的な生産を困難にしている現実がある。

❶バイオ燃料
再生可能な生物資源（バイオマス）を原料にした代替燃料のこと。枯渇資源である石油・石炭などの化石燃料に替わる代替燃料として期待される。
バイオ燃料は化石燃料と違い、原料となる植物が成長過程でCO_2を吸収するため、燃焼時のCO_2の排出量はプラスマイナスゼロとなるカーボンニュートラルの特性をもつ。

主なものに
- ガソリンの代替となるバイオエタノール
- 軽油の代替となるバイオディーゼル燃料
- 天然ガスの代替となるバイオガス

などがある。

【バイオエタノール】
トウモロコシやサトウキビなどを発酵させてアルコールを作り、ガソリンと混合して利用する。トウモロコシは食料向けとの競合を避けるため、わら・トウモロコシ茎・間伐材などのセルロースを熱や真菌で分解してからアルコール発酵させる方法の開発が進んでいる。

【バイオディーゼル】
油糧作物（ナタネ、ヒマワリ、パーム）や廃食用油を原料として製造する軽油代替燃料。

【バイオガス】
生ごみ、紙ごみ、家畜のふん尿などを嫌気環境に置き、微生物に分解させガスを発生させる。発生したガスから可燃性のメタンを分離し、天然ガスの代替とする。

◆**アメリカ**　アメリカ中西部は「コーンベルト」と呼ばれるトウモロコシ、コムギ、ダイズの一大生産地で、ここで収穫された穀物は日本にも大量に輸出されている。しかし、この地域の年間降雨量は300～500mmと少なく、必要な灌漑用水を地下水に大きく依存している。この地下水はネブラスカ州・カンザス州など8つの州にまたがる巨大な地下水源「オガララ帯水層」に由来し、ロッキー山脈の雪解け水が数千年かけて溜められたもので、これを強力なポンプで汲み上げることで、涵養量(かんようりょう)❹を超えた大規模な灌漑が続けられている。このため、井戸が涸(か)れるという現象が起きており、今後の穀物生産量の大幅な減少が懸念されている。

◆**中国**　華北平原（華北地方の黄河流域に広がる大平原）はコムギやトウモロコシなど中国有数の穀倉地帯だが、降水量が400～600mmと少なく、農業用水の多くを地下水に頼っている。ここでも地下水位の急速な低下に伴い、深い井戸が必要となり、井戸を掘り直さないと畑に水をやれず、その経費を出せない農家が多くなっている。

◆**インド**　インド北西部のパンジャーブ州は、年間降雨量が少ない半乾燥地帯であるが、井戸から汲み上げた地下水を灌漑に利用することで、コメとコムギの食料基地に変え、穀物自給を支えてきた。この地域でも現在、地下水位の深刻な低下に直面している。州内の9割は毎年1m以上の速さで地下水位が低下し、深さ100m以上の井戸も珍しくない。

人為的要因で広がる砂漠化

砂漠化の要因には、自然的要因と人為的要因があり、人為的要因が大部分を占めると言われている。自然的要因は、地球規模で生じている気候変動、長期の干ばつ、降水量の減少とそれに伴う乾燥化などである。一方、人為的な要因としては、ヤギやヒツジなどの放牧家畜の過剰飼育、燃料用の薪や住居用の木材の過剰伐採、過剰な農地灌漑によって灌漑用水に含まれる塩類が土壌面に集積して農地を不毛化することなどである。これらの人為的要因は、人口増加も背景となっている。

化石資源への依存も不安定要素の一つ

食料生産の飛躍的拡大をもたらした化学肥料や化学農薬などは、化石資源を大量に消費して製造されており、石油、天然ガス、リン鉱石など化石資源の減少が食料生産の制約となる。化石資源に依存せず、堆厩肥(たいきゅうひ)❺など再生可能な資源を活かす、持続可能な農業の実現が世界的な課題になっている。

❷悪性の家畜伝染病

【BSE「牛海綿状脳症（狂牛病）」】
ウイルスより小さい異常プリオン（感染性タンパク質）の神経組織への蓄積説が有力。異常行動や運動失調を示し、死亡する。感染牛の脳や脊髄が入った餌の給与で感染する。

【口蹄疫】
ウイルスの感染による急性熱性伝染病。伝染力が強く、牛・豚・めん羊など偶蹄目動物が感染。成畜の致死率は低いが、伝染力が強く発育障害・運動障害を引き起こす。

【高病原性鳥インフルエンザ】
渡り鳥を含めた野生の水鳥が宿主となる鳥インフルエンザのなかで、鶏が感染した場合、死亡率が高くなるものを高病原性鳥インフルエンザと呼んでいる。人に感染するウイルスへの変異が懸念され、爆発的感染の可能性もあるので、国内の検疫強化だけでなく、渡り鳥が移動する関係各国との連携が重要とされている。

【CSF「豚熱（豚コレラ）」】
人には感染しないが、CSFウイルスが豚やイノシシに感染し、発熱や全身に出血性病変が出て、強い伝染力と高い致死率が特徴である。感染豚は唾液、涙、ふん尿中にウイルスを排泄し、感染豚や汚染物品などとの接触などにより感染が拡大する。

❸灌漑農地
作物栽培に必要とする水を用水路などから人為的に供給している農地。

❹涵養量
雨水などが土中に浸透し、地下水として蓄えられる量。

❺堆厩肥
家畜のふん尿と敷わら等を混ぜ堆積し、腐熟させた肥料。

農業生産を支える人達の現状と支援策

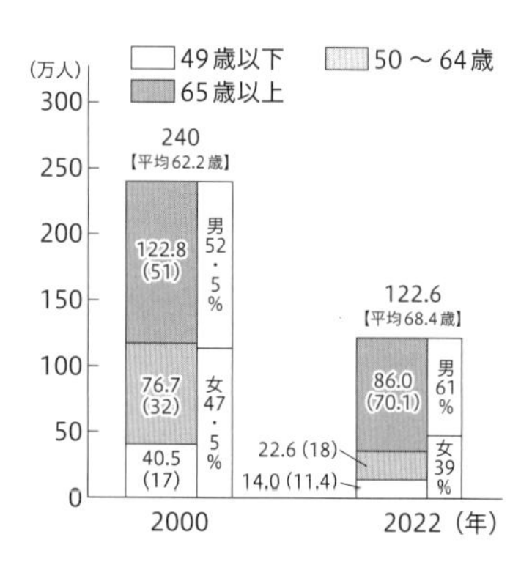

図1 年齢別基幹的農業従事者数〔( )内はパーセント、資料：農林水産省「農林業センサス」、2022年は「農業構造動態調査」〕

❶基幹的農業従事者
農業就業人口のうち、ふだん仕事として自営農業に従事している者をいう。

表1 「認定農業者」の推移

2000年3月末	14.9万経営体
2005年3月末	20.0万経営体
2010年3月末	24.6万経営体
2015年3月末	23.8万経営体
2020年3月末	23.4万経営体
2022年3月末	22.2万経営体

(資料：農林水産省「農業経営改善計画の営農類型別認定状況」)
注：経営体とは
(1)経営耕地面積が30a以上の規模の農業、
(2)農作物の作付面積又は栽培面積、家畜の飼養頭羽数又は出荷羽数、その他の事業の規模が農林業経営体の外形基準以上の農業、
(3)農作業の受託の事業、のいずれかに該当する事業を行う者をいう。

❷新規就農者
調査期日前1年間の状態が「新規自営農業就農者」「新規雇用就農者」「新規参入者」であった者をいう。

基幹的農業従事者の動向

農水省の調査によれば、1995年には265.1万戸あった販売農家戸数は、年々減少を続け、2020年には102.8万戸と、25年で約40％に減少している。

日本の基幹的農業従事者数❶（図1）を2000年と2022年とで比べると次のようになっている。

- 総数は240万人から122.6万人へと117.4万人（約49%）減少した。
- 平均年齢は62.2歳から68.4歳へと6.2歳高くなった。
- 65歳以上の割合は全体の51.2%から70.1%と高齢化が進んだ。
- 49歳以下の割合は16.9%から11.4%に減少した。
- 女性は114万人（47.5%）から48万人（39.2%）に減少した。

認定農業者の動向

農水省は1991年に農業・農村を取り巻く環境に対応するため、「新しい食料・農業・農村政策の方向（新政策）」を公表した。その新政策に基づき、農業経営基盤強化促進法（1980年施行）に基づく「認定農業者制度」が1992年に創設された。

この制度は農業者自らが5年後の目標とその達成のための取り組み内容を市町村へ提出し、市町村が審査・認定し、認定を受けた農業者（法人を含む）を「認定農業者」として重点的に支援しようとするものである。

制度ができた当初は、「認定農業者」は現在農業に携わっている農業者で、経営の改善に取り組もうとする農業者（法人を含む）だけを対象としていたが、2014年度から、新たに農業を始める者が経営目標を作成し、市町村が認定した者を「認定新規農業者」として支援する制度に広げた。

新規就農者の動向

2022年の新規就農者❷は4.6万人であった。1965年には17.6万人の新規就農者がいたので57年間で13万人（年平均約2300人弱）が減り約30％になったことになる。

なお、49歳以下の新規就農者は2010年代の半ばには2万人

を超えていたが、2018年には1.9万人と2万人を切り、その後も減少が続いている（図2）。

49歳以下の新規就農者のうち新規自営農業就農者❸は2014年には13.2万人だったが、その後は減少が続き2022年には6.5万人と半減した。なお、49歳以下の新規雇用就農者❹は2021年に初めて新規自営農業就農者の人数を超え、2022年も同様となった。49歳以下の新規参入者❺は2014年までは増加傾向にあったが、その後は2.5万人前後で推移している。

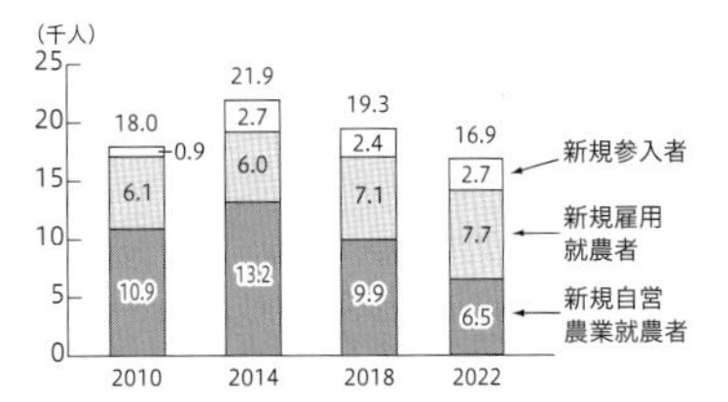

図2　49歳以下の新規就農者数の推移（就農形態別）

（資料：農林水産省「農林水産統計・令和4年新規就農者調査」より作成）

新規就農者に対する支援

農業者の高齢化と減少が進むなか、地域農業を持続的に発展させていくためには、世代間のバランスのとれた農業構造を実現していくことが必要である。このため、農地はもとより、農地以外の施設等の経営資源や、技術・ノウハウ等を次世代の経営者に引き継ぎ、計画的な経営継承を促進するとともに、農業の内外からの若年層の新規就農を促進する必要がある。

新規就農者の就農時の課題としては、農地・資金の確保、営農技術の習得等が挙げられており、就農しても経営不振等の理由から定着できないケースも見られている。このため、農林水産省では、就農準備段階・就農直後の経営確立を支援する資金の交付や、地方と連携した機械・施設等の取得の支援、就農・経営サポートを行う拠点による相談対応や専門家による助言、雇用就農促進のための資金交付、市町村や農協等と連携した研修農場の整備、農業技術の向上や販路確保に対しての支援等を行っている。

農林水産省では、2022年から「新規就農者育成総合対策」の中で、農業次世代人材投資資金として次の2つが交付されるようになった。

①就農準備資金：研修期間中の研修生（就農時49歳以下）を対象に、年間最大150万円を最長2年間支援

②経営開始資金：認定新規就農者（就農時49歳以下）を対象に、年間最大150万円を最長3年間支援

支援策の活用実績と1年後の定着率

2021年度の就農準備資金（旧青年就農給付金。給付年齢などが変更されている）の交付対象者は1437人、経営開始資金（旧青年就農給付金）の交付対象者は9648人だった。また、これら両資金活用者の支援終了1年後の定着率はそれぞれ、95.7%と97.8%で、就農定着に高い実績を上げている。

❸新規自営農業就農者
個人経営体の世帯員で、調査期日前1年間の生活の主な状態が、「学生」から「自営農業への従事が主」になった者及び「他に雇われて勤務が主」から「自営農業への従事が主」になった者をいう。

❹新規雇用就農者
調査期日前1年間に新たに法人等に常雇いとして雇用されることにより、農業に従事することとなった者（外国人技能実習生及び特定技能で受け入れた外国人並びに雇用される直前の就業状態が農業従事者であった場合を除く）をいう。

❺新規参入者
調査期日前1年間に土地や資金を独自に調達（相続・贈与などにより親の農地を譲り受けた場合を除く）し、新たに農業経営を開始した経営の責任者及び共同経営者。なお、共同経営者とは夫婦がそろって就農、あるいは複数の新規就農者が法人を新設して共同経営を行っている場合における、経営の責任者の配偶者またはその他の共同経営者。

日本の農業と食料を取り巻く現状

先進国で最低の食料自給率

食料自給率の現状と今後の目標

食料自給率とは、国内の食料消費のうち国内生産で賄われる割合のことをいい、「総合食料自給率」「品目別食料自給率」「飼料自給率」「穀物自給率」「食料国産率」（→p.18〈食料自給力・食料国産率〉の項参照）の目標が国から示されている。

表1　食料自給率等の実績値と目標値　（単位：%）

	1965	2018	2020	2022	2030*
供給熱量ベース　総合食料自給率	73	37	37	38	45
生産額ベース　総合食料自給率	86	66	67	58	75
飼料自給率	55	25	25	26	34
主食用穀物自給率	80	59	60	61	-
飼料用を含む穀物全体の自給率	62	28	28	29	
生産額ベース　食料国産率	90	69	71	65	-

＊2030年度は食料・農業・農村基本計画❶による目標値

❶食料・農業・農村基本計画
1999年7月に制定された食料・農業・農村基本法に基づき、政府が中長期的に取り組むべき方針として定めるもの。最初の基本計画は2000年3月に制定され、おおむね5年ごとに見直され、2020年3月に4回目の改訂が行われた。

◆総合食料自給率　国内で消費されている食料全体の自給率を示す指標で、カロリーベースと生産額ベースの2つの表し方がある。（下記参照）

自給率の高いコメの消費が減少し、飼料や原料を海外に依存している畜産物や油脂類の消費が増えてきたこと、さらには農業従事者の減少による国内生産量の低下が原因となり、低迷状態が続いている。

【供給熱量ベース（カロリーベース）総合食料自給率】基礎的な栄養価であるエネルギー（カロリー）に注目して、国民に供給される熱量（総供給熱量）のうち、国内生産で供給される熱量の割合を示す指標である。

2022年度は1人1日当たりに供給される熱量が2260kcalだったのに対して、1人1日当たりの国産供給熱量は850kcalだったので、供給熱量ベースの総合食料自給率は38%であった。

【生産額ベース総合食料自給率】「経済的価値」に着目して、国民に供給される食料の生産額（食料の国内消費仕向額）に対する国内生産の割合を示す指標である。

2022年度は国内消費仕向額が17.7兆円だったのに対して国内の生産額は10.3兆円だったので、生産額ベースの総合食料自給率は58%であった。

・カロリーベース総合食料自給率

$$\frac{\text{1人1日当たりに国内生産物で供給される熱量 (A)}}{\text{1人1日あたりに供給される熱量 (B)}} \times 100$$

＊(A)(B)は日本食料標準成分表2020年版に基づき、各品目の重量をカロリーに換算したうえでそれらを足し上げて算出している。

・生産額ベース総合食料自給率

$$\frac{\text{食料の国内生産額 (C)}}{\text{食料の国内消費仕向額 (D)}} \times 100$$

＊(C)(D)は生産農業所得統計の農家庭先価格等に基づき、各品目の重量を金額に換算したうえでそれらを足し上げて算出している。

◆品目別食料自給率　コメ、コムギ、ダイズなど品目別に、国内で消費に向けられる重量に対して国内で生産された重量の割合を示したものである。

2022年度の概算値では、コメ99%、野菜79%と高いが、コムギ15%、ダイズ6%、豚肉6%と極めて低くなっている。

なお、国内で生産されている豚肉は49%であるが、豚に与える濃厚飼料は12%しか国内で自給されていないので、飼料自給率を考慮した場合の品目別自給率は49%のうちの12%なので6%になっている。

◆飼料自給率 家畜を飼育するための飼料需要量のうち、国内産で賄われている生産量の割合を示す指標で、各飼料をTDN❷に換算したうえで各飼料のTDN量を足し上げて算出する。2022年度は飼料需要量が2500万TDNtに対して、純国内産飼料生産量は656万TDNtで、飼料自給率は26%であった。

❷TDN：飼料の可消化養分総量＝家畜が消化吸収できる養分の総量

◆穀物自給率 基礎的な食料や飼料である穀物の自給率。

【主食用穀物自給率】 コメ、コムギ、オオムギ・ハダカムギなどの穀物から飼料用を除いたものを主食用穀物という。重量ベースで国内消費仕向量に対する国内生産量の割合を示したもの。

【飼料用を含む穀物全体の自給率】 コメ、コムギ、オオムギ・ハダカムギ、トウモロコシなど飼料用を含む穀物について重量ベースで計算されるが、他国に比べて極めて低い。

食料自給率向上の目標

今後、新興国の人口増加や食生活の改善等により食料需給がひっ迫する可能性があり、我が国が世界からこれまでどおり食料を買い続けることは困難となることが予想される。

このため、2010年に策定され、2020年改訂された「食料・農業・農村基本計画」で、2030年度の食料自給率の目標を設定し（表1）、食料自給率・自給力の維持向上に向けて、以下の取り組みを重点的に推進することとした。

①食料消費に関して

・消費者と食と農とのつながりの深化

食育や国産農産物の消費拡大、地産地消、和食文化の保護・継承、環境問題への対応等の施策を推進すると共に国民が農業体験等の取り組みを通して、農業・農村を知る機会を拡大する。

・食品産業との連携

食をめぐる市場において食の外部化・簡便化の進展に合わせ、中食・外食における国産農産物の需要拡大を図ると共に、和食への健康有用性についての情報発信を強化する。

②農業生産に関して

・国内外の需要の変化に対応した生産・供給

品種の高付加価値化や生産コストの削減を進めるほか、輸出拡大を図るため、諸外国の規制やニーズ等に対応できるグローバル産地作りを推進する。

・国内農業の生産基盤の強化

ア．担い手の育成・確保、農地の集積・集約化の加速化を進める。

イ．農業生産基盤の整備やスマート農業による生産性の向上を図る。

ウ．少子高齢化や人口減少に対応した農地の有効活用等を進める。

食料自給力・食料国産率

食料自給力の向上に向けて、以下の新指標が提唱されている。

◆食料自給力　食料自給力とは、「我が国農林水産業が有する食料の潜在生産能力」を指し、実際に生産された食料から計算される自給率とは異なるものである。

食料自給力指標とは、日本の農林水産業が潜在的にもっている生産能力を十分に活用した場合に得られる食料の供給可能熱量を試算した指標のことで、試算の際には農業労働力や省力化の農業技術も考慮される。

生産のパターンは、以下の2パターンとし、各パターンの生産に必要な労働時間に対する現有労働力の延べ労働時間の充足率（労働充足率）を反映した供給可能熱量も示している。

①栄養バランスを考慮しつつ、コメ・コムギを中心に熱量効率を最大化して作付けた場合。

②栄養バランスを考慮しつつ、イモ類を中心に熱量効率を最大化して作付けた場合。

2022年度の食料自給力指標は次のようになった。

①のコメ・コムギを中心に作付けたパターン：農地面積の減少、魚介類の生産量減少、コムギの単収減少等により、前年度を26kcal/人・日下回る、1720kcal/人・日となった。

②のイモ類を中心に作付けたパターン：労働力の減少、農地面積の減少、魚介類の生産量減少等により、前年度を53kcal/人・日下回る、2368kcal/人・日となった。

◆食料国産率　食料国産率は、日本の畜産業が輸入飼料を多く用いて高品質な畜産物を生産している実態に着目し、食料自給率と異なり飼料自給率を反映せず、輸入飼料による畜産物の生産分も国内生産に含めた指標である。令和2年3月に閣議決定された。飼料自給率が反映されないので、国内で生産・流通している畜産物の実態に近い数値になる。

2022年度の食料国産率は次のようになった。

- カロリーベース食料国産率：1人1日当たり国産供給熱量（1055kcal）／1人1日当たり供給熱量（2260kcal）＝47％
- 生産額ベース食料国産率：食料の国内生産額（11.5兆円）／食料の国内消費仕向額（17.7兆円）＝65％

日本は世界有数の食料輸入国

世界第2位の農産物純輸入国

日本の農産物輸出入額を1990年と2022年で比較すると農産物輸入額は4兆1904億円から9兆2402億円へと2.2倍に増えている。これに対して輸出額は1616億円から8862億円と5.5倍に伸びており、輸入額から輸出額を差し引いた純輸入額は4兆228億円から8兆3540億円と2.1倍に膨らみ、農産物純輸入国の状態が続いている。

各国の農産物輸入額（2020年）上位10カ国のランキング（表1）では、1位中国、2位アメリカ、3位ドイツ、4位オランダに次いで日本は第5位（564US億ドル：6兆2129億円）であるが、農産物純輸入額は1位の中国（1020億USドル）に次いで世界第2位（504億USドル：5兆5577億円）となっている。

表1　農産物輸入額上位10カ国の農産物輸入額・輸出額・純輸入額（2020年）　単位：US億ドル

	輸入額	輸出額	純輸入額
中国	1577	557	1020
アメリカ	1465	1479	
ドイツ	958	795	163
オランダ	699	1009	
日本	564	60	504
イギリス	618	267	351
フランス	562	659	
イタリア	425	512	
カナダ	359	508	
スペイン	330	564	

（資料：農林水産省「海外農業情報」「農林水産物輸出入概況」）

アメリカへの輸入依存度が高い日本

2022年の農産物輸入相手国を金額ベースでみると、第1位はアメリカで23.0%、次に中国9.8%、オーストラリア7.9%、カナダ6.3%、タイ6.2%と上位5カ国で5割を占めている（図1）。

なかでもアメリカへの依存率はトウモロコシ64.4%、ダイズ71.4%、コムギ41.5%と高い状況となっている。

2000年以降輸入相手国の多角化が進み、アメリカのシェアは2000年には37.7%だったものが、上記のように縮小しているが、それでもアメリカに大きく依存していることに変わりはない。継続的な食料の安定確保のためには、国内生産の向上と併せて、輸入相手国の多角化が求められている。

図1　我が国の主要農産物の国別輸入割合（2022）
（資料：農林水産省『農林水産物輸出入概況2022』）

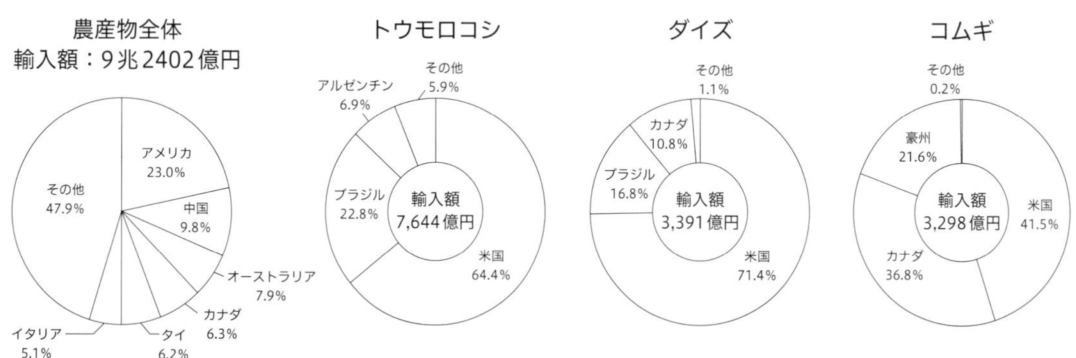

日本の農業と食料を取り巻く現状

農地と荒廃農地の状況

年々減少している耕地面積

農地は農業の基本的な生産基盤である。耕地面積は1961年に609万haと最大だった。その年をピークに減少が続き、62年後の2023年には430万haとなり、179万haも減少した（▲29%）（図1）。これは、北海道に続く第2位の面積をもつ岩手県（153万ha）を超える広さの農地が失われたことになる。

農地減少の要因は、農地が工場用地や宅地・道路などに転用されたことや、耕作放棄などが進んだためである。

農林水産省は2019年に、これまでのすう勢が続けば、2030年には392万haに減少すると予測している。この減少を食い止めるため、「耕作放棄地❶」「荒廃農地❷」の抑制と再生の施策を進め、それによって22万haの農地を増やし、2020年の食料・農業・農村基本計画では2030年時点で確保される農地面積を（392万ha+22万ha=）414万haと見通している。

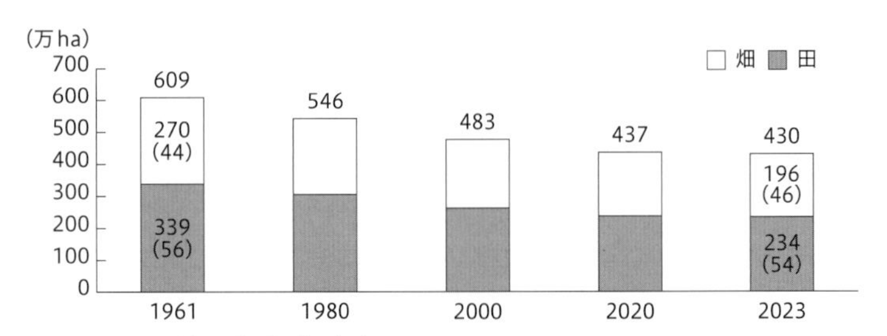

図1　耕地面積の推移（　）内は%（資料：農林水産省「種類別面積及び割合」）

❶耕作放棄地
「以前耕作していた土地で、過去1年以上作物を作付け（栽培）せず、この数年の間に再び作付けする考えのない土地」とされ、農家などの意思（主観）に基づき調査把握したもの。2020年の耕作放棄地面積は全国で42.3万haとなっている。

❷荒廃農地
「現に耕作されておらず、耕作の放棄により荒廃し、通常の農作業では作物の栽培が客観的に不可能となっている農地」。2021年の荒廃農地面積は全国で約26万ha（図2）。このうち、「再生利用が可能な荒廃農地」は約9.1万haで、「再生利用が困難と見込まれる荒廃農地」は約16.9万haとなっている。

耕作されていない農地

全国には耕作されていない農地が見られるが、これらは「耕作放棄地」「荒廃農地」「遊休農地」❸として統計が取られている。

このうち、「耕作放棄地」は5年ごと行われている農林業センサスの調査票に農家の主観ベースで自己申告されたもので、他の2つは毎年行われている市町村・農業委員会の調査で職員が現地調査を行い客観ベースで調査したものである。

❸遊休農地
遊休農地は1号遊休農地と2号遊休農地に分けられている。
「1号遊休農地」は、現に耕作の目的に供されておらず、かつ、引き続き耕作の目的に供されないと見込まれる農地で「再生利用が可能な荒廃農地」と同じものである。
「2号遊休農地」は、その農業上の利用の程度が、その周辺の地域における農地の利用の程度に比べ、著しく劣っていると認められる農地ではあるが利用されているので、耕地の中に含まれている。2021年は1号、2号を合わせた遊休農地全体は9.9万haであった。

増え続けている荒廃農地

前述のように、全国の耕地面積は減少を続け、荒廃農地の面積は増加し続けている。

農林水産省が2021年1月に全市町村を対象として調査した

「荒廃農地対策に関する実態調査」（回収率96％）によれば、荒廃農地となる理由として「山あいや谷地田（谷津田）など、自然条件が悪い」という回答の割合が中山間地域で高かった。また、「高齢化、病気」という回答も全体的に多く、次いで「労働力不足」となっている。上記以外の理由としては、中山間地域で「鳥獣被害」という回答が目立っている。

「今後の荒廃農地の発生防止策として必要と思われること」という質問においては、中山間地域で「鳥獣被害防止のための取り組み」という回答の割合が高い。

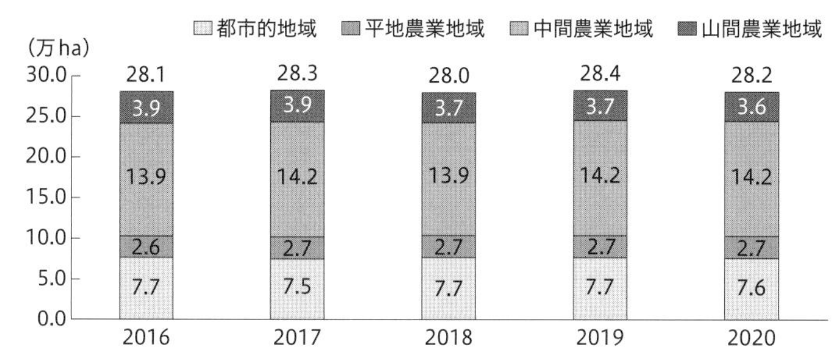

図2　農業地域類型別の荒廃農地の推移❹

（資料：農林水産省「荒廃農地の発生・解消状況に関する調査」）

農地利用を仲介する「農地中間管理機構」

2005年以降「土地持ち非農家❺」の割合が多くなった。親が亡くなり、都会に住む家族が相続した場合、地域との関わりが少ない相続人は農地の管理を頼める相手が見つけにくく、荒廃農地が増える要因になっている。

このような後継者のいない農地、借り手と貸し手の調整を一体的に解決していくために、農林水産省は2012年度から、地域農業の担い手❻となる経営体と、その経営体へ農地を集積する方法などを定める「人・農地プラン❼」の作成と定期的な見直しを推進している。

農地の集積・集約化をさらに推進するため、2014年に都道府県段階に「農地中間管理機構（農地バンク）」を設けた。同機構が、後継者のいない農地や再生利用が可能な荒廃農地などを農地の所有者から借り受けて、規模を拡大したい農業経営者に貸し付ける仕組みで、公的機関が仲介することで荒廃農地の発生抑制や担い手への農地集積を図ることを目的にしている。集積していくことで農業経営の効率化がさらに進み、高い利益を生み出していくことが期待される。

この農地バンクが発足する前年の集積面積は221万ha（農地面積454万ha）で農地利用集積率❽は48.7％だったものが、2022年度末の集積面積は257万ha（農地面積432.5万ha）で、農地利用集積率は59.5%と上昇している。

❹農業地域類型
- 都市的地域：可住地に占める人口集中地区の面積が5%以上で人口密度500人以上または人口集中地区の人口2万人以上の市町村、または、可住地に占める宅地等率が60%以上で、人口密度500人以上の市町村。
- 平地農業地域：耕地率20%以上かつ林野率50%未満の市町村、または、耕地率20%以上かつ林野率50%以上の市町村。
- 中間農業地域：耕地率20%未満で「都市的地域」及び「山間農業地域」以外の市町村、または、耕地率20%以上で「都市的地域」及び「平地農業地域」以外の市町村。
- 山間農業地域：林野率80%以上かつ耕地率10%未満の市町村。

❺土地持ち非農家
農家以外で耕地及び耕作放棄地を5a以上所有している世帯。

❻担い手
農業経営基盤強化促進法に基づいて、農業経営の改善を進めようとする計画（農業経営改善計画）を市町村に提出し認定を受けた個人の農業経営者または農業生産法人のこと。

❼人・農地プラン
それぞれの集落・地域において十分な話し合いを行い、集落・地域が抱える人と農地の問題を解決するための地域農業のマスタープラン。地域農業の担い手と農地利用の問題を解決するための「未来の設計図」とも呼ばれている。

❽農地利用集積率＝

$$\frac{\text{集積面積}}{\text{耕地面積（農地面積）}} \times 100$$

農業総産出額と生産農業所得

農業総産出額は横ばいが続く

❶農業総産出額
全国の農業生産活動による最終生産物の総産出額であり、農産物の品目別生産量から、二重計上を避けるために、種子、飼料などの中間生産物を控除した数量に、当該品目別農家庭先価格を乗じて得た額を合計したもの。これに対し、農業産出額とは市町村または都道府県を単位として同じ算出方法で推計したもの。

日本の農業総産出額❶は、近年、コメ、野菜、肉用牛等における需要に応じた生産の取り組みが進められてきたことを主たる要因として9兆円前後で推移してきた。2019年から2021年の3年間の状況は次のようであった。

- 2019年：野菜、鶏卵の生産量が増加したため価格が低下し、8兆8938億円となった。
- 2020年：米の作付面積の削減が進まなかったこと、新型コロナウイルス感染症の影響により需要減退したこと等から肉用牛の価格が低下した一方で、野菜や豚において天候不順や巣ごもり需要によって価格が上昇したこと等から、8兆9370億円となった。
- 2021年：畜産の産出額が3.4兆円を超えて過去最高となった一方で、主食用米や野菜等の価格が低下したこと等から、前年に比べて986億円減少し、8兆8384億円（対前年増減率1.1％減少）となった。

生産農業所得は3兆円台を維持

❷生産農業所得
農業総産出額から飼料代・肥料代や機械償却費などの物的経費を差し引き、経常補助金を加えたもので、農業生産の実態を金額で評価するもの。都道府県別などが推計されており、地域間比較や時系列比較により農業生産動向の把握に活用されている。

生産農業所得❷は2015年以降3年連続で増加し2017年は3兆7616億円だったが、2018年以降減少した。2021年は農業総産出額の増加等により前年に比べ45億円増加し3兆3479億円となっている。

表1　農業産出額上位5都道府県
(単位：億円)

順位	都道府県	産出額
1	北海道	13108
2	青森県	3277
3	岩手県	2651
4	宮城県	1755
5	秋田県	1658

(資料：農林水産省「生産農業所得統計」)
注：2021年の数値

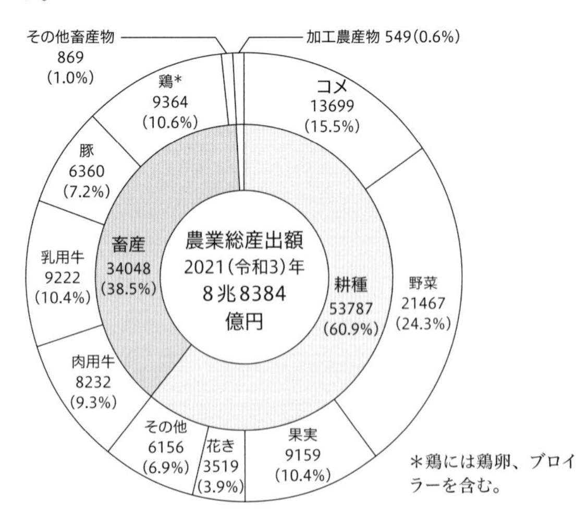

図1　2021年度日本の農業総生産額と品目別農業産出額

米　生産と消費の動向

主食用米の価格が回復傾向

1人当たり米の年間消費量は1962年の118.3kgをピークとして、それ以降、食の多様化や少子高齢化の進展などの影響から減少を続け、1990年には70.0kgあった消費量が2021年には51.5kgとなった。

米の販売価格についても、長期的には低下傾向が続いており、1990年産米の平均値は21600円/60kgだった価格は、2022年産米の平均値は13880円/60kgとなっている❶。近年の相対取引価格は、2014年産米の11967円/60kgを底として12000から16000円の間を推移している。この要因としては、2015年以降、主食用米から主食用米以外の作物への作付転換を実施した農業者に対して交付金等を交付するなどの施策や、国や都道府県がきめ細かい在庫情報などを提供し、需要に応じた生産の推進により超過作付けが解消に転じ、需給の改善が進んだためと考えられている。

農業産出額をみると、長く首位を続けてきた米が1999年に畜産に抜かれ、2004年に野菜からも追い越されて、3位に低落している。

❶1990年産米の価格はコメ価格センター入札価格、2022年産米の価格は相対取引価格。

- コメ価格センター入札価格：(財)全国米穀取引・価格形成センター（コメ価格センター）における全銘柄の出荷業者と販売業者との入札結果の平均値である。
- 相対取引価格：全国出荷団体（全農など、年間玄米仕入量が5000t以上の団体）と卸売業者の交渉後の取引価格である。

かつては、米穀の取り引きの指標とすべき適正な価格形成を図るためにコメ価格センターにおける出荷業者と販売業者との入札取引が実施されていたが、2004年の食糧法改正により米流通がほぼ完全に自由化され、米流通の多様化が進むなかで、コメ価格センターの上場数量、落札数量は大幅に減少した。そのため農林水産省は米の価格動向を把握するため、2008年産米から相対取引価格を調査し公表している。

表1　主食用米の生産量の推移
（資料：農林水産省「米をめぐる状況について」2022年12月）

（単位：万ha）

年産＼用途	主食用米	生産量（万トン）
2008	159.6	866
2012	152.4	821
2016	138.1	750
2019	137.9	726
2022	125.1	670

注1　主食用米：統計部公表値で、生産量は9月25日時点の予想収穫量。

非主食用米の生産量が増加

非主食用米とは、主食用米以外の備蓄米、加工用米、新規需用米（飼料用、米粉用、輸出用）を指す。主食用米の消費低迷のなかで、貴重な農地である水田の有効活用（→p.36〈水田活用に向けた取り組み〉の項参照）を図ることが課題となっており、非主食用米の生産量が大きく増加している（表2）。

【備蓄米】供給不足に備え、政府が食糧法❷に基づき保管する。6月末時点で100万tが適正とされ、毎年20万tずつ5年に分けて買い入れる。コメ不足による放出がなかった場合、5年の貯蔵が過ぎたコメから飼料米など主食以外の用途で民間に売却する。

【加工用米】主食用以外に、清酒、焼酎、その他米穀を原料とする酒類、味噌、その他米穀を原料とする調味料、ほかに米菓、玄米茶、甘酒などの用途に供給することを目的として生産された米穀。

【新規需要米】国内向け主食用米、備蓄米、加工用米以外の米で、飼料用、米粉用、稲発酵粗飼料用稲、青刈り稲わら専用稲、海外への輸出等の新市場開拓用に生産される米穀である。このうち生産量の伸びが大きいのは、飼料用米である（表2）。新規需要米としての飼料用米の生産が重視され、その単収の向上にむけて水田活用直接支払い交付金の数量払い（単収の高さに応じて10a当たり最大10万5000円）が導入されて、本格的生産（本作化）が進められている。

❷食糧法
食糧法はその正式名称を「主要食糧の需給及び価格の安定に関する法律」という。1942年から続いた米の管理等に係る施策である食糧管理法の廃止に伴って1995年に施行された。主要食糧である米穀および麦の需給・価格の安定を図ることを目的とする。米穀の生産者から消費者までの適正かつ円滑な流通を確保するための措置、政府による主要食糧の買い入れ、輸入および売り渡しの措置を定めている。

表2　非主食用米の作付面積の推移　（資料：農林水産省「米をめぐる状況について」2022年12月）

（単位：万ha）

年産＼用途	備蓄米	加工用米	新規需要米	飼料用	WCS（稲発酵粗飼料稲）	米粉用	新市場開拓用（輸出用米等）	酒造用	その他
2008	H22年産までは、主食用米として生産	2.7	1.2	0.1	0.9	0.0	0.0	—	0.2
2012	1.5	3.3	6.8	3.5	2.6	0.6	0.0	—	0.1
2016	4.0	5.1	13.9	8.1	4.1	0.3	0.1	0.1	0.0
2019	3.3	4.7	12.4	7.3	4.2	0.5	0.4	—	0.0
2022	3.6	5.0	20.8	14.2	4.8	0.8	0.7	—	0.0

注1　備蓄米：地域農業再生協議会が把握した面積。加工用米及び新規需要米：取組計画認定面積。
注2　新規需要米の「酒造用」については、「需要に応じた生産・販売の推進に関する要領」に基づき生産数量目標の枠外で生産された玄米であり、2018年度以降は取りまとめていない。
注3　四捨五入の関係で、新規需要米の合計と内訳は合わない場合がある。

野菜　生産と消費の動向

販売農家数は減少、産出額は微増

野菜の販売農家数は2010年の43万戸から2020年には27万戸に約37%減少するなかで、作付面積は43.2万haから2020年には39.0万haへと10%減少しているが、生産量は1173万tから2020年には1144万tへと2.5%の減少にとどまっており、産出額は2.1兆円から2.6兆円の間で推移している。

また、2021年の品目別産出額ではトマトが1位を続け、産出額上位10品目（表1）で野菜産出額全体の約55%を占めている。

国内生産量8割・輸入量は2割

2020年の野菜の供給量（重量）は1443万tで、そのうち国内生産量は1144万t（79%）、輸入量は299万t（21%）であった。

国内生産量が多い品目はキャベツ（143万t）、タマネギ（136万t）、ダイコン（125万t）で、この3品目で35%を占めている。

輸入された野菜のうち23%（68万t）が生鮮品で、77%（231万t）が加工品であった。

輸入された生鮮野菜で最も多いのはタマネギの22万tで、9割が中国から輸入され、次いでカボチャが9万tで6割がニュージーランドから輸入されている。

輸入された野菜加工品はトマトの加工品が98万t（生鮮野菜換算）と最も多く、スイートコーンが26.5万t、ニンジンが20万tと続いている。

加工・業務用野菜の生産が増加

食品製造業や外食産業向けの加工・業務用野菜の需要は、生活スタイルの変化に伴う食の外食化やカット野菜など簡便化指向を背景として増加傾向で推移している。2011年から2020年の10年間では食品スーパーにおけるカット野菜の販売金額は約1.8倍にのびている。

また、出荷量（重量）で比較すると近年では加工・業務用の割合が6割近くになり、家計消費用より多くなっている。

2020年には家庭消費用野菜のうち、輸入野菜は3%に過ぎなかったが、加工・業務用は、大ロットで定時・定量・定価格の供給に対応可能な輸入野菜が32%まで増えている。

表1　野菜の品目別産出額と産出額全体に対する割合（2021年）

	品目産出額（億円）	産出額全体に対する割合（%）
トマト	2182	10
イチゴ	1834	9
ネギ	1304	6
キュウリ	1256	6
タマネギ	1098	5
キャベツ	912	4
ナス	822	4
ホウレンソウ	796	4
レタス	753	4
ダイコン	744	3
その他	9767	45
合計	21467	

四捨五入の関係で、各野菜の足し上げた額と合計額がずれている。
（資料：農林水産省『生産農業所得統計』）

表2　輸入野菜の相手国（2020年）

■生鮮野菜		
タマネギ	22万t	中国：9割
カボチャ	9.1万t	NZ：6割
ニンジン	8.4万t	中国：9割
■加工品		
トマト（ピューレ、ジュース）	98.2万t	アメリカ：2割
スイートコーン（冷凍、缶詰など）	26.5万t	タイ：4割
ニンジン（ジュース）	19.7万t	アメリカ：6割

（資料　農林水産省「野菜をめぐる情勢」）

果樹　生産と消費の動向

果樹生産の全国的な状況

1980年には果樹の栽培面積は40万ha、生産量は620万tであったが、その後、減少を続け、2021年には20万ha、260万tとなっている。

果実産出額は1990年の1兆1000億円をピークに減少を始め、2001年に7000億円台になったが、ぶどう、りんご、うんしゅうみかんなどで高単価で取引される優良品種への転換が進み、それ以降2015年までは7000億円台半ばで推移した。2016年には8333億円と15年ぶりに8000億円台に回復し、その後、増加傾向が続き、2021年は9159億円に上昇している。

産出額を品目別に見ると2012年はうんしゅうみかんが1480億円で1位、次いでりんごが1313億円で2位、ぶどうが1079億円と続いていたが、2020年からはぶどうが1位となった。

国産果実の卸売数量は減少傾向にある中で卸売価格は上昇している。その背景としては下記のようなことが考えられる。

①優良品種・品目への転換等により、消費者ニーズに合った高品質な国産果実が生産されるようになったこと。②人口減少等による需要の減少以上に生産量が減少していること。

表1　果実の品目別産出額（2021年）　億円

品目	産出額
①ぶどう	1902（21%）
②りんご	1657（18%）
③うんしゅうみかん	1651（18%）
④日本なし	693（8%）
⑤もも	655（7%）
⑥かき	439（5%）
⑦おうとう	413（5%）
⑧うめ	364（4%）

（資料：農林水産省「令和2年度生産農業所得統計」）

表2　栽培面積増加中の品種

【ブドウ】シャインマスカット
甘く、種なしで皮が薄く皮ごと食べられる高級黄緑色ぶどう。
（2008：57ha→2020：2281ha）

【リンゴ】シナノゴールド
鮮黄色の果皮、高い糖度と適度な酸味、貯蔵性が高い。ふじの出荷前の中生種。
（2001：36ha→2020：896ha）

【ミカン】せとか
果皮が非常に薄く、糖度が高く、香りや食味がよい。
（2001：15.4ha→2020：394ha）

果実の消費動向

生鮮用と果汁等加工品（以下、加工品）を合わせた果実の需要量は2007年の860万tをピークに少しずつ減少し、2019年には716万tになった。2019年の国産と輸入の割合は国産が38%、輸入が62%であった。また、生鮮用と加工品の割合は生鮮用が60%、加工品が40%であったが、生鮮用の45%、加工品の88%が輸入に頼っている。

中央果実協会が実施した2022年度アンケートによれば、果物を1日の果物摂取目標である200 g以上摂取できている人の割合は13.6%で、前年の調査（13.0%）からわずかながら増加している。女性や60代は、男性や若年層よりも摂取頻度が高い傾向がみられる。果物を毎日は摂らない理由では、「他の食品に比べて値段が高いから」が最多となっている。また、若年層ほどジュースなどの果実加工品を選ぶ傾向がある。

花き（花卉：かき）　生産と需要の動向

花き生産の推移

花き❶の産出額は1998年の6300億円をピークに以降は減少が進み、2021年はピーク時の約半分にあたる3519億円（農業総出額の4%弱）となった。

作付面積は1995年の4.8万haをピークに減少が続き、2020年には約半分の2.5万haとなった。

2020年の生産者の年代構成を見ると、稲作では45歳未満が2.2%だが、花きでは7.6%と、若い世代が活躍している。

❶花き
花きの振興に関する法律では、「『花き』とは観賞の用に供される植物」と定義されており、具体的には（1）切り花類、（2）鉢物類、（3）花木類、（4）球根類、（5）花壇用苗物、（6）芝類、（7）地被植物類に区分されている。

花きの国内生産の現状

2020年の花きの総需要額（3749億円）の内、国内生産額（産出額）は88%、輸入額は12%であった。

国内生産額の内55%が切り花類、26%が鉢物類となっている。

県別の産出額（2021年）では、愛知県が全国の16%と最も多く、千葉県、福岡県と続いている（表1）。愛知県は県の農業産出額全体の約2割を花きが占めている。

表1　花きの県別産出額(2021年)

（単位：億円）

順位	県名	産出額（全国シェア）
1	愛知	569（16%）
2	千葉	228（6%）
3	福岡	207（6%）
4	埼玉	172（5%）
5	静岡	170（5%）

（資料：農林水産省「花き等生産状況調査（2021年産）」）

花きの輸入と輸出の状況

◆**輸入**：2021年の国内出荷量と輸入量を数量ベースで比較すると、切花では7：3、球根では2：8になっている。

2021年の切り花の国内流通における輸入品（本数）の割合は、カーネーション（コロンビアから68%、中国から23%）が最も多く、次いでキクが多くなっている（表2）。かつてはカーネーションは国内生産が多かったが、2012年からは輸入品の割合が多くなっている。球根の8割は輸入だが、その87%がオランダからである。

◆**輸出**：2022年の花き全体の輸出額は91億円で、その内、植木・盆栽等が74億円、切り花が15.1億円であった。輸出相手国としては、ベトナムと中国の2カ国に合わせて70%が輸出されている（財務省貿易統計）。

2020年4月に公表された「新たな花き産業及び文化の振興に関する基本方針」では、2030年に花き全全体の輸出額を200億円にすることを目標としている。

表2　切り花の主要品目別輸入割合・輸入量（2021年）

品目	輸入割合	輸入量（億本）
カーネーション	65%	3.73
キク	20%	3.17
バラ	17%	0.39
ユリ	2%	0.03

＊輸入割合は、国内流通量における輸入品の割合
（資料：農林水産省「花き生産出荷統計」、「植物検疫統計」）

畜産　飼養動向と生産基盤の課題

飼養戸数と飼養頭数の推移

2014年と比較した2023年の各畜種は次のようになっている(すべて2023年2月1日現在の数値)。

◆乳用牛：飼養戸数は18.6千戸から12.6千戸へと32%減少したが、1戸当たりの出産を経験した経産牛頭数は49.9頭から68.0頭へ36%増加した。

◆肥育牛：飼養戸数は13.1戸から9.5千戸へと27%減少したが、1戸当たりの肥育牛頭数は123.9頭から171.7頭へと39%増加した。

◆豚：飼養戸数は5.8千戸から3.4千戸へと41%減少したが、1戸当たりの飼養頭数は1667頭から2658頭へと59%増加した。

◆ブロイラー：飼養戸数は2420戸から2100戸へと13%減少したが、1戸当たりの飼養羽数は54.4千羽から67.4千羽へと24%増加した。

◆採卵鶏：飼養戸数は2930戸から1690戸へと42%減少したが、1戸当たり成鶏雌飼養羽数は46.9千羽から76.1千羽へと62%増加した。

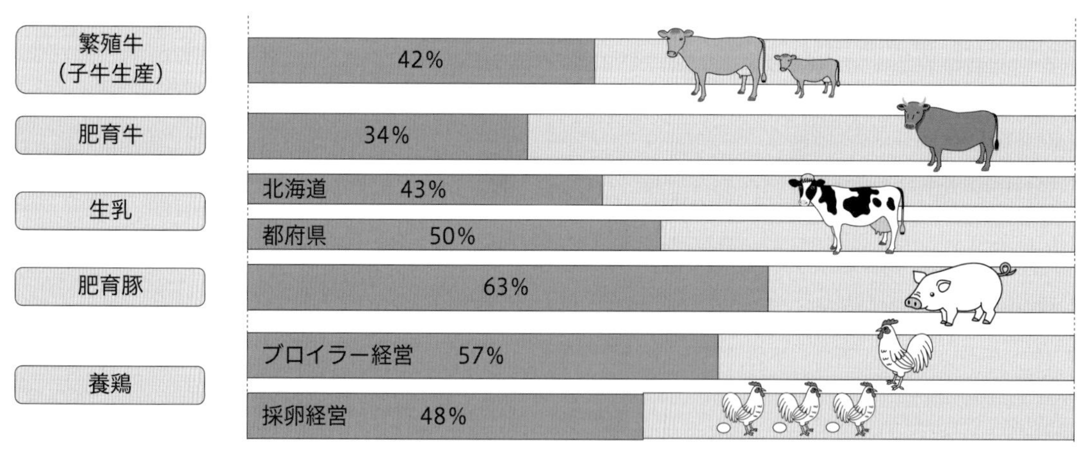

資料：農林水産省「畜産物生産費統計」および「営農類型別経営統計」
注1：繁殖牛（子牛生産）は子牛1頭当たり、肥育牛および肥育豚は1頭当たり生乳は実搾乳量100kg当たり
養鶏は1経営体当たり
注2：畜産物生産費調査は、令和元年調査から調査期間を調査年4月から翌年3月までの期間から、調査年1月から12月までの期間に変更した

図1　経営コストに占める飼料費の割合（2021年）

自給飼料の利用拡大が課題

家畜の飼料は、大別して粗飼料（乾草やサイレージなど）と、濃厚飼料❶がある。飼料費が畜産経営コストに占める割合は高く、粗飼料の給与が多い牛で3～5割、濃厚飼料中心の豚・鶏で5～6割となっている（図1）。そのため、畜産経営は飼料価格の変動を受けやすい。

2022年度概算の飼料自給率は26％で、このうち粗飼料自給率は78％だが、濃厚飼料自給率は13％しかなく、飼料の自給拡大が課題になっている（2023年農水省資料）。

日本の畜産は、自給飼料❷の不足を購入濃厚飼料の多給で補い、多頭化を進めてきたが、濃厚飼料依存型の大型経営は飼料代が高くつくうえに家畜が病気になりやすく、その治療や世話などで人も過重労働になる。

農林水産省では、飼料自給率について、粗飼料においては草地の生産性向上、飼料生産組織の高効率化等を中心に、濃厚飼料においてはエコフィード（→p.40〈エコフィードの活用〉の項参照）や飼料用米（→p.37〈飼料用米での畜産物の高付加価値化〉の項参照）の利用拡大等を図ることにより、2030年度には飼料自給率を34％に向上させることを目標としている。

❶濃厚飼料・粗飼料
濃厚飼料：可消化養分総量の多いトウモロコシを中心とする、穀類、ぬか類、油かす類などがある。
可消化養分総量とは飼料のエネルギー含量を示す単位の一つで、家畜・家禽によって消化吸収される飼料中に含まれる養分量を合計したもの。TDNとも表示される。
粗飼料：繊維成分が多く、可消化養分総量の少ない飼料で、牧草、乾草、サイレージなどがある。

❷自給飼料・購入飼料
自給飼料：家畜飼養者が自ら生産する飼料（牧草や飼料用作物、作物残渣など）。
購入飼料：自給飼料以外の、飼料として配合、商品化され販売されているもの。

家畜福祉を取り入れた畜産への動き

家畜飼養の世界的なすう勢は、アニマルウェルフェア❸の重視である。農水省は2023年に畜種ごとの新たな飼養管理指針を作成し、良好なアニマルウェルフェアの実現にむけて“家畜の快適性に配慮した飼養管理のポイント”を次のように示した。

①家畜の健康状態を把握するため、毎日の観察や記録
②家畜を驚かせない丁寧な取り扱い
③清潔で新鮮な水の給与と適切な飼料による栄養管理
④清潔な畜舎の維持
⑤適切な飼養スペースの確保
⑥暑さや寒さ対策に気を配り、快適な温度を保持
⑦畜舎の適切な換気や採光を確保
⑧有害動物の防除・駆除

❸アニマルウェルフェア
世界の動物衛生の向上を目的とする国際機関の国際獣疫事務局（WOAH）ではアニマルウェルフェアに関する勧告の中で「アニマルウェルフェアは動物が生きて死ぬ状態に関連した動物の身体的及び心的状態をいう」と定義し、アニマルウェルフェアの状況を把握する上での指標として、次の「5つの自由」を示している。
①飢え、乾き及び栄養不良からの自由
②恐怖及び苦悩からの自由
③物理的及び熱の不快からの自由
④苦痛、傷害及び疾病からの自由
⑤通常の行動様式を発現する自由

農業・農村の多面的機能と支援策

農業・農村のもたらす多面的機能

農林水産省では、農業本来の基本的機能である農産物の安定供給機能も含めた多面的機能を2001年に以下のようにまとめた（図1）。

(1) 一定の国内自給を含む国民食料の量的・質的安定供給などの食料保障機能。

(2) 土砂崩壊、土壌侵食、洪水防止などの国土保全機能。

(3) 地下水など水資源の浄化・涵養、有機性廃棄物分解、大気浄化、温暖化抑制（暑さの緩和）などの環境保全機能。

(4) 日本の原風景を保全する景観形成機能。

(5) やすらぎ空間となる保健休養機能。

(6) 水田や里山などでの生物多様性保全機能。

(7) 伝統的な地域文化の継承機能。

(8) 食農体験活動などを通じた教育の場としての機能。

これらの多面的機能は、(1) の食料保障機能（農業生産活動）に付随して発現する「めぐみ」であり、それは道路や公園などといった公共財と同様の価値があるといえる。

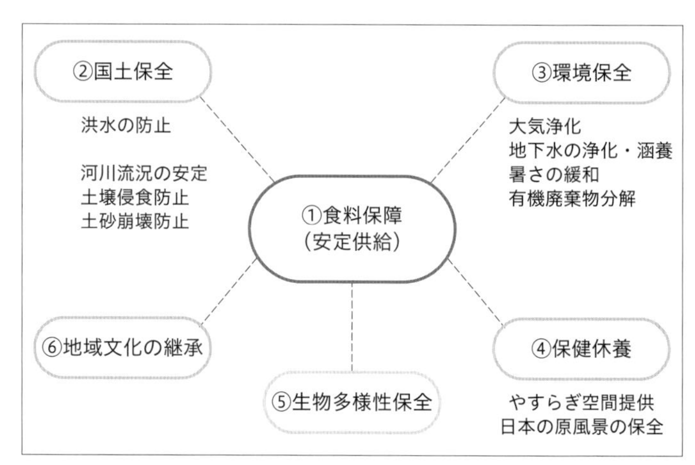

図1　農業・農村の多面的機能

多面的機能発揮へ日本型直接支払制度

これまで農産物には市場を通して対価が払われるのに対して、農業・農村がもつ諸機能の保全には対価が払われることはなかった。農家が代々続く歴史の中で生み出してきた水田や里山などの二次的自然❶や村の文化が、過疎化、高齢化のなかでその維持が困難になり農業の生産機能と多面的機能は次第に弱体化してきた。

そこで、日本の農業・農村の多面的機能は、その利益を広く国民が享受しているとして、新たに「農業の有する多面的機能の発揮の促進に関する法律」が2015年に施行された。この法律に基づき、日本型直接支払制度（多面的機能支払交付金、中山間地域等直接支払交付金、環境保全型農業直接支払交付金）が実施されている。

❶二次的自然
人の手の入らない原生自然に対して、人間活動によって作られたり、人が手を加えることで維持されている自然環境。

(1) 多面的機能支払交付金

次の3つに分けられている。

①農地維持支払交付金：農地法面（のりめん）の草刈り、水路の泥上げ、農道の路面維持など共同活動を行う組織に対する支援（認定農用地面積は2022年度で232万ha）。

②資源向上支払交付金（地域資源の質的向上を図る共同活動）：水路、農道等の施設の軽微な補修、生態系保全や景観形成等の農村環境の保全活動を行う組織に対する支援。（認定農用地面積：2022年度で207万ha）。

③資源向上支払交付金(施設の長寿命化のための活動)：老朽化した農業用用排水路等の施設の長寿命化のための補修・更新を行う組織に対する支援。（対象農用地面積：2022年度で79万ha）。

(2) 中山間地域等直接支払交付金

農業生産条件の不利な中山間地域（→p.21欄外〈❹農業地域類型〉参照）のうち、中間農業地域と山間農業地域を合わせた地域）などで集落等を農用地維持管理について、農業者や生産法人の間で5年協定を結び、営農活動を行う場合に、面積に応じて一定額を交付する制度。傾斜地など不利な営農条件下での農業生産活動の継続を目的として実施されているものである（交付面積：2022年度で60万ha）。

耕作放棄の発生防止活動、水路・農道等の管理活動（泥上げ、草刈り等）などの農業生産活動や、周辺林地の管理、景観作物の作付、体験農園、魚類等の保護などの多面的機能を増進する活動に対して交付する。

(3) 環境保全型農業直接支払交付金

略称「環境直払」。支援対象は、農業者の任意組織または一定条件を満たす農業者で、下記2点が要件となっている。

①主作物について販売することを目的に生産を行っていること。

②実施すべき持続可能な農業生産に係わる取り組みを定めた「みどりのチェックシート」の取り組みを実施していること。

化学肥料・農薬を慣行比5割以上削減する取り組みと合わせて行う下記の対象取組に対して支援を行う。

- 有機農業
- 堆肥の施用
- カバークロップ（緑肥）❷
- リビングマルチ❸
- 草生栽培❹
- 不耕起播種❺

これ以外にも地域の特性を考慮したその地域限定の取り組みなども対象となる。例えば、鳥類の生育場所の確保等を目的に冬期間の水田に水を張る冬期湛水管理などがある。対象取組みや交付単価は都道府県が設定をする。地球温暖化防止や生物多様性保全、環境保全に効果の高い営農活動に対して支援金を交付するものである。有機農業や冬期湛水管理などの取り組みには高い生物多様性の保全効果が確認されている（実施面積：2022年度で8万ha）。

❷カバークロップ（緑肥）
主作物の栽培期間の前後いずれかに緑肥等と作付する取り組み。

❸リビングマルチ
主作物の畝間に麦類や牧草等を作付けする取り組み。

❹草生栽培
果樹園の園地に麦類や牧草等を作付けする取り組み。

❺不耕起播種
圃場の全面耕起を行わずに播種する取り組み。

都市農業の多様な役割と支援策

大きく変わった都市農業の位置付け

これまで、市街化区域❶にある農地については、「宅地にすべきもの」とされ、主要な農業振興施策の対象から外されていたが、2015年4月に制定された「都市農業振興基本法」によって「農地としてあるべきもの」に大きく方向転換された。

都市農業振興基本法では第1条で制定の目的を、都市農業の安定的な継続を図るとともに都市農業の有する機能の適切かつ十分な発揮を通じて良好な都市環境の形成に資すること、としている。

なお、「都市農業」について、この法律では「市街地及びその周辺の地域において行われる農業」と定義している。

❶市街化区域
市街化区域は都市計画法に「すでに市街地を形成している区域及びおおむね10年以内に優先的かつ計画的に市街化を図るべき区域」と定義されている。

都市農業をめぐる社会情勢の変化

食の安全・安心への意識が高まるなかで、身近な畑で採れた、生産者の顔が見える野菜や果物に対する評価が高まっている。また、自分や家族が食べるものを自ら育てたいというニーズの拡大、農業体験農園における地域住民同士や農業者とのコミュニケーションの活発化、その交流を通しての地域住民同士のコミュニティ意識の高まりなどもあり、都市農業の価値が見直されてきている。

また、市街地の農地は、気候変動による自然災害のリスクが高まり、さらに大規模地震への懸念が高まるなかで、災害時の防災空間として期待されている。現在、全国的に多くの都市で人口が減少しており、農地の転用による宅地や公共施設を作るための用地の必要性は低下している。

都市農業が発揮する多様な役割

都市農業は、p.34図1に示したように、①新鮮な農産物の供給、②農業体験・学習、交流の場、③災害時の防災空間、④良好な景観の形成、⑤国土・環境の保全、⑥都市住民の農業への理解の醸成、などの多様な役割を果たしてる。

都市住民の5割が、都市農業・都市農地が新鮮な農産物を供給する役割を果たしているとし、7割が日常生活の活動範囲内で生産された地場産の野菜を購入したいと考えている。また、都市住民の5割以上が防災に協力する農地の取り組みを必要としており、さらに5割が新型コロナウイルス感染症の流行により都市農業への関心が高まっていると考えている。

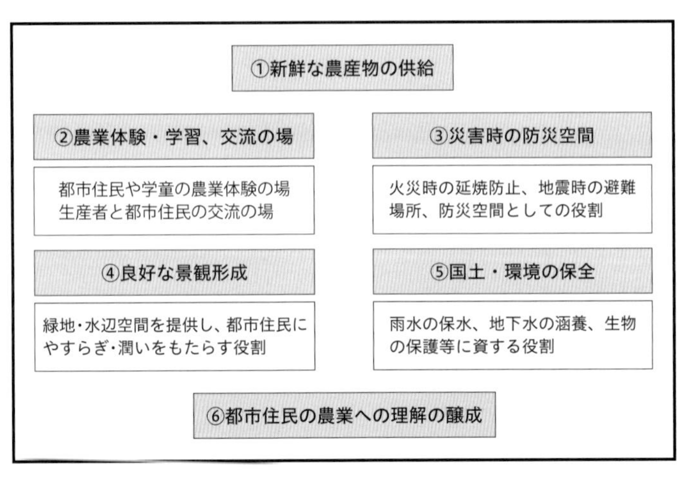

図1　都市農業の多様な役割（資料：農林水産省「都市農業振興基本法のあらまし」）

収益性が高い都市農業

都市農業者の多くは、農業所得を補うため農地の一部を転用し、不動産賃貸業を行いつつ農業経営の継続を図ってきた。都市農業の経営状況を見ると、1戸当たり経営耕地面積は約66a（2019年度農水省調査）と全国平均の約2割にとどまっている。

しかし、10a当たりの年間農業産出額は全国平均より大きく、東京都の区部では10a当たり80.6万円（2017年）となっている❷。農地は小規模ながら収益性の高い農業が営めているのは、都市農業者が消費地の中での生産という条件を活かし、野菜を中心とした少量多品目の作付けや消費者への採れたて野菜の直接販売、学校給食・レストラン・オーガニック食品店などとの直接取引などを推進してきたことが要因となっている。

❷東京都農業振興事務所「管内農業の概要」2020年12月

都市農業を強化する支援策

2016年5月に閣議決定された「都市農業振興基本計画」は、2015年4月に制定された都市農業振興基本法に基づいて策定された。

本計画は、都市農地を農業政策、都市政策の双方から再評価し、これまでの「宅地化すべきもの」とされてきた都市農地を、都市に「あるべきもの」とすることに変更した。そのうえで、都市農業の振興に関する施策についての基本的な方針を示し、都市農業の振興に関し政府が総合的かつ計画的に講ずべき施策などを定めた。主な支援策は次のとおりである。
(1) 都市農業の安定的な継続のために多様な担い手の育成・確保。
(2) 地産地消を推進するために生産緑地地区への直売施設の整備設置認可。
(3) 生産緑地地区の下限面積を500㎡から条例で300㎡に緩和。
(4) 学校給食での地元農産物の利用促進。
(5) 学校教育における農作業体験の機会充実。
(6) 防災協力農地の取り組みの普及・推進。

生産緑地地区とは

市街化区域内の農地で、良好な生活環境の確保に効用があり、公共施設等の敷地として適している農地を指定するもの。500㎡以上（条例で300㎡に緩和することが可能になった）の区域であることなどの指定要件があり、指定によって地区内の建築行為等が規制され都市農地の計画的な保全を図る。

また、市街化区域農地（市街化区域内の農地のことで、届出のみで宅地に転用が可能）が宅地並みに課税されるのに対し、生産緑地は軽減措置が講じられる。

特定生産緑地制度とは

2018年4月に改正生産緑地法が施行され、「特定生産緑地制度」が創設された。

特定生産緑地制度では、生産緑地地区に指定されてから30年が経過する前に、所有者等の同意を得た市町村長が、特定生産緑地として指定することで、生産緑地地区の買取りの申し出ができる時期を10年ごとに延長することができる。

特定生産緑地に指定されることにより、生産緑地地区に適用している税制等の優遇措置が30年経過後も継続されることとなり、引き続き農地として存続しやすくなる。

水田の活用と飼料用米の増産

水田活用に向けた取り組み

戦後、国民の食料確保と農家の生活を保障することを目的に食糧管理法❶に基づいた政策がとられた結果、コメの生産量は増加を続けてきたが、1960年代に入ると食生活の多様化による日本人の米離れが進んでいった。そのためコメは大幅な生産過剰となり1971年から米の生産調整の政策（減反政策）が実施された。その後50年近く続いた減反政策により作付け面積と生産量は減少していったが、その結果、農家の意欲の減退や水田農業の衰退、水田景観の荒廃などを招いた。

2018年にこれまでの「コメをつくらせない政策」から、貴重な農地である水田を活かしながら食料自給率の向上を図るという「水田活用」政策に農政の方向が転換された。

「水田活用」の目標は、①ムギ・ダイズ等の作付面積を拡大、②実需者❷との結びつきのもとで、需要に応じた生産を行う産地の育成・強化、③飼料用米、米粉用米の生産を拡大、の3点が柱となっている（図1）。

上記の目標を達成するために、複数の助成事業が立ち上げられており、主なものには下記のものがある。

戦略作物助成　水田を活用して、ムギ、ダイズ、飼料作物、WCS用稲、加工用米、飼料用米、米粉用米を生産する農業者を支援。

産地交付金　「水田収益力強化ビジョン」に基づく、地域の特色を活かした魅力的な産地づくりにむけた取り組みを支援。

❶食糧管理法（食管法）
国民の食糧の確保及び国民経済の安定を図るため、食糧を管理し、その需給・価格の調整、流通の規制を行うことを目的として1942年に制定された。米穀の強制買上、売渡、配給計画などについて規定した。1995年に新食糧法に移行した。

❷実需者
小売り、外食、宿泊、中食、食品加工、仲卸等のバイヤーを指す。

2030年度までに

①麦・大豆等の作付面積を拡大

麦	30.7万ha
大豆	17万ha
飼料用米	9.7万ha

②実需者との結びつきのもとで、需要に応じた生産を行う産地の育成・強化

③飼料用米、米粉用米の生産を拡大

飼料用米	70万t
米粉用米	13万t

図1　水田活用の政策目標

飼料原料の自給が不可避

飼料原料の大部分は海外からの輸入で、特にトウモロコシの輸入量が多く、2022年度もアメリカ、ブラジル、アルゼンチンなどから合わあせて1000万tを超える量が輸入されている。

近年は、輸出産地の大規模な干ばつなどの異常気象による減収などにより、価格がたびたび高騰するようになってきており、安定した国産の飼料原料の確保が不可避となっている。

「飼料用米・米粉用米」の多収品種

全国で、それぞれの地域に合う飼料用米の品種が開発されている（図2）。

- 関東以西：モミロマン —— 食味は「著しく不良」だが収穫量が多い（試験場実績では823kg/10a）。背丈が高く穂も大きくモミも大粒だが、耐倒伏性は「極強」。
- 北海道：きたげんき —— 研究機関の実証単収が907kg/10a。
- 東北：べこごのみ —— 研究機関の実証単収が686kg/10a。
- 北陸・中四国地方：北陸193号 —— 穂が長大なインド型多用途品種、農家段階での最高多収事例は1094kg/10a。
- 九州：ミズホチカラ —— 各地の栽培試験では1000kg/10aの多収事例もあり、米粉用にも優れた特性をもつ。福岡県では肉豚給与の肉質に高い評価。

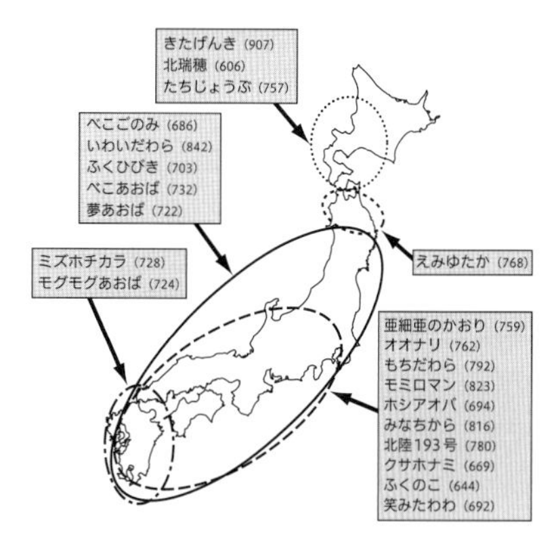

図2　地域に適応した飼料用米専用多収品種の例

注：(　) の数値は研究機関における実証単収の一例で、単位はkg/10a
（資料：農林水産省「多収品種について」）

多収と生産コスト低減が課題

飼料用米は、トウモロコシと同等の栄養価があると評価されており、配合飼料原料として利用できる量は1年間に445万t程度と見込まれている（令和5年度農林水産省『飼料用米をめぐる情勢について』）。価格面では、輸入トウモロコシの価格と同等以下で安定供給されることが必要である。仮にkg当たりの売り渡し価格が30円とすると、単収530kg（8万円の助成が受けられる標準単収値）では1万5900円の売り上げとなる。これに8万円/10aの助成が加われば、おおむね5ha以上の経営層であればなんとか生産費を含め経営が成り立つ計算となる。

さらに低コストで多収を実現していくには、多収品種の導入拡大に加え低コスト栽培技術の普及が鍵となる。

表1　穀実の栄養価

	粗タンパク質 (%)	代謝エネルギー (Kcal／g)
トウモロコシ	7.6	3.28
玄米	7.5	3.28
籾米	6.5	2.66

（日本標準飼料成分表、2009）

飼料用米で畜産物の高付加価値化

家畜への飼料用米の給与は、輸入トウモロコシの代替というだけでなく、畜産物の付加価値の向上が期待されている。

トウモロコシに替えてモミ米や玄米を与えた鶏の卵黄の色が薄くなることを逆手にとって、レモン・イエローの卵として売り出している例もある。

豚肉や牛肉では、仕上げ期に飼料用米を給与することにより、脂肪中のオレイン酸❸の割合が増え、リノール酸❹の割合が低下したという報告もあり、健康志向が高い消費者からの評判が良い。

また、豚肉や鶏肉では脂肪が白くなり、味がすっきりするが、そのことが、消費者に支持されている例もある。

飼料米を給与した畜産物のブランド化は全国に広がりを見せ、消費者の関心も高まっているが、飼料米の給与量や給与時期、畜産物の品質への影響などについては研究途上である。各研究機関、畜産農家の実践に期待が寄せられている。

❸オレイン酸
植物油に多く含まれている不飽和脂肪酸。人の体内で作ることも可能で酸化しにくい特質をもつ。ＬＤＬ（悪玉）コレステロールを上げさせないといわれている。べに花油、オリーブオイル、キャノーラ油等に多く含まれる。

❹リノール酸
植物油に多く含まれている不飽和脂肪酸。人の体内で作ることができず食物から摂る必要がある必須脂肪酸だが、近年の研究で、酸化されやすいため摂りすぎると動脈硬化を起こすことがわかってきた。

農業の6次産業化・農商工連携

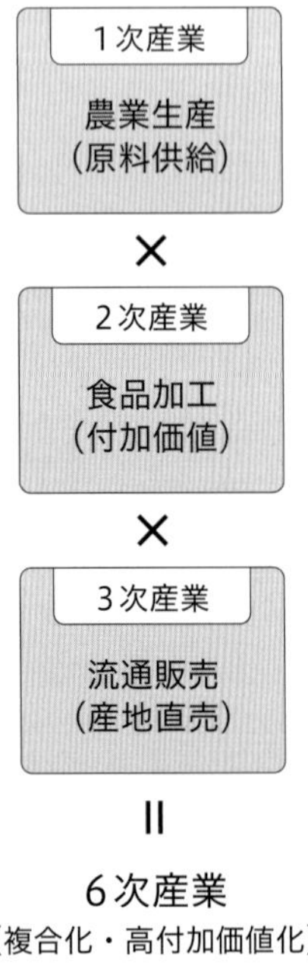

1次産業
農業生産
（原料供給）
×
2次産業
食品加工
（付加価値）
×
3次産業
流通販売
（産地直売）
＝
6次産業
（複合化・高付加価値化）

図1　農業の6次産業化とは

農業の6次産業化とは

農業による地域活性化につながる取り組みとして、国の農政は「農業の6次産業化」に力を入れている。

6次産業化とは「1次産業の農林漁業と、2次産業の製造業、3次産業の小売業等の事業との総合的かつ一体的な推進を図り、農山漁村の豊かな地域資源を活用した新たな付加価値を生み出す取り組み」である（農水省ウェブサイト）。

単なる各産業分野の寄せ集め（足し算）ではなく、1次×2次×3次=6次産業という掛け算で、経営の複合化（多角化）を図り、相乗的に付加価値を高めようというのが目的である。

例えば、今までは収穫したトマトを市場に出して販売していただけだったトマト栽培農家が、収穫したトマトを自ら加工してトマトジュースという付加価値をつけた商品を作って販売し、より高い収入を得るようになったことなどが挙げられる。

6次産業化法による支援

2011年3月に「地域資源を活用した農林漁業者等による新事業の創出等及び地域の農林水産物の利用促進に関する法律」（以下、6次産業化法）が施行された。

これに基づいて、農業者は6次産業化した総合化事業を計画し、これが国の認定を受ければ、その事業の実施に際して手厚い支援を受けることができる。

6次産業化を進めるためには、農家が新たに事業を立ち上げる必要がある。しかし、新規事業の立ち上げは農家にとってハードルが高いため、6次産業化に取り組む農家の相談窓口として各都道府県に6次産業化サポートセンターが置かれており、そこに登録された6次産業化プランナーから相談内容に応じたアドバイスが得られる。相談内容では販路開拓や商品開発、ほかには販売準備や許認可についてなどである。

また、6次産業化法に基づく総合化事業計画を認定された事業には次のような交付金や特例措置がある。

- 新商品開発、販路開拓等に対する補助
- 新たな加工・販売等へ取り組む場合に必要な施設整備に対する補助

- 農業改良資金融通法等の特例：償還期限及び据置期間の延長等
- 野菜生産出荷安定法の特例：指定野菜のリレー出荷による契約販売に対する交付金

1次産業の農業に加え2次産業・3次産業までを担うことで雇用は拡大し、さらには地域も活性化することが期待できる。

6次産業化の成功例

株式会社くしまアオイファーム（宮崎県串間市）
—小ぶりなサツマイモで創業から8年で年商は30倍に

2013年に創業。現在は自社及び農場のほか、150戸の契約農家を加えた約250haの農場でサツマイモを栽培している。

国内では小さいイモは単価が安く、廃棄されることも多い。しかし、東南アジアでは小さいサツマイモをふかして食べる習慣があることに着目し、海外市場向けに小ぶりなサイズのサツマイモを本格輸出したことが、取引高の拡大につながった。

この小ぶりなサツマイモを国内市場に向けて「おやついも」として販売したところ、高齢者や単身世帯などに人気が出た。

くしまアオイファームでは、「小畦（こあぜ）密植栽培法」を開発し小ぶりなイモを栽培している。

また、「冷やし焼き芋imop」という商品名で、焼き芋一本丸ごと冷凍加工して売り出している。

図2　くしまアオイファームのサツマイモ（写真提供：株式会社くしまアオイファーム）

2013年の創業から8年で年商は30倍以上の15億円にのぼり、創業時4人だった従業員は現在約100人に増加した。

有限会社松幸農産（三重県明和町）
—異業種から農業に参入、加工や飲食など「村づくり」展開

スポーツクラブなどを経営する企業が、1986年に水稲やブドウなどの農業生産に参入し、生産物を利用した雑穀米やスイーツなどを製造し、自店舗での販売やネット通販による販売も展開している。当初は、6次産業化として商品生産・販売・飲食店経営などのノウハウがなかったが商工会議所の専門家派遣などを活用して試行錯誤を繰り返したという。

現在は自らの圃場で水稲2ha、麦を95haで耕作するほか、認定農業者として明和町・玉城町・伊勢市で借り受けた水田165haを耕作し、地域農業の衰退や農地の荒廃の防止にも貢献している。

同社は農業以外にまちの駅「これから村」を運営し、ケーキ店、飲食店、ヤギやポニーの飼育、ぶどう園などを展開している。これは過疎化が進んで元気がなくなっていく農村に人が集まる場所を作ることを目的としたものである。

図3　松幸農産の禄穀米

三重県立相可高校の生徒が考案した「めい姫の十二単バウム」のレシピを基に商品化し、製造販売している。

「皇學館大学×三重県明和町産学連携日本酒プロジェクト」の一環で、酒米（品種名：神の穂）を委託生産し、米づくり（生産）から酒造り（加工・醸造）、そして日本酒販売（流通・マーケティング）という6次産業化の実践につなげている。

地域未利用資源の活用へ

エコフィード（食品残渣利用飼料）の活用

輸入に大きく依存している飼料の自給率を引き上げるために、飼料用米の増産とともに取り組まれているのは、「食品残渣」を利用した飼料「エコフィード」の活用である。

エコフィードとは、環境や節約を意味するエコ（eco）と、飼料を意味するフィード（feed）を組み合わせた造語である。

日本では、毎日大量の食品廃棄物が発生している。しかし、食品リサイクル法の施行（2001年）以来、再生利用が進んでおり、2021年度には食品産業（製造業・卸売業・小売業・外食産業）全体から年間1670万tの食品廃棄物が発生したが、その内の71%に当たる1187万tが再生利用されている（農林水産省「エコフィードをめぐる情勢：令和5年9月」）。

用途別に見ると、再生利用されている量の76%に当たる902万tが飼料に、16%に当たる185万tが肥料に再生されている。

エコフィードの製造数量は一部の原材料の使用の減少により、近年は停滞・減少傾向で推移している。

2021年度のエコフィード製造数量は約105万TDNt（概算）❶で、濃厚飼料全体の約5%にとどまっている。また、国産果実で生産されるジュースの搾りかすなど国産原料由来のエコフィードの製造数量も約30万t（概算）で、頭打ち状態が続いている（図2）。

■食品製造副産物
パン屑、菓子屑、製麺屑、豆腐かす、醤油かす、焼酎かす、ビールかす、ジュースかすなど

■余剰食品・調理残渣
売れ残り弁当、おにぎり、菓子パン、麺類、廃食油、カット野菜屑など

■農場残渣
規格外農産物など

図1　エコフィードの原料

❶TDN
Total Digestible Nutrientsの略。家畜が消化できる養分の総量のことで、カロリーに近い概念。

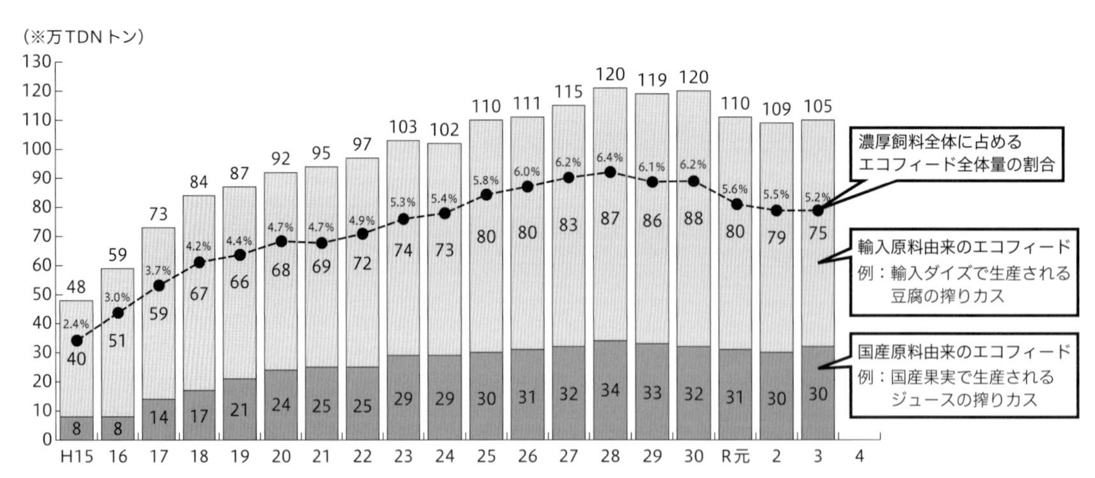

資料：農林水産省畜産局飼料課調べ
※平成29年度の集計から調査対象品目が減少したため28年度以前と連続しない。

図2　エコフィードの年度別製造数量

エコフィードの種類、処理・加工・利用方法

食品残渣等は、一般に水分が多く、腐りやすい性質のものが多いため、これらを飼料として利用するために、保存性の向上や家畜の嗜好性を高めた3つの種類に分けられる。

- **ドライ（乾燥）**：原材料を脱水や高温蒸気で乾燥したもの。
  主な原材料：余剰食品（弁当等）、厨芥等
  対象家畜：牛、豚、鶏
  長所：多種多様な原材料の加工が可能。保存性がよい。
  短所：乾燥設備等の初期投資や加工費（燃料費）が大きい。
- **サイレージ（発酵）**：原材料を密閉し、乳酸発酵により保存性を高めたもの。
  主な原材料：ビール粕、とうふ粕、果汁粕等
  対象家畜：牛
  長所：食品製造副産物のうち、粕類の加工が可能。初期投資、加工費が比較的安価。
  短所：発酵技術の習得が必要。
- **リキッド（液状）**：原材料と水（牛乳、ジュース等を含む）を混合して、スープ状に加工したもの。
  主な原材料：余剰食品（弁当等）、厨芥、野菜屑等
  対象家畜：豚
  長所：水分の多い食品残渣の加工が可能。初期投資、加工費が安価。飼料が飛散少なくロスが少ない。畜舎内の粉塵も少ない。
  短所：家畜への給与のためのパイプライン等の整備が必要。

実態調査にみるエコフィードの利用

エコフィードを利用している家畜は、雑食性の豚が最も多く、次いで牛、鶏となっている。

日本養豚協会が2022年度に実施した「養豚農業実態調査」（回答数：648経営体）によれば、32.7%の経営体でエコフィードを利用しており、「利用を検討中・利用してみたい」との回答が6.9%となっている。

エコフィードの利用形態を見ると、「エコフィードを他の配合飼料に混ぜて給与」が16.5%と最も多く、「リキッドにして給与」と「ドライにして給与」が共に7.7%となっている。

エコフィード認証制度と認証マーク

◆エコフィード認証制度

この制度は、飼料中の食品循環資源❷の利用率や飼料化工程の管理方法など一定の基準を満たした飼料を「エコフィード」

❷食品循環資源
食品廃棄物であって、飼料・肥料等の原材料となるなど有用なもの。2000年に制定された食品リサイクル法において定義されている。

図3　エコフィード認証マーク

として認証するものである。食品循環資源の飼料化とエコフィードの安定した利用を促進するために2009年にこの制度が作られたが、認証されたものには認証マーク（図3）を付けることができる。認証機関は（一社）日本化学飼料協会である。

◆エコフィード利用畜産物認証制度

この制度はエコフィードを給与した家畜から得られた畜産物及びその加工食品を「エコフィード利用畜産物」として認証するもので、認証を受けた畜産物、またはその畜産物を利用した加工食品の容器等には「エコフィード」の名称及び「エコフィード利用畜産認証マーク」（図3）を表示することができる。

この認証制度は、畜産物の生産・加工・流通に係わる事業者及び消費者に対して、エコフィードの利活用の推進と資源循環型社会の構築をアピールするために2011年に作られた。認証機関は(公社)中央畜産会である。

なお、エコフィードの名称の商標権とエコフィード認証マークは（公社）中央畜産会が保有している。

天然資源＝積雪の活用

図4　越冬キャベツ（北海道和寒町）
トラクタを乗り入れ越冬キャベツを掘り、運び出す。　（写真提供：和寒町）

◆雪下野菜

雪の中に置かれた野菜は、0℃に近づくと、細胞内のデンプンを糖に、タンパク質をアミノ酸に変えて身を守る。このためじっくり完熟したかのように甘く美味しくなる。

例えば、「雪下キャベツ」（図4）発祥の地といわれる北海道和寒町では、雪が降る直前（11月中旬）に畑のキャベツを根切りしてそのまま雪の下で越冬させる。それを雪から掘り出し、「越冬キャベツ」のブランド名で出荷している。

◆雪冷房で農産物の低温貯蔵

JAびばい（北海道美唄市）は2000年に米穀雪冷温貯蔵施設「雪蔵工房」を建設し、貯雪室に3600tの雪を貯え、雪が0℃で融解するときの冷風を循環して玄米6000tを保管している。雪を利用した冷風は、適度な湿度が保てるため、コメの保存に適している。同JAは、雪蔵工房の貯雪室に堆積中の雪を搬入して、利雪型予冷施設を整備し、アスパラガスの雪室予冷・保管も実施し低温多湿な雪室での鮮度保持で販売力を高めている。

2

環境分野

環境問題の基礎知識

地球規模の環境問題

エネルギーの大量消費と環境問題

エネルギー消費の増加

これまでの世界的な人口増加にともなう経済活動の進展により、世界の一次エネルギー（石油、天然ガス、石炭など自然由来のエネルギー）の消費量は1985年の72億tから2021年の143億tまで、36年間で約2倍に増大した（図1）。

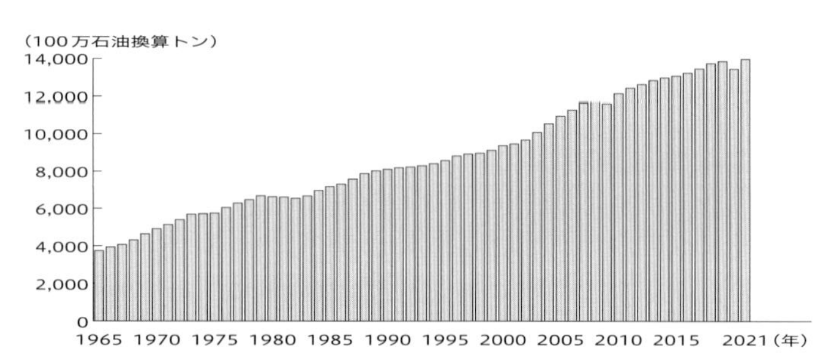

図1　世界の一次エネルギー消費量の推移
（資料：資源エネルギー庁「エネルギー白書2023」より改変）

表1　地球温暖化に関わる国際的取り組み

年	事項
1988年	IPCC設立
1990年	IPCC第1次評価報告書
1992年	国連気候変動枠組条約採択
1995年	IPCC第2次評価報告書 COP1開催（以後、毎年開催）
1997年	COP3：京都議定書（p.45参照）
2001年	IPCC第3次評価報告書
2002年	COP6：生物多様性条約戦略計画採択
2007年	IPCC第4次評価報告書
2010年	COP10：愛知目標（p52参照）
2014年	IPCC第5次評価報告書
2015年	COP21：パリ協定（p.45参照）
2021年	IPCC第6次評価報告書 COP26：グラスゴー気候合意採択
2022年	COP27：パリ協定1.5℃目標への再確認

（IPCC：気候変動に関する政府間パネル）
（COP：国連気候変動枠組条約締約国会議）

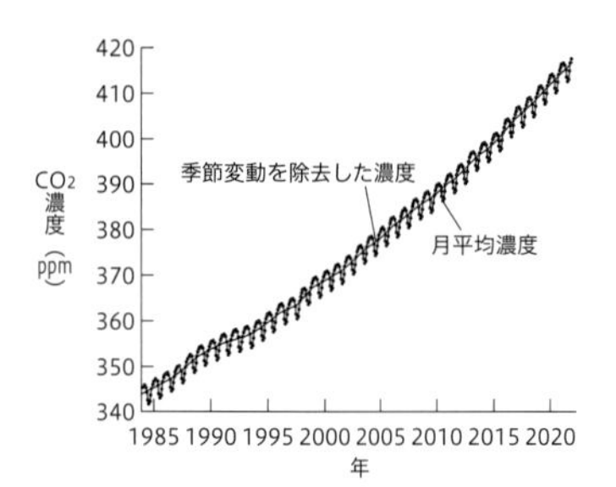

図2　大気中の二酸化炭素の世界平均濃度
（資料：温室効果ガス世界資料センターのデータから気象庁が作成）

このエネルギーの大量消費が、大気の二酸化炭素（CO_2）濃度を増加させた。世界における二酸化炭素の平均濃度は1985年には約345ppmだったが、1995年までの10年間では約15ppm上昇し、その後も10年で約20ppm上昇する傾向が続き、2022年には417.9ppmと37年間で約1.2倍に上昇した（図2）。

地球を取り巻く大気には水蒸気のほかに温室効果ガスといわれる二酸化炭素、メタン、一酸化二窒素などが含まれ、地球から放射される熱を吸収し大気を温めている。現在の地球の年間平均気温はおよそ14℃であるが、温室効果ガスがないと地球の年間平均気温は−19℃くらいになってしまうといわれている。

今、地球の温暖化が進んでいるのは、この温室効果ガス、特に産業活動に伴って排出される二酸化炭素が増えているためと考えられている。

地球温暖化に対して、これまで表1のように取り組まれてきたが、2021年8月に公表されたIPCC（気候変動に関する政府間パネル）❶第6次評価報告書（第1作業部会＝気候変動の自然科学的根拠を評価する部会の報告書）で、「人間の影響が大気、海洋及び陸域を温暖化させてきたことには疑う余地がない」と、これまでの評価報告書にはない断定的な表現が初めて用いられた。また、「大気、海洋、雪氷圏及び生物圏において、広範囲かつ急速な変化が現れている。」と述べている。

❶IPCC（気候変動に関する政府間パネル）
人為起源による気候変動、影響、適応及び緩和方策に関し、科学的、技術的、社会経済的な見地から包括的な評価を行うことを目的として、1988年に世界気象機関と国連環境計画により設立された組織。

地球温暖化と温室効果ガスの削減

パリ協定の締結と今後の課題

1997年に京都市で開かれたCOP3❶で世界的なルール「京都議定書」が採択された。同議定書では2008～2012年に主な温室効果ガスの先進国全体の平均年間排出量が1990年の総排出量の95%以下になるよう、各国の数値目標が決められた。

2015年パリで開催されたCOP21では、京都議定書から18年ぶりに新しい温暖化対策として「パリ協定」が採択された。

京都議定書は2020年までの枠組みを定めたものであったが、パリ協定は2020年以降の枠組みを定めたものである。

パリ協定では、世界全体で温室効果ガスの排出量の増加をできるだけ早く止め、今世紀後半には実質排出ゼロ❷を目指すという目標が示された。

パリ協定と京都議定書を比較すると、大きく進展した点がある。まずは、具体的な数値目標が初めて掲げられたことである。パリ協定には、産業革命前からの気温上昇を「2℃未満」に抑えるという目標と、「1.5℃未満」という努力目標が盛り込まれ、長期目標も掲げられた。この1.5℃目標は2021年のCOP26、その翌年のCOP27で進められていった。

また、京都議定書では先進国だけが温室効果ガス排出削減の義務を担っていたが、パリ協定では条約に加盟する196カ国・地域が、それぞれの能力に応じて温室効果ガス排出削減の責務を担うこととした。このことも、対策の実効性と公平性という面で大きな前進といえる。

一方で、京都議定書では、対象が先進国だけだったものの、温室効果ガスの排出削減目標値は政府間交渉で決定され、その目標を達成できなかった場合には罰則が設けられていた。しかし、パリ協定は、すべての加盟国・地域が対象であるものの、削減目標値は各国が自主的に掲げる方式で、なおかつ、目標達成も義務化されていない。

パリ協定が合意される1年前に出されたIPCC第5次評価報告書❸では「人為起源のCO_2排出量と世界平均気温の変化にはほぼ比例の関係があり、産業革命前からの気温上昇を2℃未満に抑えるためには、1870年以降の人為起源のCO_2累積排出量を約2.9兆t未満に留める必要があるが、2011年までにすでに約1.9兆t排出されている」と指摘している。この「人為的起源による温暖化」という表現は第6次評価報告書ではさらに厳

❶「COP」は1994年に発効した気候変動枠組条約の加盟国が地球温暖化に対する具体的な政策を定期的に議論する会合で「国連気候変動枠組条約締約国会議」と呼ばれている。COP3の「3」は第3回の会議を示している。

❷実質排出ゼロ
工場や発電所など人間の経済活動によって大気中に排出されたCO_2の量と、森林などの植物の光合成作用によって吸収されるCO_2の量を差し引きゼロにするということで、排出を完全に止めることではない。

❸IPCC第5次評価報告書
IPCC（気候変動に関する政府間パネル）のなかで世界中の科学者が検討した結果を2014年にまとめた報告書。2007年の第4次時点と比較して海洋深層水のデータなど科学的にさまざまな進歩があり、これらの成果によってこれまでの見解がさらに強く裏付けられる結果となった。

表1　主要国の温室効果ガス排出削減目標　（2022年10月現在）

国名		削減目標	今世紀中頃にむけた目標
中国	2030年までにGDP当たりのCO_2排出を	65%以上削減（2005年比）	2060年までに、CO_2排出を実質ゼロに
EU	2030年までに	55%以上削減（1990年比）	2050年までに、温室効果ガス排出を実質ゼロに
インド	2030年までにGDP当たりのCO_2排出を	45%削減（2005年比）	2070年までに、排出量を実質ゼロに
日本	2030年度において	46%削減（2013年比）	2050年までに温室効果ガス排出を実質ゼロに
ロシア	2030年までに	30%削減（1990年比）	2060年までに実質ゼロに
アメリカ	2030年までに温室効果ガス排出量を	50-52%削減（2005年比）	2050年までに温室効果ガス排出を実質ゼロに

各国の表現のまま掲載。

（資料：「国連気候変動枠組条約に提出された約束草案」よりJCCCA作成）

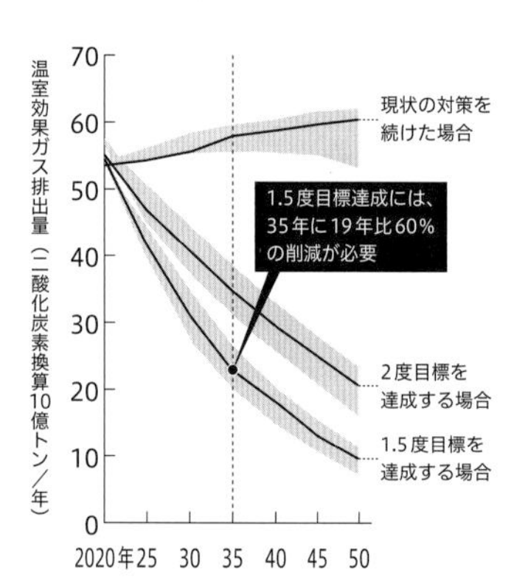

図1　目標達成に必要な温室効果ガス排出量（IPCC第6次統合報告書から）

（資料：朝日新聞2023年3月21日朝刊）

しいものになった。

パリ協定で掲げられた“産業革命前からの気温上昇を1.5℃に抑えるという目標”を達成するためには各国の温室効果ガス削減目標（表1）を足し合わせても不十分で、目標達成には2019年の約53ギガt（10億t）を2035年にはその60%を削減する必要があるとされている（図1）。

パリ協定では各国に削減目標達成の義務は設けていないが、進捗状況に関する情報を定期的に提出して専門家による評価を受け、5年ごとに削減目標を見直すことが義務付けられ、より高い目標に更新することが求められている。具体的には2023年に第1回の検証を行い、その結果を踏まえて2025年に各国が2035年の削減目標を設定することになっている。

グラスゴー気候合意とその後の動き

2021年11月に英国グラスゴーで行われたCOP26では、成果文書「グラスゴー気候合意」が採決された。主な内容は次のとおりである。

- 世界平均気温の上昇を産業革命前に比べて1.5℃以内に抑えることを追求、これはパリ協定の目標を一歩踏み込んだ表現である。
- 石炭火力発電を段階的に削減。
- すべての国は2022年に2030年までの排出目標を再検討し、強化することについて合意した。
- パリ協定の実施指針（ルールブック）についても、未決定要素❶について合意に達し、これによってパリ協定が完全に運用されることとなった。
- 達成されていなかった2020年までに先進国が共同で開発途上国へ年間1000億ドルの支援という目標についても、2025年までに達成するよう求めるとした。

2022年10月までに、国連気候変動枠組条約に各国の目標が提出されているが、2015年の目標に比べて後退している国も見られる。その一方で、各国は実質排出ゼロの達成の目標年を示している（表1）。

2023年11月に国連環境計画❷は、2022年の世界の温室効果ガスは前年に比べて1.2%増加し、57.4ギガtになったと発表した。

❶未決定要素
パリ協定の実施ルールのうち、未解決となっていた3つの要素の細則
- 市場メカニズム
- 透明性枠組み
- 自国が決定する貢献の共通時間枠

❷1972年に設立。環境分野における国連の主要な機関として、地球規模の環境問題に関する諸活動の全般的な調整を行い、また新たな問題に対して国際的な取り組みを推進する国際機関である。

温暖化の影響

地球温暖化の悪影響

2022年国連環境計画（UNEP）が発表した「排出ギャップ報告書2022」においても、IPCC第6次評価報告書と同様に各国が提出した温室効果ガス排出量削減目標の合計とパリ協定の気温目標達成に必要な排出削減量との間には大きなギャップがあることを指摘し、社会の急速な変革を求めている。

地球温暖化がこのまま進んでいくと、どのような問題が起こり得るのだろうか。

スターン・レビュー❶は、今後、何の対策もとらずに地球温暖化が進行し続けた場合、世界の年間GDPの5～20%の損失の可能性があると警鐘を鳴らしている。

また、IPCC第6次評価報告書では、どの様な対策をとったとしても少なくとも今世紀半ばまで上昇を続けるとし、すべての主要国が2030年までの温室効果ガス削減目標を達成したとしても、世界の年間平均気温は1850～1900年代の平均気温に比べて2.1～3.5℃上昇する可能性があると予測している。

❶英国の経済学者ニコラス・スターンが英国政府の依頼により、まとめた報告書で2006年10月に公表された。経済的な観点から、気候変動（地球温暖化）対策の可能性のメリット、その方法や時期、目標などについて評論を行っている。

キリバスに学ぶ

地球温暖化は一気に進行するわけではないが、世界に目をむけると、温暖化による被害や経済的損失はすでに現実的な課題として現われ始めている。例えば、太平洋の赤道付近に位置するキリバス❷では、海面上昇や大潮、サイクロンなどの気象現象により、国家が存亡の危機に立たされている。海の浸食や大潮により道路や家屋が破壊され、複数の地域が村規模での移住を余儀なくされた。また、淡水に海水が混入したことで飲み水としての利用ができなくなったり、下痢や風邪といった水が媒介する病気が増加するなど、経済面にも健康面にも甚大な被害を与えている。元大統領のテブロロ・シト国連大使は、「このまま何もしなければ島は海に沈む」と述べ、先進国や中国、インドなど温室効果ガスの主要排出国に対し、気候変動対策の強化や島の護岸工事への支援を訴えた（引用:「何もしなければ海に沈む」共同通信社）。これは決して「他人事」ではなく、地球温暖化に国境はない。“国家”や“国民”をこえて、1人ひとりが温暖化を「自分事」ととらえることが、温暖化の抑制には大切なことである。

❷太平洋の赤道付近にある33の環礁から構成される人口約10万人の国。ほとんどの島が海抜2m弱で、一部には土地の幅が10m以下のところもある。そのような島々が350万km²の海洋に点在している。

地球規模の環境問題

オゾン層の破壊

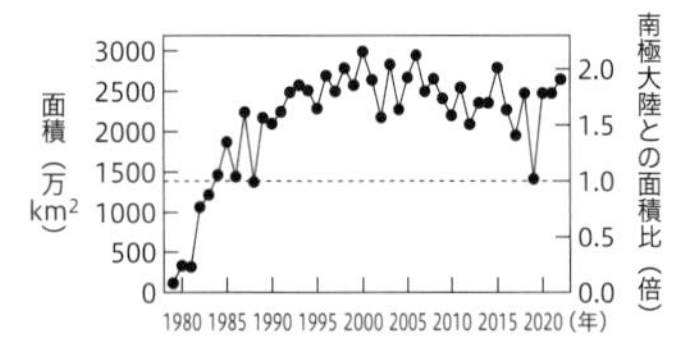

図1　オゾンホール面積の年最大値の推移
1979年以降の年最大値の経年変化。破線は南極大陸の面積を示す。（NASA提供のTOMS、OMI及びOMPSデータをもとに気象庁作成）

オゾン層破壊の推移

オゾン層❶は、地上から高さ10数kmから50kmまでの成層圏にあり、太陽光に含まれる有害な紫外線を吸収して地上の動植物を守る重要な働きをしている。生物が海から陸地に上陸することができたのも、オゾン層のおかげである。しかし、1970年代の終わり頃から、南極上空で南半球の春期（9～10月頃）にオゾンホール❷が観測され始め、1980年代～1990年代半ばにかけて急激に拡大し、2000年には南極大陸（約1400万km²）の2倍を超す2980万km²を記録し、過去最大規模となった（図1）。その後は増減を繰り返しながらも少しずつ減少している。2022年は2640万km²で最近10年間で2番目に大きいが、2000年頃に比べるとかなり縮小している。

北極圏でもオゾンホールは観測されるが、北極の冬季の下部成層圏の気温が南極よりも高く、北極の上空にできる大規模な気流の渦である極渦は南極の極渦よりも不安定で、通常北極のオゾンホールは南極のような大規模なものにはならない。

オゾン層保護への取り組み

オゾン層を保護する国際的な取り組みとして、1985年にウイーン条約❸、1987年にはモントリオール議定書❹が採択された。

特定フロン❺のうち、CFCの生産と消費は先進国では1995年末に、途上国では2009年末までに全廃されたので、大気中濃度は少しずつ減少しているが、大気中寿命が非常に長いため、減少には長い年月がかかる。CFCよりオゾン層の破壊が少ないHCFCは先進国では2020年までに、途上国では2030年までに全廃することになっている。

代替フロン❻のHFCはオゾン層の破壊はないことからCFCやHCFCの代替として使用が増えたが、二酸化炭素よりも強力な温室効果ガスということがわかったため、2016年10月にルワンダのキガリでモントリオール議定書の規制対象物質に追加する改正提案が採択され（ギガリ改正）、2019年1月1日に発効となった。この改正によって先進国である日本のHFCの生産・消費量の削減スケジュールは次のとおりとなっている。(2011－2013年比の削除割合)。

2024年：40%、2029年：70%、2034年：80%、2036年：85%

❶酸素原子3つからなる気体をオゾン（O_3）といい、オゾンの多い層をオゾン層という。

❷オゾン層の中でオゾンが少なくなり、穴が空いているように見える部分。

❸正式名称は「オゾン層の保護のためのウィーン条約」。オゾン層保護のための国際協力の基本的枠組みを設定したもの。オゾン層の変化により生じる悪影響から、人の健康及び環境を保護する研究や組織的観測などに協力することなどについて規定している。日本は1988年に加入した。

❹ウィーン条約に基づきオゾン層破壊物質の削減スケジュールなど具体的な規制を示したもの。非締約国との貿易の規制、最新の科学、環境、技術及び経済に関する情報に基づく規制措置の評価や再検討を実施することを求めている。日本は1988年に受諾した。

❺特定フロンにはCFC（クロロフルオロカーボン）とHCFC（ハイドロクロロフルオロカーボン）の2つがあるが、CFCの方がオゾン層を破壊する力は大きい。

❻代替フロンはオゾン層破壊物質である特定フロンの代替として開発された物質で、HFC（ハイドロフルオロカーボン）などがある。

大気汚染の広がり

大気汚染物質の種類とその影響

大気汚染❶の原因となる物質（大気汚染物質）には火山の噴火、森林火災、花粉の飛散、黄砂など自然現象に伴って排出されるものと、工場の煙や自動車の排気ガスなど経済活動などに伴って排出されるものとがあり、後者の代表的なものには次のようなものがある。

◆硫黄酸化物（SOx）：二酸化硫黄（SO_2）などの硫黄酸化物は、石油や石炭などの化石燃料の燃焼によって燃料中に含まれる硫黄分が空気中の酸素と結合して発生する。

SO_2は呼吸器系の疾患を引き起こす恐れがあり、1960年から三重県四日市で発生した四日市ぜんそくの主たる原因となった。また、大気中で化学変化を起こし硫酸となり、酸性雨の原因物質となるほか、浮遊粒子状物質（SPM）やPM2.5（下記参照）へと粒子化することも問題となっている。

◆窒素酸化物（NOx）：大気汚染物質としての窒素酸化物は、燃料を高温で燃やすことによって燃料中や空気中の窒素と酸素が結びついて発生する一酸化窒素（NO）が大気中に放出された後酸素と結びついてできた二酸化窒素（NO_2）が大部分である。二酸化窒素（NO_2）は酸性雨や粒子状物質（PM）を生成したり、紫外線を受けて、塗料や接着剤やインク、ガソリンから揮発する有機化合物（揮発性有機化合物）と反応し光化学オキシダントを生成する。

◆光化学オキシダント：光化学オキシダントは、NOxや揮発性有機化合物が太陽光線中の紫外線にあたり、化学反応を起こして生成されるオゾンなどの汚染物質の総称である。目の痛みや吐き気、頭痛などを引き起こす。なお、高濃度の光化学オキシダントが大気中に漂う現象を光化学スモッグという。

◆浮遊粒子状物質（SPM）：粒子状物質（PM）のうち、粒子の直径が10μm（1μmは1mの100万分の1）以下のものを浮遊粒子状物質と呼ぶ。工場から排出されるばいじんや粉じん❷、ディーゼル車の排出ガス中の黒煙などが発生源で、極めて微小、軽量であるため大気中に浮遊しやすく、呼吸器に悪影響を与える。SPMのなかでも特に細かく、直径2.5μm以下の超微粒子のものはPM2.5と呼ばれ、肺の奥まで入り込むため、ぜん息や気管支炎を起こす確率が高いといわれている。

◆有害大気汚染物質：❸を参照。

❶大気汚染とは、大気中に排出された物質が自然に拡散したり浄化される量を上回り人間の健康や生活環境に悪影響をもたらすまで大気が汚染されてしまった状態をいう。
大気汚染に関して、国民の健康を保護するとともに、生活環境を保全することなどを目的として1963年に「大汚染防止法」が制定された。大気汚染防止法では、固定発生源（工場や事業場）から排出または飛散する大気汚染物質について、物質の種類ごと、施設の種類・規模ごとに排出基準等が定められており、大気汚染物質の排出者等はこの基準を守らなければならないとされている。

❷どちらも大気中の粒子状物質のこと。「ばいじん」は工場・事業場から物の燃焼で発生するもので、すすのこと。「粉じん」は物の破砕、選別による飛散などで発生するもので、セメント粉、石炭粉、鉄粉などがある

❸有害大気汚染物質とは、低濃度であっても長期的な摂取により健康影響が生ずるおそれのある物質のことをいう。該当する可能性のある物質として248種類が示され、そのうち未然防止の観点から、早急に排出抑制を行わなければならない物質（指定物質）としてベンゼン、トリクロロエチレン、テトラクロロエチレンの3物質が指定されている。

地球規模の環境問題

世界の森林破壊

日本の国土面積の４倍以上の森林が消えた

FAO❶の「世界森林資源評価2020」❷によると、1990年に約42億3600万haあった世界の森林面積は、2020年には約40億5900万haとなり、この30年間で1億7700万ha減少しているが、この減少した面積は我が国の国土面積（約3780万ha）の4.7倍にあたる。地域別に見てみると、ヨーロッパやアジアでは森林面積がわずかに拡大しているが、南米やアフリカでは減少が著しい（図1）。特に、ブラジルでは熱帯雨林の違法伐採などが深刻で、2010～2020年の10年間で年平均149.6万haの森林が減少している（表1）。

但し、世界全体の森林の減少面積の割合は、2000年代に入って減少に転じている。2010～2015年の減少面積は年平均1180万haだったが、2015～2020年は1015万haにとどまった。植林を進める中国（2010～2020年に年平均193.7万ha増）のほか、森林を増加させている国々が世界全体の減少を抑えている。

❶FAO（国際連合食糧農業機関）は飢餓の撲滅を、世界の食糧生産と分配の改善と生活向上を通して達成することを目的とする国連の専門機関の一つ。1945年に設立し、日本は1951年に加盟した。

❷FAOは5年ごとに「世界森林資源評価」として森林資源の増減などをまとめている。「同2020」は1990年から2020年にかけての森林資源現況を報告したものである。

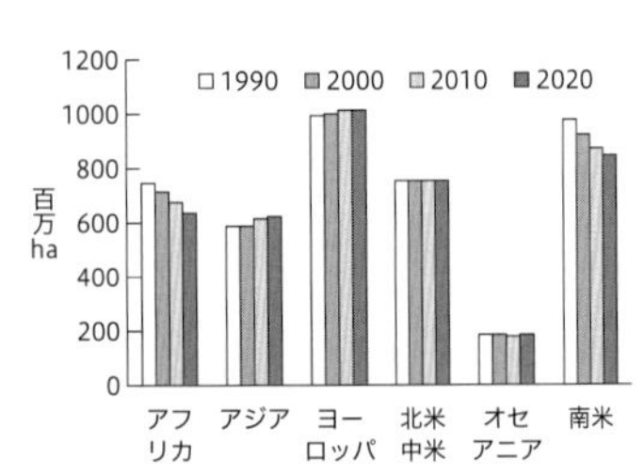

図1　地域別森林面積の推移 1990～2020年

（資料：林野庁「世界森林資源評価（FRA）2020メインレポート概要」）

表1 2010～2020年における年平均森林面積減少面積上位5カ国

順位	国	減少面積と割合 (1,000ha/年)	(%)
1	ブラジル	-1,496	-0.30
2	コンゴ民主共和国	-1,101	-0.83
3	インドネシア	-753	-0.78
4	アンゴラ	-555	-0.80
5	タンザニア連合共和国	-421	-0.88

備考：変化率（%）は年平均率として算出

（資料：林野庁「世界森林資源評価（FRA）2020メインレポート概要」）

森林破壊の原因とその影響

◆森林破壊の原因

- 森林の回復を待たずに行う焼畑耕作、薪炭材への利用
- 農地や牧草地等への転用
- 木材消費量の増大、森林火災の増大

森林は、破壊されてしまうと栄養分を含んだ土壌の表面が流出したり、直射日光による乾燥や野生生物の生息・生育環境が失われることなどにより土壌が荒廃してしまう。そのため、いったん伐採されると、再生は非常に困難である。

◆森林破壊の影響

- 木材資源、食糧、農産物の減少など地域住民の生活基盤の喪失
- 土壌の流出、洪水・土砂災害などの発生
- 熱帯林などの野生生物種の絶滅による生物多様性の減少
- 森林が吸収する二酸化炭素（CO_2）量が減り地球温暖化をはじめとした気候変動の促進

IPCC第6次評価報告書は、2010年の人為起源の世界の温室効果ガス排出量の11％は森林の減少や劣化などによるとしている。気候変動の緩和には森林の保全や回復が大切である。

世界の海面水位の上昇

20 年あまりで 8cm も海面水位が上昇

地球温暖化の影響により世界が直面している問題に海面水位の上昇がある。IPCC第6次評価報告書によれば、1901 ～ 1971年の70年間では年平均約1.3mm上昇していたのに対して、2006 ～ 2018年の12年間では年平均約3.7mm上昇したと報告されている。また、米国航空宇宙局（NASA）は、2015年までの10年間でグリーンランドの氷床が毎年平均約3000億t、南極でも約1200億tの氷床が失われているとし、世界の平均海面水位が1992年から2015年までに約8cm（年平均約3.5mm）上昇したと発表している。これらのことから、海面水位上昇が進んでいることがうかがえる。

海面水位の上昇がもたらす悪影響

海面水位上昇による影響は特に、イタリアの水の都・ベニス（ヴェネツィア）のような海抜の低い地域にあらわれる。世界的には、オランダ、デンマーク、バングラデシュといった海抜の低い地域を抱える国々や、オセアニアなどの小さな島国で深刻な問題になっている。東京や大阪も同様に、海岸沿いに海抜0m地帯があるため、水没の危険とともに、高潮や津波による災害の危険性も増している。

また、海面水位上昇によってキリバスが国家存亡の危機に立たされていることはすでに述べたが（→p.47〈キリバスに学ぶ〉の項参照）、キリバスのように小さな島々が連なる島嶼（とうしょ）地域で海面水位上昇が起きると、地下水が塩水化して「淡水資源の減少」という島特有の深刻な問題が生じる。島の地下は透水性の岩石からなり、軽い地下水（淡水）が、重い海水（塩水）の上にレンズ状の形で浮いている。そのため、海面上昇によってこの「淡水レンズ」が押し上げられると、利用できる淡水の量が減少してしまう（図1）。さらに、海水の河川への遡上が農業用水や水道水の取水に大きな障害を起こす問題も指摘されている。

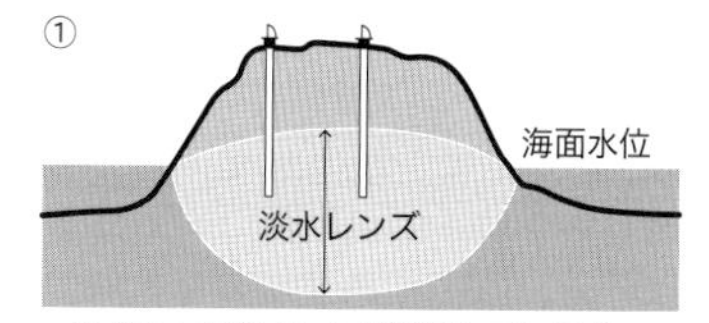

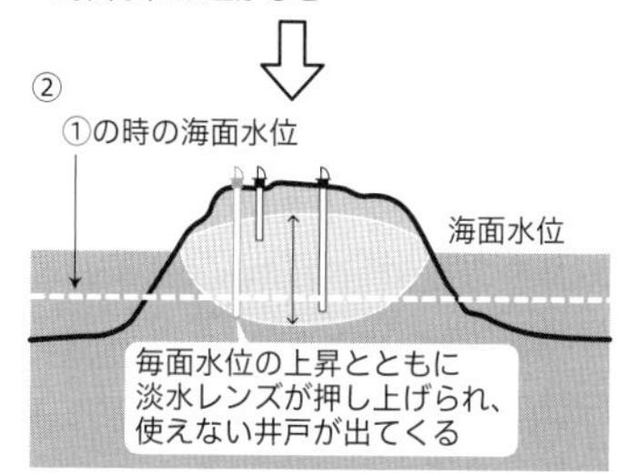

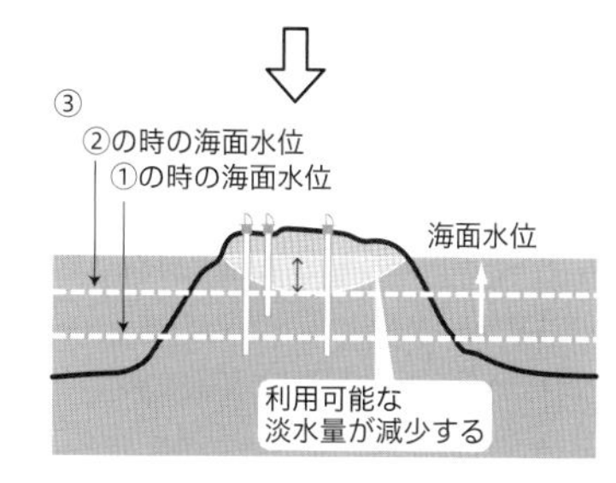

図1 海面水位の上昇による淡水レンズへの影響
（資料：（独）国立環境研究所「Data Book of Sea-Level Rise 2000」）

海面水位の上昇予測

IPCC第6次評価報告書では、温暖化の進行に伴う世界の平均海面水位の上昇程度を予測している❶。

❶1995 ～ 2014年の平均水位を基準とした場合の2100年までの上昇範囲は、最も温暖化が進んだ場合で63 ～ 101㎝、最も温暖化を抑えた場合で44 ～ 76㎝と予測している。

生物多様性の保全への取り組み

生物多様性保全にむけた世界的な取り組み

野生生物種の絶滅や生態系の地球規模の衰退は、20世紀後半、拡大した人間活動によって急速に進行した。これに歯止めをかけるべく次のような条約が採択された。

ラムサール条約：1971年に採択された、湿地及びその動植物の保全に関する条約

ワシントン条約：1973年に採択された、野生動植物の国際取引に関する条約

生物多様性条約❶（CBD）：1992年に採択された、上の二つの条約を補い、生物の多様性を包括的に保全し、生物資源の持続な利用に関する条約。ケニアのナイロビで開かれた国連環境計画（UNEP）の会合において採択され、同年6月リオデジャネイロで開催された国連環境開発会議で日本を含む157カ国が条約加盟の署名を行い、1993年12月に発効した。

生物多様性条約は、①生物多様性の保全、②生物多様性の構成要素（生物資源）の持続可能な利用、③遺伝資源の利用から生ずる利益の公正で衡平な配分、の3つを目的としている。

さらに2002年には、オランダのハーグで開催された生物多様性条約（CBD）第6回締約国会議において「生物多様性条約戦略計画」が採択され、「締約国は、現在の生物多様性の損失速度を2010年までに顕著に減少させる」という「2010年目標」が全体目標として定められた。

❶生物多様性条約（CBD）には「遺伝資源の取得の機会及びその利用から生ずる利益の公正かつ衡平な配分（ABS）」と書かれている。
「遺伝資源」とは遺伝の機能をもつ生物（ウイルス含む）や、それらを含む水や土壌など環境サンプルも含まれる。CBDが成立する前は遺伝資源に対する主権についての決まりがなく、遺伝資源をもっている国からそれを持ち出すことに制約がなかった。そのため技術力のある国や企業が遺伝資源を持ち出し、その遺伝資源を基に新しい薬品を開発して利益を上げることができ、もともと遺伝資源をもっている国や先住民に利益を還元する仕組みがなかった。そこでCBDに、遺伝資源を持ち出す際のルールと利益を公正かつ衡平に配分すること（ABS）が組み込まれ、CBDの第15条に「各国は自国の天然資源に対して主権的権利を有するものと認められる」と規定され、天然資源、遺伝資源をもつ国と利用する国が合意のもとで遺伝資源を取得することとなった。

愛知目標

2010年10月に愛知県名古屋市で開催されたCBDの第10回締約国会議では、名古屋議定書❷の採択と今後10年間に国際社会がとるべき道筋である「生物多様性戦略計画2011−2020」が採択された。この戦略計画では、2050年までの長期目標と2020年までに生物多様性の損失を止めるための短期目標が掲げられ、その達成にむけて5つの戦略目標（戦略目標A～E）のもとに20個の個別目標（目標1～20）が決められた（図1）。

この愛知目標は、数値目標を含む具体的なものである。目標5では、森林を含む自然生息地の損失速度を半減、可能な場所ではゼロに近づける。目標11では、陸域17％、海域10％が保護地域などにより保全される、などとしている。

❷ABSの実効性を高めるために2010年10月に名古屋市で開催されたCBDの第10回締約国会議において、名古屋議定書（正式名称：生物の多様性に関する条約の遺伝資源の取得の機会及びその利用から生ずる利益の配分の公正かつ衡平な配分に関する名古屋議定書）が採択され、2014年10月に発効した。日本では2017年8月に発効した。

部分的に達成した目標：9、11、16、17、19、20
未達成の目標：1、2、3、4、5、6、7、8、10、12、13、14、15、18

戦略目標A．生物多様性を主流化し、生物多様性の損失の根本原因に対処

目標1：生物多様性の価値と行動の認識
目標2：生物多用性の価値を国・地方の戦略及び計画のプロセスに統合
目標3：有害な補助金の廃止・改革、正の奨励措置の策定・適用
目標4：持続可能な生産・消費計画の実施

戦略目標B．直接的な圧力の減少、持続可能な利用の促進

目標5：森林を含む自然生息地の損失を半減→ゼロへ、劣化・分断を顕著に減少
目標6：水産資源の持続的な漁獲
目標7：農業・養殖業・林業が持続可能に管理
目標8：汚染を有害でない水準へ
目標9：侵略的外来種の制御・根絶
目標10：脆弱な生態系への悪影響の最小化

戦略目標C．生態系、種及び遺伝子の多様性を守り生物多様性の状況を改善

目標11：陸域の17%、海域の10%を保護地域等により保全
目標12：絶滅危惧種の絶滅が防止
目標13：作物・家畜の遺伝子の多様性の維持・損失の最小化

戦略目標D．生物多様性及び生態系サービスからの恩恵の強化

目標14：自然の恵みの提供・回復・保全
目標15：劣化した生態系の15%以上の回復を通じ気候変動緩和・適応に貢献
目標16：ABSに関する名古屋議定書の施行・運用

戦略目標E．参加型計画立案、知識管理と能力開発を通じて実施を強化

目標17：国家戦略の策定・実施
目標18：伝統的知識の尊重・統合
目標19：関連知識・科学技術の向上
目標20：資金を顕著に増加

図1　愛知目標と達成状況　（資料：環境省）
※「地球規模生物多様性概況」第5版による

愛知目標の達成状況

2020年9月に「地球規模生物多様性概況」第5版（以下「GBO5」という）が、生物多様性条約事務局により公表された。

GBO5は「生物多様性戦略計画2011−2020（以下「戦略計画」という）」及び「愛知目標」の国際的な達成状況について評価するとともに、戦略計画の2050年ビジョン「自然との共生」にむけて必要な行動等をまとめた報告書で、2021年以降の新たな生物多様性の世界目標の策定にむけた議論等に科学的な情報を提供するものである。

GBO5に書かれているポイントは次のとおりである。

- ほとんどの目標でかなりの進捗が見られたが、20の個別目標で完全に達成できたものはない（図1）。
- その理由として、愛知目標に応じて各国が設定する国別目標の範囲や目標のレベルが、愛知目標の達成に必要とされる内容と必ずしも整合していなかった。
- 2050年ビジョン「自然との共生」の達成は、生物多様性の

保全・再生に関する取り組みのあらゆるレベルへの拡大、気候変動対策、生物多様性損失の要因への対応、生産・消費様式の変革などのさまざまな分野での行動を、個別に対応するのではなく連携させていくことが必要である。

部分的に達成した目標には、9（侵略的外来種の制御と根絶）、11（保護地域等による保全）、16（ABSに関する名古屋議定書の施行・運用）、17（国家戦略の策定・実施）、19（関連知識・科学技術の向上）、20（資金を顕著に増加）がある。

カルタヘナ議定書

遺伝子組換え生物等の使用による生物多様性への影響を防止することを目的に、遺伝子組換え生物の輸出入など国境を超える移動に関する手続きを定めた国際的な枠組みとしてカルタヘナ議定書が作られた。カルタヘナ議定書は1999年にコロンビアのカルタヘナで開催された会議で討議が始まり、2003年9月に発効した。日本はこの議定書を実施するため2003年6月にカルタヘナ法を制定した。

生物多様性条約（CBD）第15回締約国会議

2022年12月にカナダ・モントリオールでCBDの第15回締約国会議が開催され、2010年の愛知目標の後継となる、2020年以降の生物多様性に関する世界目標の「昆明・モントリオール生物多様性枠組」が採択された。

この枠組では2030年にむけて「自然を回復軌道に乗せるために、生物多様性の損失を止め、反転させるための緊急行動をとる」として、23の目標が合意された。そのうちの主な内容には次のようなものがある。

- 2030年までに陸と海の少なくとも30%以上を保護地域にし、保全・管理する（30by30目標）。
- 侵略的外来種の導入率及び定着率を50%以上削減する。
- 生物多様性に有害な補助金を特定し、少なくとも年間5000億ドル以上削減し、生物多様性に有益な補助金等を拡大する。
- 先進国から途上国への資金拠出を2020年までに年間200億ドル、2030年までに300億ドルまで増加する。

カーボンニュートラルにむけた取り組み

カーボンニュートラルとは何か

カーボンニュートラルとは、人間が生産活動や、生活活動によって排出する温室効果ガスと、森林管理・植林などで吸収される温室効果ガスを同じ量にする、つまり差し引きゼロにするという考え方である。

カーボンニュートラルが注目を集めるようになった背景には地球温暖化とその結果が影響している。

近年では大規模な異常気象が頻発するようになっており、これらは地球温暖化による気温上昇が原因であると考えられている。2021年に公表されたIPCC第6次評価報告書では、人間の活動によって多くの異常気象が起こされた可能性が提示され、このことはこれまで以上に温暖化対策に取り組まなければ、異常気象がさらに増えることを示している。

日本政府は2020年10月に2050年までにカーボンニュートラルを実現することを宣言した。

温室効果ガスには二酸化炭素（CO_2）だけでなくメタン、N_2O、フロンガスなども含まれるが、2020年度の日本が排出した温室効果ガスの91％がCO_2であり、その大半を占めている。

2013年度の温室効果ガス排出量14億800万t（CO_2換算）に対して2030年度の排・吸収量を46％減とし、2050年度には排出・吸収量を0にしてカーボンニュートラルを実現することを目標としている。

2021年度は排出量11億7000万t、吸収量4760万tなので、排出・吸収量は11億2200万tで2013年度比20.3％減になっている。

日本が2050年にカーボンニュートラルを実現するために下記のような取り組みがすでに始まっている。

◆みどりの食料システム戦略

- 化石燃料からの切替
- 植林の推進
- 有機農業の拡大等

なお、2050年までのカーボンニュートラルの実現を表明している国は2022年2月時点で日本を含めて154カ国1地域（経済産業省まとめ）に拡大しており、世界中で脱炭素社会の実現にむけた取り組みが始まっている。

農業と環境の保全と整備

環境保全型農業への取り組み

環境保全型農業の推進

農林水産省では環境保全型農業を「農業のもつ物質循環機能を活かし、生産性との調和などに留意しつつ、土づくり等を通じて化学肥料、農薬の使用等による環境負荷の軽減に配慮した持続的な農業」と位置付けている。

環境保全型農業を実現するためには、堆肥などによる土づくり、化学肥料や農薬の使用量の低減、家畜ふん尿・稲わら・食品残渣などの有効利用も含めて、環境と調和した健全な物質循環機能の維持と増進を図ることが大切であることから、2007年度以降に環境の保全向上への取り組みに対して支援が行われるようになり、2015年度には「農業の有する多面的機能の促進に関する法律」に基づき、日本型直接支払の一つとして「環境保全型農業直接支払（環境直払）」が実施された（→p.30〈多面的機能発揮へ日本型直接支払制度〉の項参照）。

環境直払の支援の対象となる農業者は、定められた取り組みが実施されたかを「みどりのチェックシート」❶を用いて点検し提出することが交付要件となっている

農林水産省では、この環境支払い制度を活用した有機農業等への取り組みによって大気中へのCO_2の排出量が年間15万t削減され、地球温暖化防止に効果があると発表している。

❶「みどりのチェックシート」のチェック内容（概略）

[化学農薬の使用量低減]
農薬の適正な使用
農薬の使用状況等の記録を保存
病害虫・雑草の発生状況を把握したうえでの防除要否及びタイミングの判断
多様な防除方法（防除資材、使用方法）

[化学肥料の使用量低減]
肥料の適正な保管
肥料の使用状況の記録を保存
有機物の施用
作物特性やデータに基づく施肥設計

[温室効果ガス・廃棄物の排出削減]
電気・燃料の使用状況の記録を保存
温室効果ガスの排出削減に資する技術の導入
廃棄物の削減や適正な処理

[農作業安全]
農業機械・装置・車両の適切な整備と管理の実施
農作業安全に配慮した適正な作業環境への改善

農業環境政策

◆みどりの食料システム戦略：食料・農林水産業の生産力の向上と持続性の両立を、イノベーションを推進させて実現させることを目的に、2022年7月に施行された（p.57参照）。

◆肥料に関する政策

①家畜排せつ物法：家畜排せつ物の処理や保管を適正に行いつつ、堆肥等としての利用を促進する目的で、1999年に施行され、2004年から本格施行された。管理基準対象農家❷には、堆肥化施設などの整備が義務付けられている。

②肥料の品質の確保等に関する法律：肥料の品質や公正な取引のために1950年に肥料取締法が施行されたが、この30年間で堆肥の投入量が4分の1に減少するなどで土壌の栄養バランスが悪化するなど地力（物理的要因、化学的要因、生物的要因が重なりあってもたらされる総合的な能力）が低下して

❷牛・馬10頭、豚100頭、鶏1000羽以上を飼養する農家

きたため、土づくりにも役立つ堆肥や産業副産物由来肥料などの品質確保を進めるとともに、農業者のニーズに柔軟に対応した肥料生産が進むように、堆肥等の肥料成分の正確な表示、国内で調達可能な産業副産物の有効利用、堆肥と化学肥料の配合の解禁などの改正が2019年12月に公布され、法律名も変更された。

みどりの食料システム戦略

政策決定の背景

「みどりの食料システム戦略（以下みどり戦略）」は、日本の農林水産・食品分野の生産力を向上させ、また持続可能なものに転換することをイノベーション（多くの改善・取り組み・技術革新）によって実現させるという政策であり、2022年7月に施行された。

農林水産業における、温室効果ガスや化石燃料由来の肥料を減らすといった環境負荷の低減策が中心であるが、水産業で天然種苗の採捕量を減らすなど生物多様性に配慮した取り組みも含んでいる。

日本政府が食料システム全体の持続可能性の向上に焦点をあてた初めての政策である。

「みどり戦略」は次のような背景があって決定された。

- 地球温暖化による気候変動・大規模自然災害の増加。
- 生産者の減少や高齢化による担い手不足が引き起こしている生産基盤の脆弱化及び里地・里山・里海の管理・利用の低下による生物多様性の損失。
- 農林水産分野からの温室効果ガス（GHC）の排出。
- 食料生産を支えている肥料原料の輸入依存。
- 新型コロナによるサプライチェーンの混乱や生産・消費の変化。

また、海外を見ると、EUの2030年までに化学農薬の使用を半減させるなどとした「Farm to Fork戦略」、アメリカの2050年までに環境への負荷を半減させつつ生産量を4割増加させるという「農業イノベーションアジェンダ」などがある。

みどり戦略の目標

みどり戦略は、2050年までに、農業関係に関しては下記のことを実現させるとしている。

- 2050年までに農林水産業のCO_2排出量ゼロの実現。
- ネオニコチノイド系などの殺虫剤に代わる新規農薬等で化学農薬使用量（リスク換算❶）の50％低減。
- 輸入原料や化石燃料を原料とした化学肥料の使用量の30％低減。
- 有機農業の取り組み面積の割合を25％（100万ha）に拡大。

❶個々の農薬の「有効成分ベースの農薬出荷量」に、ヒトへの毒性の指標であるADI（許容一日摂取量）を基に決定した「リスク換算係数」を掛けたものの総和として、「化学農薬使用量（リスク換算）」を算出する。

みどり戦略の取り組み

目標を実現させる具体的な取り組みとして、次の4つの取り組み内容を示している。

調達：資材・エネルギー調達における脱輸入・脱炭素化・環境負荷軽減の推進

生産：スマート技術等のイノベーションなどによる持続的生産体制の構築

加工・流通：データ・AI活用などによるムリ・ムダのない持続可能な加工・流通システムの確立

消費：食品ロスの削減など持続可能な消費の拡大や食育の推進

これらの取り組みついては、日本農業の現場で培われてきた優れた技術の展開と持続的な改良、革新的な技術、生産体系の開発などを組み合わせることとしている。

例えば「生産」の取り組みでは、ドローンによるピンポイントの農薬散布や施肥、AIを活用した土壌診断などの新技術や、田植え直後に苗の上からチェーンを引っ張ることで水田全体の表土をかき混ぜて除草するチェーン除草、畑地で太陽の熱と微生物の発酵熱で雑草や病原菌など駆除する太陽熱養生処理などの技術を組み合わせていく。

みどりの食料システム法

「みどり戦略」の実現を目的とした「みどりの食料システム法」が2022年7月1日に施行された。この法律では、環境負荷低減に取り組む生産者や新技術の提供等を行う事業者に対し、その取り組みの促進として認定制度を設けている。生産者や事業者は取り組みに関する計画を申請し認定されると、さまざまな支援措置を受けられる。

主な支援措置と支援対象となる取り組みは下記のとおり。

農業改良資金：化学農薬・化学肥料の使用削減や、温室効果ガスの排出削減に取り組む場合の設備投資など

畜産経営環境調和推進資金：家畜排せつ物の処理・利用のための強制撹拌装置等を備えた堆肥舎などの施設・設備の整備など

食品流通改善資金：環境に配慮して生産された農林水産物を取り扱うために必要な加工・流通施設等の設備投資など

新事業活動促進資金：環境負荷低減に資する機械の製造ラインや、有機質肥料などの生産資材の製造ライン等の設備投資

みどり投資促進税制（法人税・所得税の特例）

- **生産者向け**：化学農薬・化学肥料の使用削減に必要な機械等の設備投資
- **事業者向け**：有機質肥料などの生産資材の製造ライン等の設備投資

（資料：農業協同組合新聞　2021年5月13日
https://www.jacom.or.jp/nousei/news/2021/05/210513-51217.php）

鳥獣被害の実態と対策

農作物被害の推移

全国の野生鳥獣による農作物の年間被害額は2010年度には239億円に上り、2012年度まで200億円を超えていた。2013年度以降は「抜本的な鳥獣捕獲強化対策」であるニホンジカやイノシシの個体数❶を減らしていくなどの効果もあり被害額は減少傾向にあり、2021年度には155億円にまで減少した。加害鳥獣の種類は地域により異なるが、全国的に見ると鳥・獣の被害額の割合は鳥類が約2割、獣類が約8割となっている。鳥類の中ではカラスが5割弱（鳥獣全体の1割）を占め、獣類の中ではシカとイノシシを合わせて約8割（鳥獣全体の約6.5割）を占めている（図1）。

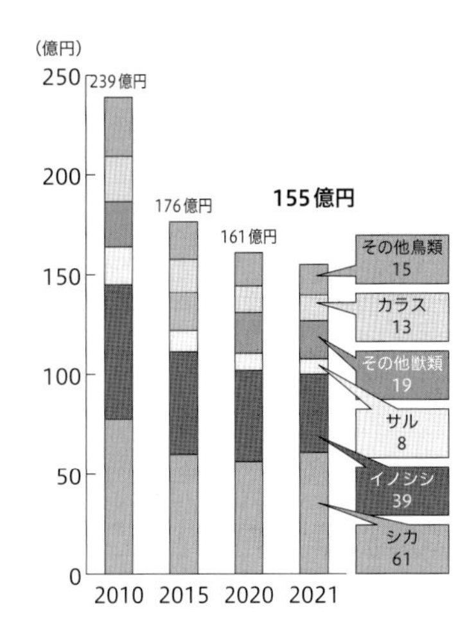

図1　野生鳥獣による農作物被害額の推移
（資料：農林水産省「鳥獣被害の現状と対策 令和5年3月」）

❶本州以南のニホンジカとイノシシの推定個体数は2014年のそれぞれ255万頭、137万頭をピークに減少し、環境省の2022年の発表によると、2020年度末のニホンジカは約218万頭、イノシシは約87万頭で、ここ数年も減少傾向が続いているが、まだ積極的な捕獲が不可欠としている。鳥獣による被害額は依然として高い水準にあり、被害が継続しているため営農意欲の減退、耕作放棄地の増加につながっている。

被害克服にむけた取り組み

鳥獣被害の深刻化・広域化をふまえて2008年に「鳥獣被害防止特措法」が施行された。この法律は、現場に最も近い行政機関である市町村が中心となって実施する野生鳥獣に対するさまざまな被害防止のための総合的な取り組みを支援することを目的としている。

2013年には、環境省と農林水産省が共同で「抜本的な鳥獣捕獲強化対策」をとりまとめ、「ニホンジカ、イノシシの個体数を2023年までに半減」することを捕獲目標とした。

2015年には「改正鳥獣法」が施行され、集中的かつ広域的に管理を図る必要があるイノシシなどの鳥獣を環境大臣が「指定管理鳥獣」に指定し、都道府県などが主体となり捕獲を行う「指定管理鳥獣捕獲事業」を創設するとともに、この事業を実施する都道府県を交付金によって支援することを決定した。

また2021年、農作物被害が高水準で推移していることに加えて、鳥獣を捕獲する狩猟者の高齢化に対する人材育成の強化の必要や、捕獲した鳥獣の有効利用のさらなる推進の必要のため、鳥獣被害防止特措法の4度目の改正が行われた。

こうした法の整備の結果、鳥獣被害防止に取り組む市町村の数は着実に増加しており、現在では鳥獣被害が認められる約1500の市町村のうちの8割強が鳥獣被害防止特措法に基づいた被害防止計画を作成するなど、鳥獣被害の克服へむけて取り組んでいる。

農業分野の「気候変動適応計画」

「適応計画」策定の経緯

- 2015年 3 月：中央環境審議会気候変動影響評価等小委員会が「日本における気候変動による影響に関する評価報告書」を公表した。
- 2015年 8 月：これを受けて農水省は「農林水産省気候変動適応計画」を定め、同年11月に閣議決定された政府全体の「気候変動の影響への適応計画」に反映させた。
- 2018年 6 月：気候変動適応を法的に位置づけるため気候変動適応法が公布された（同年12月施行）。
- 2018年11月：気候変動適応法に基づき閣議決定された政府全体の「気候変動適応計画」（以降、「適応計画」と略す）をふまえて、農林水産省の適応計画が改定された。同法では気候変動影響評価をおおむね5年ごとに行い、計画を改定することが定められている。
- 2020年12月：環境省が「第2次気候変動影響評価」を公表した。
- 2021年10月：この評価を受けて、「農林水産省気候変動適応計画」を改定し、同月の政府全体の「気候変動計画」改定に反映させた。

温暖化の懸念と主な適応策

2021年の農林水産省気候変動適応計画で示された、温暖化による懸念と農業分野の主な適応策は表1に示すとおりである。

表1　適応計画で示された温暖化の懸念と主な適応策の例

	温暖化による懸念	主な適応策
水稲	• 収量の減少・品質の低下 • 一等米比率の低下	• 高温耐性品種の開発 • 肥培・水管理などの基本管理の徹底
果樹	• りんごやぶどうの着色不良、うんしゅうみかんの浮皮、日焼け • 栽培適地の移動	• 優良着色系統などの導入 • うんしゅうみかんよりも温暖な気候を好む中晩柑への転換 • 亜熱帯・熱帯果樹の導入
土地利用型作物（麦、大豆、茶等）	• 小麦や大豆の品質低下・てん菜などの病害虫発生	• 多雨・湿害対策としての排水対策等の基本技術の徹底 • 病害虫抵抗性品種の開発・普及
露地野菜	• 生育不良など	• 高温条件に適応する品種の開発・選抜 • 栽培時期の調整や適期防除などの推進
施設野菜・施設花き	• 生育不良など	• 換気・遮光、地温抑制マルチ、細霧冷房、ヒートポンプ冷房などの導入 • 高温条件に適応する品種の開発・選抜
畜産	• 乳用牛の乳量・乳成分の低下 • 肉牛などの増体率の低下	• 畜舎内の暑熱対策の普及 • 生産性向上技術の開発

※病害虫については適期防除、防御技術の高度化など、雑草については被害軽減技術の開発を行っていく。（資料：「農林水産省気候変動適応計画（概要）」令和3年10月）

世界農業遺産

世界農業遺産（Globally Important Agricultural Heritage Systems＝GIAHS＝ジアス）とは

社会や環境に適応しながら何世代にもわたり継承されてきた独自性のある伝統的な農林水産業と、それに密接に係わって育まれた文化、ランドスケープ❶及びシースケープ❷、農業生物多様性などが相互に関連して一体となった、世界的に重要な伝統的農林業を営む地域（農林水産業システム）であり、国際連合食糧農業機関（FAO）が認定する制度である。

2002年に創設され、2023年11月現在、26カ国86地域が認定されている。

認定は“世界的な重要性”、下記の“申請地域の特徴を評価する5つの認定基準”及び“保全計画”に基づき評価される。

❶農林業の営みが展開されている1つの地域的なまとまり。

❷里海であり、沿岸地域で行われる漁業や養殖業等によって形成されるもの。

5つの認定基準

1.食料及び生計の保障　地域コミュニティの食料及び生計の保障に貢献しているか。

2.農業生物多様性　食料及び農林水産業にとって世界（我が国）において重要な生物多様性及び遺伝資源が豊富であるか。

3.地域の伝統的な知識システム　「地域の貴重で伝統的な知識及び慣習」、「独創的な適応技術」及び「生物相、土地、水等の農林水産業を支える自然資源の管理システム」を維持しているか。

4.文化、価値観及び社会組織　地域を特徴付ける文化的アイデンティティや土地のユニークさが認められ、資源管理や食料生産に関連した社会組織、価値観及び文化的慣習が存在しているか。

5.ランドスケープ及びシースケープの特徴　長年にわたる人間と自然との相互作用によって発達するとともに、安定化し、緩やかに進行してきたランドスケープやシースケープを有しているか。

システムの持続性のための保全計画

申請地域は、農林水産業システムを動的に保全するための保全計画を作成すること。

日本では2011年に新潟県佐渡市と石川県能登地域が認定され、2023年11月現在、15地域が認定されている（表1）

表1　日本の中の世界農業遺産

2011年	新潟県佐渡市「トキと共生する佐渡の里山」
	石川県能登地域「能登の里山里海」
2013年	静岡県掛川周辺地域「静岡の茶草場農法」
	熊本県阿蘇地域「阿蘇の草原の維持と持続的農業」
	大分県国東半島宇佐地域「クヌギ林とため池がつなぐ国東半島・宇佐の農林水産循環」
2015年	岐阜県長良川上中流域「清流長良川の鮎」
	和歌山県みなべ・田辺地域「みなべ・田辺の梅システム」
2017年	宮崎県高千穂郷・椎葉山地域「高千穂郷・椎葉山の山間地農林業複合システム」
	宮城県大崎地区「『大崎耕土』の巧みな水管理による水田システム」
	静岡県わさび栽培地域「静岡水わさびの伝統栽培」
	徳島県にし阿波地域「にし阿波の傾斜地農耕システム」
2022年	山梨県峡東地域「峡東地域の扇状地に適応した果樹農業システム」
	滋賀県琵琶湖地域「森・里・湖（うみ）に育まれる漁業と農業が織りなす琵琶湖システム
2023年	埼玉県武蔵野地域「大都市近郊に今も息づく武蔵野の落ち葉堆肥農法」
	兵庫県兵庫美方地域「人と牛が共生する美方地域の伝統的但馬牛飼育システム」

日本農業遺産

日本農業遺産とその特徴

日本農業遺産とは、日本において重要かつ伝統的な農林水産業を営む地域（農林水産業システム）を農林水産大臣が認定する制度で、2016年より選定が始まった。2023年1月現在、24の地域が日本農業遺産として認定されている。

日本農業遺産の認定基準は世界農業遺産の5つの認定基準にさらに日本独自の基準として3つ基準を加えている。加えられた日本独自の基準は次のとおりである。

加えられた日本独自の認定基準

① **変化に対するレジリエンス（回復力・復元力）** 自然災害や生態系の変化に対応して、農林水産業システムを保全し、次の世代に確実に継承していくために、自然災害等の環境の変化に対して高いレジリエンスを保持していること。

② **多様な主体の参画** 地域住民のみならず、多様な主体の参画による自主的な取り組みを通じた地域の資源を管理する仕組みにより、独創的な農林水産業システムを次世代に継承していること。

③ **6次産業化の推進** 地域ぐるみの6次産業化等の推進により、地域を活性化させ、農林水産業システムの保全を図っていること。

日本農業遺産認定地域一覧 2023年11月現在

日本農業遺産は次の24地域が認定されている。

＊印の7地域は世界農業遺産にも認定されている。

「2016年度認定」

- 宮城県大崎地域「『大崎耕土』の巧みな水管理による水田システム」＊
- 埼玉県武蔵野地域「大都市近郊に今も息づく武蔵野の落ち葉堆肥農法」＊
- 山梨県峡東地域「峡東地域の扇状地に適応した果樹農業システム」＊
- 静岡県わさび栽培地域「静岡水わさびの伝統栽培」＊
- 新潟県中越地域「雪の恵みを活かした稲作・養鯉システム」

- 三重県鳥羽・志摩地域「鳥羽・志摩の海女漁業と真珠養殖業」
- 三重県尾鷲市、紀北町「急峻な地形と日本有数の多雨が生み出す尾鷲ヒノキ林業」
- 徳島県にし阿波地域「にし阿波の傾斜地農耕システム」*

「2018年度認定」

- 山形県最上川流域「歴史と伝統がつなぐ山形の『最上紅花』～日本で唯一、世界でも稀有な紅花生産・染色用加工システム～」
- 福井県三方五湖地域「三方五湖の汽水湖沼群漁業システム」
- 滋賀県琵琶湖地域「森・里・湖（うみ）に育まれる漁業と農業が織りなす琵琶湖システム」*
- 兵庫県美方（みかた）地域「人と牛が共生する美方地域の伝統的但馬牛飼育システム」*
- 和歌山県海南市下津地域「下津蔵出しみかんシステム」
- 島根県奥出雲地域「たたら製鉄に由来する奥出雲の資源循環型農業」
- 愛媛県南予地域「愛媛・南予の柑橘農業システム」

「2020年度認定」

- 富山県氷見地域「氷見の持続可能な定置網漁業」
- 兵庫県丹波篠山地域「丹波篠山の黒大豆栽培～ムラが支える優良種子と家族農業～」
- 兵庫県南あわじ地域「南あわじにおける水稲・たまねぎ・畜産の生産循環システム」
- 和歌山県高野・花園・清水地域「聖地高野山と有田川上流域を結ぶ持続的農林業システム」
- 和歌山県有田地域「みかん栽培の礎を築いた有田みかんシステム」
- 宮崎県日南市「造船材を産出した飫肥（おび）林業と結びつく『日南かつお一本釣り漁業』」
- 宮崎県田野・清武地域「宮崎の太陽と風が育む『干し野菜』と露地畑作の高度利用システム」

「2023年度認定」

- 岩手県束稲（たばしね）山麓地域「束稲山麓地域の災害リスク分散型土地利用システム」
- 埼玉県比企丘陵地域「比企丘陵の天水を利用した谷津沼農業システム」

2023年世界の異常気象

気象庁では「異常気象」を、ある場所において30年に1回以下のまれな頻度で発生する現象と定義しており、2023年は世界中で気温が高く各地で異常気象が観測された。

中国、ベトナム、ブラジルでは国内の最高気温の記録が更新され、各国の月平均気温や季節平均気温も軒並み記録更新が伝えられた。

これにともない世界各地で気象災害が発生しリビアで9月に発生した大雨、ソマリアからカメルーンにかけ3～5、10～11月にもたらされた大雨、マダガスカル～マラウィで2～3月に発生したサイクロンなど、大きな被害が報じられた。

表1　世界の異常気象

異常気象の種類	地域	概況
高温（3、6～10月）	東アジア東部及びその周辺	大阪府の大阪：3月の月平均気温13.0℃（平年差+3.1℃） 東京都の東京：6～8月の3カ月平均気温27.0℃（平年差+2.2℃） 中国のペキン（北京）：6～8月の3カ月平均気温28.2℃（平年差+2.0℃） 宮城県の仙台：9月の月平均気温25.1℃（平年差+3.9℃） 中国のリャオニン（遼寧）省ターリエン（大連）：10月の月平均気温17.1℃（平年差+2.8℃） 日本では、7～9月に熱中症により104人が死亡した（消防庁） 日本の3、7、8、9月の月平均気温は、それぞれの月としては1898年以降で最も高かった（気象庁） 韓国の3、9月の月平均気温は、それぞれの月としては1973年以降で最も高かった（韓国気象局） 中国の9、10月の月平均気温は、それぞれの月としては1961年以降で最も高かった（中国気象局） 日本の春（3～5月）、夏（6～8月）、秋（9～11月）の3カ月平均気温は、それぞれの季節としては1898年以降で最も高かった（気象庁）
高温（4～12月）	東南アジア	ベトナム中部のダナン：4月の月平均気温28.0℃（平年差+1.4℃） マレーシア北西部のペナン：5、9月のそれぞれの月平均気温が29.7℃（平年差+1.4℃）、28.1℃（平年差+0.8℃） タイのバンコク：6～8月の3カ月平均気温30.3℃（平年差+0.9℃） シンガポール：9～11月の3カ月平均気温28.5℃（平年差+0.8℃） インドネシアのジャカルタ/スカルノハッタ国際空港：9～11月の3カ月平均気温28.6℃（平年差+0.8℃） インドネシアのスラウェシ島西部のマジェネ：12月の月平均気温28.8℃（平年差+1.1℃） ベトナム北部のゲアン（Nghean）では、5月7日に44.2℃の日最高気温を観測し、ベトナムの国内最高記録を更新した（ベトナム気象局）
高温（6～8月）	中国東部～中央アジア南部	中国のシンチアン（新疆）ウイグル自治区ウルムチ（烏魯木斉）：6～8月の3カ月平均気温24.8℃（平年差+1.6℃） ウズベキスタンのタシケント：6～8月の3カ月平均気温29.1℃（平年差+1.9℃） 中国の夏（6～8月）の3カ月平均気温は、夏としては1961年以降で2番目に高かった（中国気象局） 中国の新疆ウイグル自治区トルファンでは、7月16日に52.2℃の日最高気温を観測し、中国の国内最高記録を更新した（中国気象局）
高温（3、6～12月）	ヨーロッパ中部～西アフリカ	スペイン北東部のバルセロナ：3月の月平均気温13.9℃（平年差+1.8℃） スペイン南部のグラナダ空港：6～8月の3カ月平均気温26.8℃（平年差+2.0℃） セネガルのダカール：6～8月、9～11月の3カ月平均気温がそれぞれ28.3℃（平年差+1.3℃）、28.5℃（平年差+1.0℃） フランスのパリ・オルリー空港：9～11月の3カ月平均気温14.8℃（平年差+2.7℃） チュニジアのチュニス/カルタゴ：9～11月の3カ月平均気温23.2℃（平年差+1.6℃） セルビアのベオグラード：12月の月平均気温6.8℃（平年差+3.9℃） 英国の6、9月の月平均気温は、それぞれの月としては1884年以降で最も高かった（英国気象局） スペインの8月の月平均気温は、8月としては1961年以降で最も高かった（スペイン気象局） ドイツの9月の月平均気温は、9月としては1881年以降で最も高かった（ドイツ気象局） フランスの9月の月平均気温は、9月としては1900年以降で最も高かった（フランス気象局）
大雨（3～5、10～12月）	ソマリア～カメルーン	ソマリア～カメルーンでは、3～5、10～12月の大雨により3970人以上が死亡したと伝えられた（EM-DAT、国際連合人道問題調整事務所）

（資料：気象庁ホームページ「世界の年ごとの異常気象」）

3

食分野

食と健康・食文化の基礎知識

食の変化と肥満の増加

食生活の変化がもたらす問題点

日本人の食生活は、昭和時代以降大きく変化した。かつては大家族で食事をする「共食」が一般的だったが、戦後は核家族化や少子化が進み、食事の問題が顕在化してきた。近年の食生活の傾向を表す「こしょく」という言葉がある。具体的には、家族や友人と一緒でなく一人で食事をとる「孤食」、子どもだけで食事をとる「子食」、濃い味付けのものばかり食べる「濃食」、家族がそれぞれ異なる食べ物を口にする「個食」などが日常的になり、偏食による栄養バランスの悪化が懸念されている。また、若い世代を中心にした「朝食欠食」も少なくない。さらに家庭内で調理をする機会が減少し、代わりに家庭外で食事をする「外食」、弁当や総菜などの調理済み食品を持ち帰って食べる「中食」が増加傾向にある。脂肪過多の食事が多くなり、肥満や生活習慣病❶が増えている。この食生活を見直して、健康的な食生活を送ることが大切である。

メタボリックシンドロームと低体重

このような食生活の変化により、男性は年齢を問わず肥満者が急増。その結果、内臓脂肪型肥満（表1）をきっかけに、「メタボリック・シンドローム❷」の人も増えている。逆に20～40歳代の女性には低体重（やせ）が増加傾向にあり、健康への影響が懸念されている。肥満度を判定する国際的な指標となっているのがBMI（図1）である。BMIが18.5以上25.0未満となる体重が「普通体重」であり、18.5未満は「やせ」、25.0以上が「肥満」とされている。BMIが22となる体重を標準体重と呼び、最も病気になりにくい体重とされている。

生活習慣病予防のためにも、適度な運動とバランスのとれた食事をとることが大切である。

目標に届いていない野菜摂取量

厚生労働省では「健康日本21❸」で野菜摂取量の目標を、成人1日当たり350gとしているが、2019年に同省が調査した世代別の野菜摂取量を見ると、すべての年代で摂取目標量に達しておらず、特に20～40歳代で不足が目立っている。

❶生活習慣病
食習慣や運動習慣、喫煙、飲酒、ストレスなどの生活習慣が関与して、発症の原因となる疾患の総称。

❷メタボリック・シンドローム
ウエスト周囲径が男性は85cm以上、女性は90cm以上あり、かつ高血圧、高血糖、脂質異常症（高脂血症）のうち、2つに当てはまる場合にメタボリック・シンドロームと診断される。メタボリック・シンドロームの人は動脈硬化性疾患をまねきやすい。

❸健康日本21
2002年に制定された健康増進法に基づき、2003年に国民の健康の増進の総合的な推進を図るための基本的な方針が定められ、その推進に関する基本的な方向や目標を定めたもの。

表1　肥満のタイプと問題点

肥満のタイプ	問題点
●内臓脂肪型肥満 腹腔内の腸のまわりに脂肪が過剰に蓄積している状態。比較的男性に多く見られる。 内臓脂肪型肥満は、下半身よりもウエストまわりが大きくなり、その体型から「リンゴ型肥満」とも呼ばれる。	メタボリック・シンドロームの考え方では、内臓脂肪型肥満が進むことで高血糖・脂質異常・高血圧などにつながり、心臓病をはじめとする生活習慣病のリスクを高めるとされている。
●皮下脂肪型肥満 主に皮下組織に脂肪が過剰に蓄積している状態。比較的女性に多く見られる。 お尻や太ももなど下半身の肉づきがよくなるその体型から、「洋ナシ型肥満」とも呼ばれる。	内臓脂肪が蓄積するのとは異なり、知らず知らず動脈硬化を進行させる心配はないが、皮下脂肪型肥満も睡眠時無呼吸症候群・関節痛・月経異常などを合併しやすい。

（資料：厚生労働省ウェブサイト「e-ヘルスネット」）

BMI＝体重(kg)÷{身長(m)×身長(m)}

図1　BMIの計算式

日本型食生活と健康

主食としての米

古代（縄文時代晩期〜弥生時代）から日本人と共にあった米。日本の風土に合った水田稲作が広がり、主食の米として日本人の食生活を支えてきた。毎日当たり前のように食べている米にはどんな力があるのだろうか。

米（米飯）の栄養と特徴

米の主成分は、脳や体のエネルギーになる炭水化物である。米飯中盛り1杯（150g）で252kcal、これはハンバーガー1個とほぼ同じである（表1）。しかし、米飯の炭水化物はほかにない大きな特徴をもつ。デンプンの一部が難消化性デンプン（レジスタントスターチ）といって、消化されにくいデンプンで、体内に入ると、食物繊維と同じような働きをすることが知られている。消化がゆっくり行われるので、当然吸収もゆっくりとなり、血糖値の急激な上昇を防ぐことができる。さらにビフィズス菌など善玉菌のエネルギー源になることが知られている。

炭水化物のほかに、筋肉や血液などの体の基本を作るタンパク質は米飯150g中3.9g含まれ、さらに亜鉛などのミネラル類や食物繊維も含まれている。

（資料：「かんたん、わかる！ プロテインの教科書」ウェブサイト）

表1　ごはん1杯分（150g）に含まれる栄養成分量

栄養成分	含有量
エネルギー	252kcal
糖質	47.6g
タンパク質	3.9g
脂質	0.75g
ビタミンB_1	0.05mg
ビタミンB_2	0.02mg
ビタミンE	0.3mg
カルシウム	3mg
鉄分	0.15mg
マグネシウム	6mg
亜鉛	810μg
食物繊維	0.6g

（資料：「お米とごはんの基礎知識」ウェブサイト）

戦後の米飯離れ

戦後、日本人の食生活が大きく変わり、米の消費量は大きく減少した（図1）。米の消費量がピークだった1962年に1人当たり118kgあったのが、2021年には51.5kgまで落ち込んでいる。50年間でほぼ半分になっている。

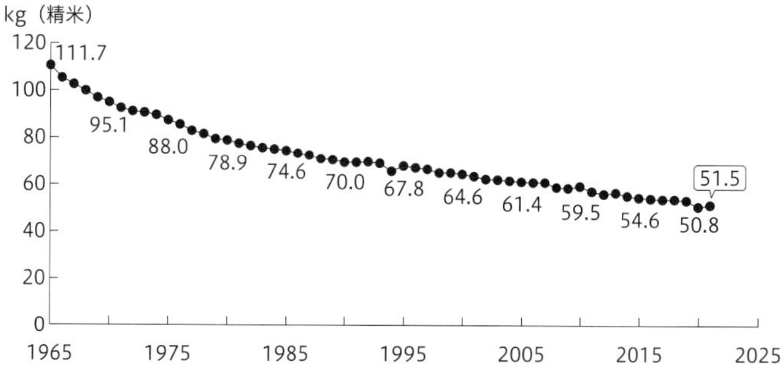

図1　米の年間1人当たり消費量の推移

（資料：農林水産省「令和3年度食料需給表」）

インディカ米とジャポニカ米

世界で食べられている米にはインディカ米、ジャポニカ米、ジャバニカ米の3系統がある。そのうち、インディカ米には苦渋味があるため、インディカ米を食べる東南アジアなどでは、一度米を煮て、湯に溶けだした苦渋味成分を捨ててから、改めて蒸し炊きして食べる。一方、ジャポニカ米（日本米）には苦渋味がなく、わずかに甘味がある。このためジャポニカ米では湯を捨てるような調理はせず、炊き上げてから食べる。

ジャポニカ種は中国などの温帯での栽培に向くイネで、日本のほか、朝鮮半島、中国東北部、アメリカ、オーストラリア、ヨーロッパの一部などで栽培されている。米の粒が短く、炊くと柔らかいねばりとつやが出るのが特徴である。インディカ種はインドや東南アジアなど雨季と乾季がある気候での栽培に向いている。中国の中南部、タイ、ベトナム、インド、マレーシア、バングラデシュ、フィリピン、アメリカなどで栽培されており、世界の米の生産量全体の80%以上を占めている。米粒が細長く、炊いてもかためでパサパサしているのが特徴である。

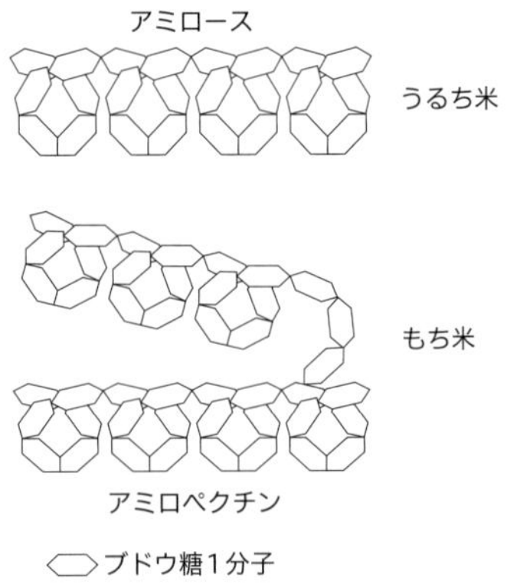

アミロース
うるち米
もち米
アミロペクチン
ブドウ糖1分子

図1　アミロースとアミロペクチン
（資料：実教出版『2021生活学Navi』）
米のデンプンにはアミロースとアミロペクチンがあり、うるち米はアミロース8：アミロペクチン2に対し、もち米はアミロペクチン10でできている。

うるち米ともち米

米はうるち米ともち米に分けられるが、これは米の主成分であるデンプンの質の違いによるものである。デンプンにはアミロースとアミロペクチンがあり（図1）、うるち米のデンプンはアミロース約2割、アミロペクチン約8割である（ジャポニカ種の場合）。一方もち米のデンプンはほぼ100％がアミロペクチンである。アミロペクチンの含有量が多いほど、炊飯したときにモチモチとした食感になる。

日本酒の醸造に用いる米を酒米という。酒米には、大粒で胚乳の中心に白い軟らかい部分があることや、吸水性が良いこと、麹菌が米に侵入しやすいことなどの性質が要求される。

食が体をつくる

三大栄養素の働きと食事による体づくり

炭水化物は、米や小麦などの穀類や芋類に多く含まれる。食品のデンプンなどの糖分が、主にブドウ糖になり吸収される。ほかの栄養素に比べて吸収が速く、運動時のエネルギー源、血糖値の維持に欠かすことができない。脳はブドウ糖のみをエネルギー源として活動している。

脂質は動物由来のものと植物由来のものがあるが、脂質のなかでも、脂肪（中性脂肪）は体に蓄えられ、必要に応じてエネルギー源となる。コレステロールやリン脂質は、細胞膜や血液に必要な成分として大事な役割を果たしている。

タンパク質はアミノ酸が多数結合したもので、肉や魚などから効率よく摂取できる。タンパク質は、20種類のアミノ酸に分解されて吸収され、再び体を構成する器官などのタンパク質として合成される。20種類あるアミノ酸のうち9種類は「必須アミノ酸」と呼ばれ、体内で合成できないため食事から摂取することが求められる。

五大栄養素

生物は食事を摂らないと生きていけない。生きていくために必要な物質を栄養素といい、栄養素には、エネルギー（源）になる、体をつくる、体の調子を整えるといった働きがある。

エネルギーとなる栄養素には「炭水化物」「脂質」「タンパク質」があり、これらを「三大栄養素」という。さらにビタミンと無機質を加えた「五大栄養素」をバランスよく摂取することが、健康な食生活の基本となる。

食物の大部分は水と三大栄養素で成り立っている。また、人の体も、水62%、タンパク質18%、脂質14%、炭水化物1%、その他の無機質（ミネラル）5%で構成されている。

機能性成分

機能性成分とは、生命活動に必須の栄養素ではないが、老化防止や発がんの抑制、高血圧の予防、免疫力の向上などに効果が期待される成分である。機能性成分としてはポリフェノールがよく知られている。食物繊維を機能性成分と位置付けることもある。

中性脂肪　肉・魚・植物の種子などに含まれる、いわゆる「あぶら」の成分である。人にとって重要なエネルギー源で必須脂肪酸を摂取するためには必須のものであるが、摂りすぎると体内に蓄積され肥満を招く。

コレステロール　細胞膜・各種のホルモン・胆汁酸の材料となる体内の脂質の一つ。血中のコレステロールが過剰または不足すると動脈硬化などの原因となる。

リン脂質　細胞膜を形成する主な成分で、血液中のリポタンパク質の構成要素でもある。リポタンパク質は水に溶けない中性脂肪やコレステロールを血流にのせて運搬する。

必須アミノ酸　タンパク質を構成するアミノ酸は20種類あり、そのうち、人や動物が体内で作ることができず食品から摂取する必要のある9種類を必須アミノ酸と呼ぶ。

　トリプトファン／ロイシン／リジン／バリン／スレオニン（トレオニン）／フェニルアラニン／メチオニン／イソロイシン／ヒスチジンの9種類がある。

食物繊維　過去に食物繊維は、栄養的に意味のないものとされていたが、近年では健康の維持に必須のものであることがわかってきた。食物繊維には、水溶性食物繊維と不溶性食物繊維があり、水溶性食物繊維は植物の細胞間に含まれるペクチンや海藻に含まれるアルギン酸などがある。不溶性食物繊維は、植物の細胞壁に含まれるセルロースなどがこれにあたる。食物繊維の機能には「血中コレステロールの低下」「糖分の吸収を遅らせる」「腸内細菌のバランスを整え、便通をよくする」などがある。

ポリフェノール　野菜や果実の色素成分であるアントシアニンやフラボノイド、渋味成分であるタンニンやカテキンなどはポリフェノールである。野菜や果実によって含有量は異なるが、ほとんどの植物にポリフェノールは含まれている。ポリフェノールには抗菌作用があり、加えて強い抗酸化作用がある。ポリフェノールの効果には「発がん抑制効果」「老化防止作用」「抗アレルギー作用」などがある。

健康な食事にはPFCのバランスが重要

PFCバランスとは

米や雑穀の穀類を中心に、大豆、野菜、魚を副菜として組み合わせた食事が、長年の日本の食生活だった。第二次世界大戦後、経済が豊かになるにつれ、日常的に肉類、油脂、乳製品、果物なども食べるように変化した。1980年前後に、健康的でバランスのとれた「日本型食生活」となった（図1）。日本型食生活は、ごはんを中心に魚、肉、牛乳・乳製品、野菜、海藻、豆類、果物、茶など多様な食品を組み合わせた食生活で日本人の平均寿命を大幅に伸ばし、体格も変えた。

栄養バランスを計る指標の一つに、「PFCバランス」がある。PFCとは、三大栄養素であるタンパク質（Protein）、脂質（Fat）、炭水化物（Carbohydrate）のことで、1日の食事から得られる総エネルギー量に対して各栄養素から得られるエネルギー量の割合を示したもの。P13～20％、F20～30％、C50～65％が望ましいとされている。日本型食生活はPFCバランスが理想に近く（図2）、健康的な献立とされてきた。

世界的にも日本型食生活の栄養バランスのよさは浸透していて、健康を気遣う欧米の人々の間では、和食は評価されている。

図1　1980年頃の献立例

料理名
朝　オムレツ　サラダ　食パン　牛乳
昼　煮物　漬物　とろろ汁　米飯　果実
夜　野菜炒め　漬物　味噌汁　米飯　果物

日本型食生活の変化

1980年頃の理想的なPFCバランスは、「飽食の時代」を迎え脂質への偏りが目立つようになった（図2）。その背景として、食卓に洋風料理が多く登場するようになったこと、米の消費量は減少を続ける一方で（p.67図1）、肉や乳製品などを多く食べるようになったことが挙げられる。

健康面では、過食による肥満、塩分の過剰摂取などによる生活習慣病の増加が社会問題となっている。

1965年度

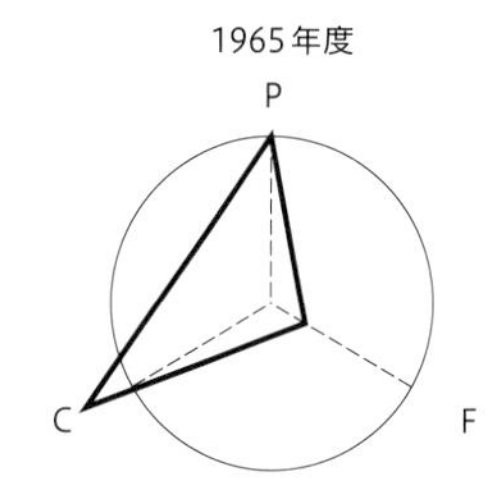

ごはんの摂取量が多かったこの時期は、エネルギー源が炭水化物に偏っている。

1980年度

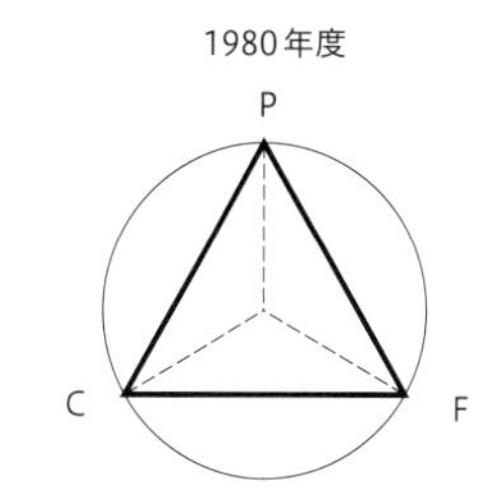

日本型食生活が実現されていたこの時期、PFCバランスはほぼ正三角形を描いている。

2009年度

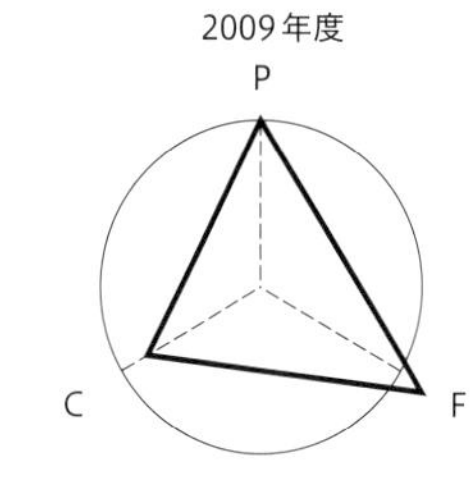

ごはんの摂取量が減り、肉や油脂を多く摂る現代の食事は、脂質の割合が高い。

図2　PFCバランスの変化

（資料：農林水産省「食料需給表」）

円周上のP、F、Cは、タンパク質、脂質、炭水化物から得られるエネルギーの比率がそれぞれ理想の16.5％、25％、57.5％を指す。1980年頃のPFCバランスは、総摂取カロリーに対してP13.0％　F25.5％　C61.5％であり理想的である。1965年頃のPFCは炭水化物の摂取に偏り、2009年は脂質の摂取に偏っている。

健康を支える腸内細菌と食物繊維

腸内細菌の減少や乱れで免疫力が低下

近年、人間の健康の鍵の一つを腸内細菌が握っていることが、明らかになってきた。腸内に棲む細菌は数百種100兆個以上で、人を構成する細胞の数よりはるかに多い。

特に小腸から大腸にかけては、さまざまな種類の腸内細菌が種類ごとにまとまってグループを作り、腸の壁面に棲んでいる。その様子が花畑に似ているため、腸内環境は「腸内フローラ」と呼ばれている。この腸内フローラの状態は、年齢、性別、人種や生活習慣によって異なっている。

腸内フローラの主な働きは、(1)病原体の侵入を防ぐ、(2)食物繊維を人に代わって消化する、(3)特定のビタミン類や葉酸などを作りだす、(4)ドーパミン❶やセロトニン❷といったホルモンを合成する、(5)免疫細胞のおよそ60%以上が腸にあり、この免疫細胞を腸内細菌と腸粘膜細胞との共同作業で作っている。

❶ドーパミン
神経伝達物質の一つ。脳内報酬系を活性化させ、人が快く感じる原因となる。

❷セロトニン
神経伝達物質の一つ。ほかの神経伝達物質であるドーパミンやノルアドレナリンを抑え精神を安定させる。

日本型食生活が腸内環境をよくする

腸内細菌は、体によい働きをする「善玉菌」、体に悪い働きをする「悪玉菌」、どちらにも属さない「日和見菌」に大別される（表1）。腸内フローラの理想的な状態は、善玉菌2、日和見菌7、悪玉菌1の割合である。悪玉菌が増えてしまうと、便秘や下痢などの不調、腸内での有害物質の生成などが起こる。

腸内フローラを健全に保つには、野菜、豆類、食物繊維などの菌の餌となる成分を多く含むもの、善玉菌の代表格である乳酸菌が含まれるもの（ぬか漬けなど）や発酵食品（納豆、キムチ、ヨーグルトなど）を食べることが重要となるが、これらを多く摂れる食事が、日本型食生活である。

表1　腸内細菌の種類

種類	働き	代表的な細菌
善玉菌（有用菌）	悪玉菌の侵入や増殖を防いだり、腸の運動を促したり、ヒトの体に有用な働きをする菌	ビフィズス菌 乳酸桿菌 フェーカリス菌 アシドフィルス菌
悪玉菌（腐敗菌）	腸内容物を腐らせたり有毒物質を作る菌	クロストリジウム（ウェルシュ菌など） ブドウ球菌 ベーヨネラ
日和見菌	善玉とも悪玉ともいえず、体調が崩れたとき悪玉菌として働く菌	大腸菌 バクテロイデス

日本型食生活と健康

保健機能食品制度について

制度の特徴

多様な食品が流通する現代において、消費者が安心して食品を選択ができるよう、食品についての適切な情報提供を行うことを目的として保健機能食品制度が創設された。

特定保健用食品（トクホ）及び栄養機能食品（いずれも2001年に創設）に続き、機能性表示食品の制度が2015年に創設された。

特定保健用食品

特定保健用食品とは、体の生理学的機能などに影響を与える保健機能成分（関与成分）を含む食品で、特定の保健の用途に適していることを表示できる食品である。

栄養機能食品

栄養機能食品とは、国によって科学的根拠が確認された特定の栄養成分（ミネラル6種類、ビタミン13種類、脂肪酸1種類）を国が定める一定の基準量で含み、栄養機能と注意喚起を表示する食品である。

機能性表示食品

機能性表示食品とは、健康の維持及び増進に役立つという食品の機能性を表示することができる食品である。

※特定保健用食品マーク

表1　保健機能食品の3つのカテゴリーとその内容

名称	説明	表示例と関与成分例
特定保健用食品（トクホ）	科学的根拠に基づいた機能を表示した食品。表示されている効果や安全性については国が審査を行い、食品ごとに消費者庁長官が許可している。必ずマークを表示する※。	おなかの調子を整える（乳酸菌類） コレステロールが高めの方に適する（植物ステロール） 虫歯の原因になりにくい（パラチノース）
栄養機能食品	1日に必要な栄養成分（ビタミン、ミネラルなど）が不足しがちな場合、その補給・補完のために利用できる食品。すでに科学的根拠が確認された栄養成分を一定の基準量含む食品であれば、特に届出などをしなくても、国が定めた表現によって機能を表示することができる。マークはない。	カルシウムは、骨や歯の形成に必要な栄養素。 亜鉛は味覚を正常に保つのに必要な栄養素。 ビタミンCは、皮膚や粘膜の健康維持を助けると共に、抗酸化作用を持つ栄養素。
機能性表示食品	事業者の責任において、科学的根拠に基づいた機能を表示した食品。販売前に、安全性及び機能の根拠に関する情報などが消費者庁長官に届出されたもの。届出情報が消費者庁のウェブサイトで確認できる。マークはない。	睡眠の質を向上（GABA＝γ-アミノ酪酸） 善玉コレステロールを増やす（リコピン） 視覚機能を維持する（ルテイン）

食品添加物について

食品添加物とは

食品衛生法第4条第2項では「添加物とは、食品の製造の過程において又は食品の加工若しくは保存の目的で、食品に添加、混和、浸潤その他の方法によって使用するものをいう」と定義している。使用できる食品添加物は以下のとおりである。国により安全性と有効性が確認され、厚生労働大臣が使用を認めた「指定添加物」は、現在約475品目（2023年7月時点）が許可されているが、これに加えて「既存添加物」がある。これは以前から日本で使用されてきた経験があるため、例外的に使用が認められたものである。甘味料として使われるステビア抽出物などがこれにあたり、現在357品目が指定されている(2020年2月26日改正まで)。「天然香料基原物質」は植物及び動物を由来とするもので、ココナッツやシトラスをはじめ、現在約600品目が定められている。そして「一般飲食物添加物」とは、通常は食品として用いられていて、食品添加物としても使用されるものを示している。こちらはゼラチンなど、現在約100品目が定められている。

表1　食品添加物の役割

使用目的	添加物の用途名	代表的な添加物（物質名）
食品の製造に必要なもの	豆腐凝固剤	塩化マグネシウム
	かんすい	炭酸ナトリウム
	乳化剤	グリセリン脂肪酸エステル
保存性の向上	保存料	ソルビン酸
	酸化防止剤	エリソルビン酸ナトリウム、ビタミンE
品質の向上	増粘剤	ペクチン
	着色料	クチナシ黄色素、食用黄色4号
	発色剤	亜硝酸ナトリウム、硝酸ナトリウム
	漂白剤	亜硫酸ナトリウム、次亜硫酸ナトリウム
風味の向上	甘味料	キシリトール、アスパルテーム
	調味料	グルタミン酸ナトリウム、イノシン酸ナトリウム
	酸味料	クエン酸、乳酸
栄養の強化	栄養強化剤	ビタミンC、乳酸カルシウム

（資料：教育図書「家庭基礎」）

食品添加物表示のルール

使用したすべての食品添加物は、原則として物質名で食品に表示されている（例：ソルビトール、リン酸塩、ビタミンC)。その表示方法は、食品添加物の名称のみを記載したものと、食品添加物の名称を用途名と共に記載したものに分けられる。後者は消費者の関心が高いものや用途を記載することで消費者の理解を得やすいと考えられるもので、着色料、保存料、酸化防止剤などに用いられる。また、最終的に食品に残らない食品添加物や栄養を強化するものについては表示しなくてもよいことになっている。

2020年7月の食品表示基準の改正により、食品添加物の用途名（甘味料、着色料及び保存料）及び一括名（香料）から「人工」及び「合成」の用語を削除することになった。

食品の安全に関する法

食品の安全に関する法

私達が毎日、口にする食品について安全性を確保し健康に害を及ぼすことのないようさまざまな法律が定められている。その基となるのが「食品安全基本法」と「食品衛生法」である。

食品安全基本法

2000年の牛乳による大規模食中毒事件、2001年日本で初めてのBSE（牛海綿状脳症）の発生、原産地の偽装表示など、世紀をまたいで食の安全を脅かす事件が多発した。そこで、内閣府に食品安全委員会を創設し、国民の健康保護が最も重要であるという基本的認識のもとに食品安全基本法が定められ、2003年に施行された。

同法に基づき内閣府に食品安全委員会が置かれた。食品安全委員会は、その関係行政機関から独立して、科学的知見に基づきリスク評価（食品健康影響評価）を行う（図1）。

リスク評価とは食品を食べることによって有害な要因が健康に及ぼす悪影響の発生確率と程度（リスク）を科学的知見に基づいて評価することである。

リスク評価の結果に基づき、食品の安全性確保のために講ずべき施策について、内閣総理大臣を通じて関係各大臣に勧告を行うことができる。リスク管理機関（消費者庁、環境省、農林水産省、厚生労働省）は食品の安全性確保のための施策を策定し、実施する。厚生労働省を例に取ると、すべての農薬、飼料添加物、動物用医薬品について、食品安全委員会が人が摂取しても安全とした量の範囲内で、食品ごとに残留基準を設定している。

リスク管理機関とそれらのリスク管理に関する主な業務は下記のとおりである。

- 消費者庁　食品表示
- 環境省　環境汚染に関するリスク管理
- 農林水産省　農林水産物等に関するリスク管理

3 食分野

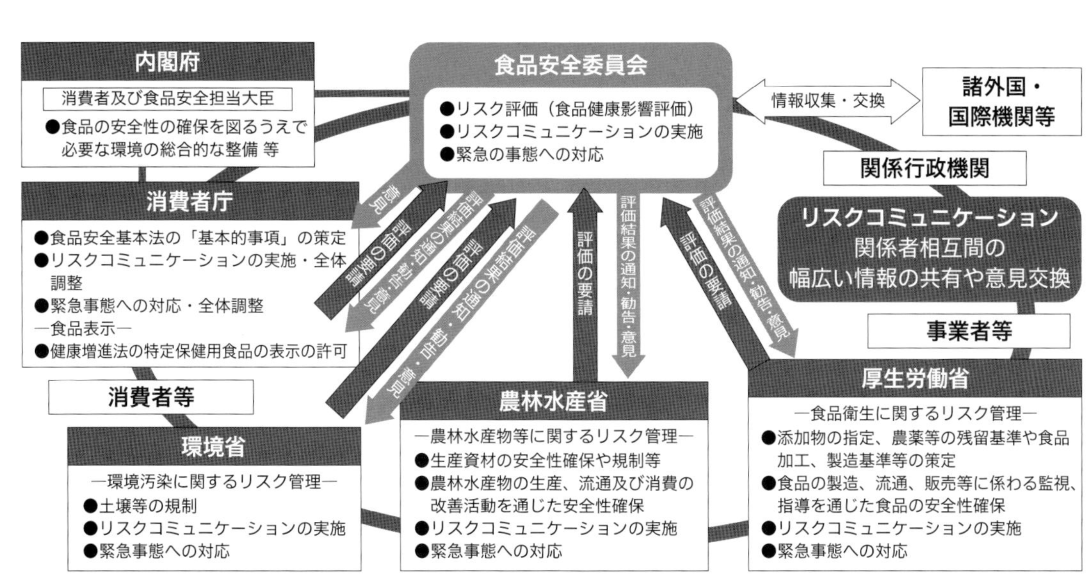

図1　食品安全委員会と各省の連携（資料：内閣府食品安全委員会ウェブサイト）

• 厚生労働省　食品衛生に関するリスク管理

リスク評価の内容等に関しては、意見交換会の開催やホームページ等を通じて発信している。これは消費者、食品関連事業者など関係者相互間における幅広い情報や意見の交換（リスクコミュニケーション）を行うためである。

食品衛生法

1948年に施行された法律で、医薬品や医薬部外品を除いた「すべての飲食物」が規制の対象になっている。食品を販売するスーパーマーケットなどの小売店や、食事を提供する飲食店、食品製造に係わる添加物や容器包装を扱う企業など、食品業界の事業者全体が対象とされている。

食品中に残留する農薬については、人の健康に害を及ぼすことのないよう、すべての農薬、飼料添加物、動物用医薬品について、各担当省庁が残留基準を設定している。この残留基準は、食品安全委員会（内閣府）が人が摂取しても安全と評価したリスク評価に基づいて食品ごとに設定される。農薬などが、基準値を超えて残留する食品の販売、輸入などは、食品衛生法により禁止されている。

遺伝子組換え食品等についてはその安全性を確保するため、厚生労働省は食品安全委員会の意見をふまえ安全性審査を行う。この審査を受けていない遺伝子組換え食品や、これを原材料に用いた食品の製造・輸入・販売は、食品衛生法により禁止される。また、遺伝子組換え食品等を製造する場合には、製造を予定している製造所が、定められた製造基準に適合していることの認可を受ける必要がある。

2018年6月に可決した改正食品衛生法によって、2020年6月1日より「HACCP導入の義務化」が始まった。HACCPは宇宙食の安全性を確保するために発案された衛生管理手法で、今では衛生管理の国際的な手法となった。名前の由来は「Hazard（危害）, Analysis（分析）, Critical（重要）, Control（管理）, Point（点）」の頭文字である。

HA：危害要因分析（Hazard, Analysis）

有害な微生物、化学物質や異物（金属等）が、原材料から、あるいは製造過程で食品中に混入・増殖し「危害」が発生することを予測して、これらを管理する方法を明確にし、ルール化する。

CCP：重要管理点（Critical, Control, Point）

HA（危害要因分析）で予測された食品中の危害要因が仮に発生したとしても、健康を損なわない程度にまで確実に減少・除去するために、特に重要な製造・加工工程を管理する。

HACCP式の衛生管理手法の特徴は、原材料の受け入れから加工・出荷までの各工程で、「微生物による汚染や異物の混入などの危害を予測」し、「危害の防止につながる特に重要な工程を連続的・継続的に監視し記録する」といったものである。これにより従来の最終製品前の抜き取り検査などに比べてより厳密な管理を行うことができる。

食中毒の種類と傾向、その対策

食中毒の原因

急激な下痢や腹痛、おう吐などを引き起こす食中毒。その主な原因には、細菌、ウイルス、自然毒、寄生虫や重金属、農薬などの化学物質がある。

細菌性の食中毒は高温多湿な夏場に多く、逆にウイルス性の食中毒は気温が低く空気が乾燥した冬場に多い。また、毒キノコやフグなどの自然毒、寄生虫、化学物質による食中毒は誤食や知識の欠如によるもので季節的な偏りは見られない。

◆細菌性食中毒　細菌性食中毒のうち、細菌が体内増殖して食中毒を起こすのが感染型である。代表例としては、鶏肉や卵などを原因とするサルモネラ菌、牛や豚、鶏などの生食や不十分な加熱が原因のカンピロバクター、刺身などの魚介類が原因となる腸炎ビブリオ、病原性大腸菌などがある。

一方、細菌が食品内で増殖して毒素を産生するのが毒素型である。調理する人の手や指の傷などから食品が汚染される黄色ブドウ球菌、真空パックや瓶詰めなどの密閉された食品内で菌が増殖するボツリヌス菌などがこれにあたる。

◆ウイルス性食中毒　冬場の感染例が多いウイルス性食中毒では、その多くがノロウイルスによるものである。ノロウイルスは感染力が強く、感染者の手やふん便、おう吐物などを介して二次感染するのが特徴である。そのため、感染者が調理した食品を摂取することにより、大規模な集団食中毒が発生することがある。

◆自然毒食中毒　動植物が体内にもつ毒成分により引き起こされる食中毒である。自然毒を持つ動植物が原因となる食中毒は、細菌性食中毒と比べ件数や患者数は少ないが、フグ毒やキノコ毒のように致死率の高いものもあり注意が必要である。

食中毒に関する動物性自然毒は、ほとんどがフグ毒や貝毒などの魚貝類に由来するものである。陸上にも有毒動物は多数生息しているが、陸上の有毒動物を食べたことによって食中毒が引き起こされた事例はまずない。

食中毒に関する植物性自然毒は、ツキヨタケなどのキノコ類とスイセンなどの高等植物に大別される。キノコは生物学的には植物ではなく菌類だが、多くの消費者はキノコを植物の仲間であると思っている。このような背景から消費者の混乱を避けるために、食中毒統計ではキノコは植物として扱われている。

表1　食中毒原因菌及びウイルスの特徴・症状・注意点

細菌・ウイルス名	特徴
カンピロバクター	牛や豚、鶏、猫や犬などの腸内にいる細菌。この細菌が付着した肉を生で食べたり、不十分な加熱で食べたりすることによって発症。吐き気や腹痛、水のような下痢が主な症状で、初期症状では、発熱や頭痛、筋肉痛、倦怠感などが見られる。
サルモネラ属菌	牛や豚、鶏、猫や犬などの腸内にいる細菌。牛・豚・鶏などの食肉、卵などが主な原因食品となるほか、ペットやネズミなどによって、食べ物に菌が付着する場合もある。菌が付着した食べ物を食べてから半日～2日ほどで、激しい胃腸炎、吐き気、おう吐、腹痛、下痢などの症状を起こす。
腸管出血性大腸菌（O157やO111など）	牛や豚などの家畜の腸の中にいる病原大腸菌の一つで、O157やO111などが有名。毒性の強いベロ毒素を出し、腹痛や水のような下痢、出血性の下痢を引き起こす。肉を生で食べたり、不十分な加熱で肉を食べたりすることによって発症。乳幼児や高齢者などは重症化し、死に至る場合がある。
ブドウ球菌	ブドウ球菌は自然界に広く分布し、人の皮膚やのどにもいる。調理する者の手や指に傷があったり、傷口が化膿したりしている場合、食品がブドウ球菌に汚染されることがあり、菌が増殖し毒素が作られると食中毒を引き起こす。ブドウ球菌は、酸性やアルカリ性の環境でも増殖し、作られた毒素は熱にも乾燥にも強い。汚染された食べ物を食べると、3時間前後で急激におう吐や吐き気、下痢などが起こる。
ノロウイルス	ノロウイルスは手指や食品などを介して、口から体内に入ることによって感染し、腸の中で増殖し、おう吐、下痢、腹痛などを起こす。ノロウイルスに汚染された二枚貝などの食品を十分に加熱しないまま食べたり、ノロウイルスに汚染された井戸水などを飲んだりして感染するほか、ノロウイルスに感染した人の手やつば、ふん便、おう吐物などを介して、二次感染するケースもある。

（資料：政府広報オンライン「知っておきたい食中毒の主な原因」）

◆寄生虫食中毒　衛生状況が悪かった過去の日本においては、寄生虫による食中毒が数多く発生していた。第二次大戦後生活レベルの上昇と共に、衛生環境が改善されると、寄生虫による被害は減少していったが、現在でも適切な処理をされていない魚介類などを生で食べ寄生虫に感染した例が報告されている。

代表的な寄生虫としてはサバ、アジ、サンマ、カツオ、イワシ、サケ、イカなどの魚介類に寄生するアニサキスやヒラメに寄生するクドアなどがある。

◆化学性食中毒　化学性食中毒は、本来食品に含まれない有害な化学物質を摂取してしまうことによって発生する食中毒である。有害な化学物質の例として、重金属、農薬、ヒスタミン、油の酸化物などがある。

ヒスタミン食中毒は、ヒスタミンが高濃度に蓄積された魚などを食べることにより発症するアレルギー様の食中毒である。食品中に含まれるヒスチジン（タンパク質を構成する20種類のアミノ酸の一種）がヒスタミン産生菌の酵素によって、ヒスタミンに変換され、食品内に蓄積されることが原因である。ヒスタミンは熱に対して安定しているので、加熱調理をしても除去することはできない。このためヒスタミンが一度生成、蓄積されてしまうと食中毒を防ぐことが困難となる。

食中毒の対策

細菌性食中毒の予防においては、細菌を増殖させないことが重要である。できるだけ新鮮で、冷蔵、冷凍など適切な方法で保存された食品を十分に加熱して食べるようにする。増殖してしまった場合、十分に加熱（中心部の温度が75度、1分以上となるように加熱するのが目安）することで不活化が可能な細菌やウイルス、毒素も多いが、ボツリヌス菌の芽胞や黄色ブドウ球菌が産生するエンテロトキシンなど、強い耐熱性をもつものもあり、加熱したからといって一概に安全とは言い切れない。ウイルスは生物体内に入らなければ増殖しないので、汚染を広げないことがウイルス性食中毒の予防のポイントである。

自然毒をもつ動植物がそのまま市場に流通していることは、ほとんどありえないが、自分で釣った魚や摘んだ山菜などは、自然毒をもつ可能性がある。動植物に対する正しい知識を得ておくことはもちろん、自分で判断のつかないものは、十分に知識をもった人に判断してもらうか、食べないという意志をもつことが重要である。

寄生虫による食中毒も自然毒と同様に動植物に対する知識が重要である。ただし、十分に加熱する（中心部が75度、1分間以上）、あるいは冷凍することでほとんどの寄生虫を死滅させることができる。

日本の食文化＝和食の基本

和食とは何か

図1　一汁三菜の献立例
（写真提供：PIXTA）

「日本料理」と「和食」の明確な定義はないが、一般的に料亭などで提供される高級料理のイメージが「日本料理」、家庭の食事に重きを置いて日本食の文化全体を考えるにあたっては「和食」が用いられることが多い。

和食の献立の要件として、ごはん、汁物、漬物、（お）菜（さい）がある。（お）菜はおかずとも呼ばれるもの。これらが揃って和食の献立は完成する。ごはんは、粘り気のあるジャポニカ米で炊くと、ほんのりとした甘みを含んでいる。和食の中心はごはんであり、成人男性が1日に4合ものごはんを食べていた時代もあった。汁はごはんを食べやすくするためにあり、菜も、ごはんに合うことが条件となる。ごはんを中心としたこの組み合わせが「一汁三菜」といわれる理にかなった様式である（図1）。

一汁三菜の三菜をさらに分解すると、主菜一つ、副菜二つに分けられる。主菜は、肉・魚・卵・大豆料理などタンパク質を多く含むもの。刺身、天ぷら、焼き魚や煮魚などが和食ではこれにあたる。

副菜は、野菜、キノコ、芋類、海藻料理など。野菜や海藻の煮物、酢の物、おひたしや和え物などがこれにあたる。

汁物は、昔ながらの簡素な日常食では、特に重要な意味をもっていた。一汁一菜の献立では、汁物に具をたくさん入れて副菜を兼ねていた。

漬物は、食材の保存の方法として発達した。温室栽培などがない時代に、旬にとれた収穫物は大変貴重で、保存して食べつなぐ技術が必要だった。特に厳しい気象条件の寒冷地では、漬物の製法や種類は多岐にわたり、昔ながらの日本家屋には漬物や味噌など自家製の保存食用の小屋がある家もあった。

漬物の基本は塩漬けで塩分によって素材から水分が抜け、腐りにくくなる。ほかにもぬか漬け、麹漬け、味噌漬け、酢漬けなど、素材と漬け床の組み合わせは無限に広がる。珍しいものでは、塩を使わずに乳酸発酵させる長野の「すんき漬け」や、土と塩を混ぜて漬け床にする「なすの泥漬け」、特産の黒糖を使った沖縄の漬物などがある。

和食の中の郷土料理

ユネスコ無形文化遺産にもなった和食に含まれる料理のカテゴリーの一つで高く評価され、次世代に受け継いでいくべきものに「郷土料理」がある。

◆郷土料理とスローフード　郷土料理とは、それぞれの地域でとれる食材を上手に活かし、その土地に合った方法で加工・調理する「スローフード」である。スローフードとは1980年代のイタリアでファストライフ・ファストフードに対するものとして提唱された考え方またはその考えにより作られた料理そのもの。地域の伝統と美味しい食、その文化を緩やかに楽しむスローな生活のスタイルを守っていくことを目的としている。

◆郷土料理と伝統野菜　南北に長く、多様な気候風土をもつ日本においては、郷土料理の多様さに目をみはる。加工・調理の技術だけでなく、土地の人によって守られてきた、その土地固有の在来種である「伝統野菜」の存在も忘れてはならない。グローバル化といわれ、価値観が画一化される現代でこそ、郷土料理に学ぶところは大きい。

近年では、全国の地方自治体が地域の在来種をブランド化し、貴重な種の保存、地域の食文化の保護を進めている。京都府では、明治以前に導入されたことなどを基準として聖護院かぶなど37種が「京の伝統野菜」として選定された（うち2種は絶滅、また22種は消費者向けの生産量が少ないため「京のブランド産品」には指定されていない）。大阪府では、大阪市内に導入されてから100年以上が経過し、大阪の農業と食文化を支えてきた歴史、伝統をもつ野菜を「大阪市なにわの伝統野菜」として認証している。現在9品目が選ばれている。

◆「ハレ」と「ケ」　現在のようにスーパーで手軽に食品を買い、なんでも冷蔵庫で保存できるようになったのは、最近のことである。それ以前は、身の周りの素材を調理、加工する手間暇がかけられていた。アクを取ったり、保存したり、食事づくりにかかる作業は膨大であった。これらの仕事の多くは女性が担っており、冠婚葬祭などでは、地域の女性達が共同で料理を作るのが習わしだった。

「ハレ」は「非日常」を示しており、儀礼や祭、年中行事などがこれにあたる。「ケ」は「日常」を示しており、普段の生活のことである。郷土料理ではこの「ハレ」「ケ」の違いを大切にし、地域ごとに年中行事を祝う食事がたくさんあるのも特徴である。

和食の原型

縄文時代、弥生時代…稲作の伝来と拡大

日本の食文化の形成過程を遡ってみると、最初の大きな出来事は、中国大陸から稲作文化が伝来したことだ。今から2800年前頃の縄文晩期に北九州で米の栽培が始まり東北まで広まった。

その後、土木技術や道具の発達、家畜の利用などにより米の生産力は増強される。

飛鳥時代…米と魚穀醤（肉食禁止）

仏教の伝来は、食文化に影響を与え、675年には肉食禁止令を発令。肉が穢（けが）れたものとされる一方、米は神聖化された。

同じ頃、それまで一般的だった、魚を発酵させた調味料「魚醤」よりも、穀物を原料とした「穀醤」が上層階級で好まれるようになる。米と魚に発酵調味料が加わり、和食の原型ができあがった。

鎌倉時代以降…日本の料理様式の確立

◆精進料理　鎌倉時代に禅宗の教えと共に伝わった「精進料理」も和食の成立に寄与している。野菜を中心とし、大豆製品、麸（ふ）、きのこなどを上手に使い、油、味噌、醤油、だしの使い方で工夫を凝らす。鳥獣肉に近い食感や味を、植物性の材料だけで再現する知恵が詰まっている。

◆本膳料理　室町時代に入り、武家の文化と精進料理の流れをくむ調菜文化が合体して、「本膳料理」が登場する（図1）。本膳料理は、各人に膳が用意され、細かく様式が決まっていて、日本料理のなかでは最もフォーマルなもの。冠婚葬祭で多い形式だったが、現在では食べられる店や機会は少ない。

◆懐石料理　本膳料理を簡素化したものが「懐石料理」や「会席料理」である。茶の湯の席で茶を出す前の料理を懐石料理と呼び、今では茶の席のみならず茶懐石風に少量ずつの料理を提供するものも懐石料理と呼ばれている。会席料理は、酒と共に料理を楽しむもので、現在、多くの料亭や旅館の日本料理はこの様式である。

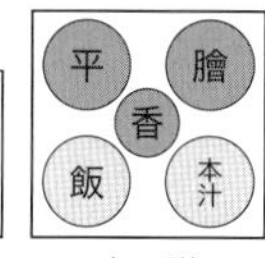

図1　本膳料理

本膳：本汁は味噌汁、平は山海の素材の煮物（炊き合わせ）、膾は生魚や野菜を調味酢であえたもの。

二の膳：二の汁は清汁、猪口は和え物。

三の膳：三の汁は味噌汁または潮汁などの変わり汁、坪は野菜の小煮物。

焼物膳：魚の姿焼。土産として持ち帰る。

ほとんどが作り置きの料理である。

江戸時代にはさまざまな料理書も出版され、和食の様式が完成した。

食生活の欧米化

西洋の文化の影響が出るのは、鎖国が終わってから（1854年〜）で、1871年には、天皇が肉食再開を宣言。その後、次第に洋風料理が浸透していくが、日常的には和食中心の食生活が続いた。1945年に第二次世界大戦が終わり、食糧援助として学校給食にパンと牛乳が導入されたことで、パン食が一気に普及した（表1）。

表1　昭和時代以降の食生活の変化に係わる出来事

昭和時代1926〜1989年	
1930〜1931年	・昭和恐慌による帰農者が増加
1933〜1935年	・昭和の大飢饉で貧困世代が拡大する
1941年	・太平洋戦争勃発、全面的食糧統制へ
	・戦時中「代用食」として郷土食が注目される
	・終戦後、食糧不足が深刻になる
1949年	・ガリオア資金による脱脂粉乳輸入が始まる
1950年	・アメリカ寄贈の小麦でパンとミルクの給食始まる
	・農村で生活改善、都市の食生活改善の運動進む
1955〜1960年	・高度経済成長始まる
1964年	・学校給食に牛乳を本格導入
	・米消費の減少傾向が続く
1970年	・米の減反政策が始まる
1976年	・米飯学校給食が始まる
1988年	・供給量ベースで肉・乳製品が魚介類を抜く
平成時代1989〜2019年	
2005年	・栄養教諭制度の開始、食育基本法の公布
2008年	・米飯学校給食が全国平均で週3回に
2012年	・1家庭当たりの購買金額でパンが米を抜く
2013年	・和食がユネスコ無形文化遺産に登録される

（資料：農文協『和食の基本がわかる本』）

ユネスコ無形文化遺産に登録された和食

登録されたのは「日本人の伝統的食文化」

2013年、ユネスコの世界無形文化遺産に「和食：日本人の伝統的な食文化」が登録された。食事のメニューだけでなく、日本人が培ってきた食文化を包括した「和食」が評価の対象である。ここで定義される和食文化には、4つの特徴がある。

図1　和食の例
（写真提供：PIXTA）

◆栄養バランスに優れた健康的な食生活　一汁三菜を基本とする日本料理は、おのずと栄養バランスがとれた献立が立てられるようにできている。

昆布や椎茸のような植物性のだしのうま味が日本食のベースとなっていることも健康的な栄養バランスを保つことに役立っている。さらに、味噌や醤油などの発酵調味料を利用することで、味に深みを出すことにも成功している。これらの特徴から和食は、動物性の脂質に頼ることなく、満足感のある食事が可能になった。この食生活のおかげで日本人には肥満が少なく、長寿の人が多いと評価されている。

◆多様で新鮮な食材とその持ち味の尊重　日本の風土の特徴として南北に細長く、しかも海、山、里と異なった環境が混在している。このため、地域に根ざした多様な食材、その素材を活かす調理法や調理技術が発達した。

◆自然の美しさや季節の移ろいの表現　食事のなかに自然の美しさや四季の移ろいを表現していること。季節感のある食事内容にするのはもちろん、季節に合った花や葉で料理を飾り、季節に合った調度品を用いる。

◆年中行事との密接な係わり　和食では季節の恵みを食事として分かち合い、家族や地域の絆を深めてきた。四季に彩られた多くの祭りや祝い事にその時々の状況に合わせた和食は欠かすことのできない要素となっている。

日本の多彩な食材を主菜・副菜に活用

表1　春夏秋冬の食材

季節	分類	食材
春	山・里の幸	わけぎ きぬさや 山うど たけのこ ふきのとう ふき わらび
	海・川の幸	鯛 たにし わかめ にしん あさり
夏	山・里の幸	きゅうり とうがん そらまめ かぼちゃ ゴーヤ なす
	海・川の幸	かつお いわし うなぎ はも あゆ とびうお
秋	山・里の幸	かき まつたけ あけび 里芋
	海・川の幸	きびなご さけ さば さんま 秋いか
冬	山・里の幸	ごぼう 大根 蓮根 ゆりね
	海・川の幸	ふな ぶり たら かき

（資料：農文協「和食の基本がわかる本」）

主菜は魚・大豆食品を主体に

主食である米と共に、古くから栽培されている作物に豆がある。特に大豆は、味噌や醤油などの調味料や、数々の加工品になり、食文化に欠かせない役割を果たしてきた。

乾燥させれば保存がきき、1年中食べられるので、主菜には最適な食材だ。「畑の肉」とも呼ばれるように、タンパク質と脂質が豊富。炭水化物が多いごはんと組み合わせると、バランスのよい食卓になる。煮豆、豆腐、おからを炊いたものなど、豆を使った郷土料理は数多い。

豆と並んで日本の主菜となってきたのは、魚である。海流の影響で豊かな漁場が多い日本。海岸線の長さも世界で6番目の長さで、沿岸には「地つき」魚も多い。川や湖沼に棲む淡水魚も豊富だ。新鮮なものは刺身、煮る、焼くといった簡単な調理法から、淡水魚を長期間ごはんに漬け込む「なれ鮨」という手間のかかる保存食にまで発達を遂げた。

日本人が肉類を常食し始めたのは、近代になってからの新しい食文化である。

副菜は旬を活かす

四季の変化が豊かなことは、日本の大きな特徴の一つだ。そして日本の食生活は季節の変化に大きく左右されて成り立っている。魚介類や野菜が、最もよくとれて美味しい時期を「旬」という。旬の食材（表1）は、その時季に体に必要な栄養を与えてくれるといわれている。

春の山菜の苦味は、眠った体を目覚めさせる。夏の瑞々しい野菜は体を冷やす。実りの秋の芋類は、デンプン質を多く含み、新鮮な食べ物の乏しい冬に備える。冬には寒さに負けないよう糖分を蓄えた根菜が美味しい。

和食の日常の食卓は一汁三菜が基本で、副菜の野菜料理は、煮物、和え物が中心である。シンプルな調理法であっても、旬の食材の栄養が詰まった美味しさは、料理の味に奥行きを与えてくれる。

豊富に採れる旬の食材は保存食にすることで、食材が乏しい時季の食事の貯えとした。和食独自の漬物や乾物の技術も、旬の食材を活かす方法として発達したといえる。

だしと調味料

和食とだし

和食の味わいを語るうえで欠かせないのが、だしの存在である。和食のだしといえば、昆布、鰹節、煮干しや干ししいたけがあげられる。どのだしの材料も乾燥により保存性を高め、常温保存が可能。また脂質をほとんど含まないことも大きな特徴である。

和食のだしには、多くのうま味成分が含まれる。「うま味」は甘味・酸味・塩味・苦味と並ぶ基本味と呼ばれる味の一つ。昆布にはグルタミン酸、煮干しや鰹節にはイノシン酸、干ししいたけにはグアニル酸が豊富。しかも、イノシン酸やグアニル酸（核酸系うま味成分）とグルタミン酸を混合すると、そのうま味の強さが数倍に増強することもわかっている。和食の伝統である昆布と鰹節の合わせだしの美味しさには、科学的な根拠がある。

和食と調味料

世界共通の調味料は、塩、砂糖、酢だが、和食では味噌や醤油、みりんなどの発酵調味料が、重要な役割を果たしている。

味噌は、材料の違いによって3種類に大別される。米に麹菌をつけた米麹に大豆と塩を加えて発酵させてつくる米味噌と、豆に麹菌をつけた豆麹を使う豆味噌、麦に麹菌をつけた麦麹を使う麦味噌がある。原料の違いに加え、米味噌と麦味噌を合わせた「合わせ味噌」もあり、地域によって好まれる味噌の種類は大きく異なる（表1）。

大豆、小麦、塩が原料の醤油も、濃口醤油、淡口醤油、たまり醤油、再仕込み醤油、白醤油に大別され、製法の違いにより色や塩分濃度も異なる（表2）。味噌、醤油共に土地固有の風味が、各地域の郷土料理の味を作り、受け継がれてきた。

みりんは料理にやわらかな甘みをつけたり、ツヤやコクを与える調味料である。みりんは、蒸したもち米、米麹、アルコールを40～60日間糖化・熟成させることで製造される。熟成の間、米麹の酵素によって、もち米のデンプンやタンパク質が分解され、各種の糖類、アミノ酸、有機酸、香気成分などが生成される。

表1　全国の主な味噌

名称	麹の種類	特徴
秋田味噌	米麹	米麹を多く使い長期熟成した赤味噌
甲州味噌	米麹	米の甘みと麦のコクが特徴の赤味噌
信州味噌	豆麹	長野で作られている、淡色で辛口の味噌
東海豆味噌	豆麹	大豆を麹にして長期熟成させる
西京味噌	米麹	米麹を多く使い、塩を減らした甘みの強い白味噌、仕込みから数日または数週間で食べることができる
九州麦味噌	麦麹	麦麹を多く使い麦独特の香りが特徴の味噌

表2　醤油の種類

名称	主に使われる地域	特徴
濃口醤油	全国	国内生産量のうちおよそ8割を占める、最も一般的なしょうゆ。調理用、卓上用のどちらにも幅広く使える
淡口醤油	関西	関西で生まれた色の淡いしょうゆで、国内生産量のうち1割強を占める。素材の色や風味を活かして仕上げる調理に使われる
たまり醤油	東海地方	主に中部地方で作られるしょうゆ。とろみと濃厚なうま味、独特な香りが特徴。刺身などの卓上用のほか、せんべいなどの加工用にも使われる
再仕込み醤油	山口県から山陰・九州	山口県を中心に山陰から九州地方で特産のしょうゆ。色、味、香り共に濃厚で、主に卓上でのつけ・かけ用に使われる
白醤油	愛知県	愛知県碧南市で作られるようになったしょうゆ。味は淡泊ながら甘みが強く、独特の香りがある。茶わん蒸しなどの料理のほか、漬物などにも使用される

（資料：しょうゆ情報センターウェブサイト）

和食調理の基本

和食を支える食材

自然環境に恵まれ変化に富む日本では、全国各地でさまざまな魚や野菜が豊富に手に入った。また、明治時代になるまで長い間、肉食が広まらなかったことから、和食は野菜と魚介類を中心に調理されてきた。

◆各地に残る伝統野菜　現代の日本で流通する野菜は、近年になって海外から導入されたものや品種改良されたものなどもあり非常に多様である。なかでも昔から日本で作り続けられている伝統野菜❶は、和食を支えてきた非常に重要な食材である。

◆豊富な魚介類　日本近海や河川で獲れる海水魚や淡水魚は、重要なタンパク源であり、和食には欠かすことのできない食材である。アジやイワシ、サバ、サンマなどいわゆる大衆魚と呼ばれるこれらの海水魚は日本の近海で豊富に獲ることができた。また海から離れた地域ではコイやアユ、フナ、ウナギなどの淡水魚が古くから料理に使われている。加えて昆布、ワカメ、海苔などの海藻類、アワビ、アサリ、シジミなどの貝類も種類が豊富であり、さまざまなかたちで和食に利用されてきた。

❶伝統野菜
日本各地で、その土地の自然環境に応じて昔の姿や形のまま、栽培が続けられ、その土地の食文化に根付いている野菜。宮城県の「仙台長なす」、東京都の「千住ねぎ」、鹿児島県の「桜島だいこん」などがある。

和食の調理

和食における調理法を大別すると、生食、煮る、焼く、蒸す、茹でる、和える、揚げるなどがある。これに日本の自然から得られる多彩な食材が組み合わせられることで、彩り豊かな和食が生み出される。これらの調理法のなかで特徴的なのが、生食と茹でるという技法である。

◆生で食べるための知恵　和食における生食では、そのほとんどが海産物であり、刺身というかたちで提供される。刺身は食材に生のまま包丁を入れ、皿に盛ってから薬味、調味料が添えられる。このとき選ばれる食材、調味料、薬味の組み合わせには、これまでに和食で培われてきた知恵が生きている。また食材を新鮮に保つ技術、包丁の入れ方、盛り付け方も同様である。

◆豊かな水があればこそ　茹でるという技法では大量の清浄な水が必要で、茹でた後に冷水で洗うという工程がある場合はさらに多くの水が必要となる。おひたしなどの料理が和食に定着した理由の一つには、日本が水に恵まれた国であったことがある。

食育とは何か

食生活と教育の融合

2005年7月「食育基本法❶」が制定され、日本における食育の重要性は増すばかりである。食育とは、食を通して心と体を健全に、豊かに育むこと。食生活の乱れが指摘されるようになった昭和末期以降、食生活と教育の融合が目指されてきた。

食育推進基本計画は、食育基本法に基づき、食育の推進に関する基本的な方針や目標について定めたものである。5年ごとに計画が見直され、現在は2021年度からおおむね5年間を期間とする第4次食育推進基本計画が推進されている。第4次食育推進基本計画では、以下に要約した3つの重点課題が設定されている。

❶食育基本法
食育基本法とは、食育に関する取り組みを推進することを目的に2005年に制定された法律。
第1条には「食育に関し、基本理念を定め、及び国、地方公共団体等の責務を明らかにすると共に、食育に関する施策の基本となる事項を定めることにより、食育に関する施策を総合的かつ計画的に推進し、もって現在及び将来にわたる健康で文化的な国民の生活と豊かで活力ある社会の実現に寄与することを目的とする」とある。

◆生涯を通じた心身の健康を支える食育の推進　国民が生涯にわたって健全な心身を培うためには、国民それぞれに適した食育を推進することが重要である。

しかし成人男性の肥満、若い女性の痩せ、高齢者の低栄養傾向など、男女年齢を問わず、食生活に起因する課題は多い。また、貧困状況にある子どもへの支援が重要な課題になるなど、家庭や個人の努力のみでは、健全な食生活の実践が困難な状況もある。

こうした状況をふまえ、すべての国民が健全で充実した食生活を実現することを目指し、家庭、学校・保育所、職場、地域等の各場面において、地域や関係団体との連携を図りつつ生涯を通じた食育を推進する。

◆持続可能な食を支える食育の推進　国民が健全な食生活を送るためには、その基盤として持続可能な環境が不可欠である。国民が一体となって、食を支える環境の持続に資する食育を推進する。

• 環境の環（わ）

国民の食生活が、自然の恩恵の上に成り立つことを認識し、食料の生産から消費等が環境へ与える影響に配慮して、食におけるSDGs（2015年に国連で採択された「持続可能な開発目標」）の目標12「つくる責任・つかう責任」を果たすことができるよう国民に変化を促すことが求められている。食に関する人間の活動による環境負荷が自然の回復力の範囲内に収まり、食と環境が調和し、持続可能なものとなる必要がある。

さらに、我が国では、食料及び飼料等の生産資材の多くを海外からの輸入に頼っている一方で、大量の食品廃棄物を発生させ、環境への負担を生じさせている。また、年間612万t（2017年度推計）の食品ロスが発生しており、この削減に取り組むことにより、食べ物を大切にするという考え方の普及や環境への負荷低減を含む各種効果が期待できる。

このため、生物多様性の保全に効果の高い食料の生産方法や資源管理等に関して、国民の理解と関心の増進のための普及啓発、持続可能な食料システム（フードシステム）につながるエシカル消費（人や社会、環境に配慮した消費行動）の推進、多様化する消費者の価値観に対応したフードテック（食に関する最先端技術）への理解醸成等、環境と調和のとれた食料生産とその消費に配慮した食育を推進する。

• 人の輪

食料の生産から消費等に至るまでの食の循環は、多くの人々のさまざまな活動に支えられているが、このことを国民が意識する機会が減少しつつある。

そのようななかで、生産者等と消費者との交流や都市と農山漁村の共生・対流等を進め、消費者と生産者等の信頼関係を構築し、我が国の食料需給の状況への理解を深め、持続可能な社会を実現していくことが必要である。このため、農林漁業体験の推進、生産者等や消費者との交流促進、地産地消の推進等、食の循環を担う多様な主体のつながりを広げ深める食育を推進する。

• 和食文化の和

南北に長く、海に囲まれ、豊かな自然に恵まれた我が国では、四季折々の食材が豊富であり、地域の農林水産業とも密接に係わった豊かで多様な和食文化を築き、「和食：日本人の伝統的な食文化」はユネスコの無形文化遺産に登録された。和食文化は、ごはんを主食とし、一汁三菜を基本としており、地域の風土を活かしたものであり、その保護・継承は、国民の食生活の文化的な豊かさを将来にわたって支えるうえで重要であると共に、地域活性化、食料自給率の向上及び環境への負荷低減に寄与し、持続可能な食に貢献することが期待される。

また、和食は栄養バランスに優れ、長寿国である日本の食事は世界的にも注目されている。しかし、近年、グローバル化、流通技術の進歩、生活様式の多様化等により、地場産物を活かした郷土料理、その作り方や食べ方、食事の際の作法等、優れた伝統的な和食文化が十分に継承されず、その特色が失われつつある。このため、食育活動を通じて、郷土料理、伝統料理、食事の作法等、伝統的な地域の多様な和食文化を次世代へ継承するための食育を推進する。

これらの持続可能な食に必要な、環境の環(わ)、人の輪(わ)、和食文化の和（わ）の3つの「わ」を支える食育を推進する。

◆「新たな日常」やデジタル化に対応した食育の推進　新型コロナウイルス感染症の影響は長期間にわたり、テレワークなどデジタル技術の活用をふまえた「新しい生活様式」が定着した。この「新たな日常」においても食育を着実に実施すると共に、より多くの国民による主体的な運動となるよう、ICT等のデジタル技術を有効活用して効果的な情報発信を行うなど、新しい広がりを創出するデジタル化に対応した食育を推進する。

一方、デジタル化に対応することが困難な高齢者等も存在することから、こうした人々に十分配慮した情報提供等も必要である。

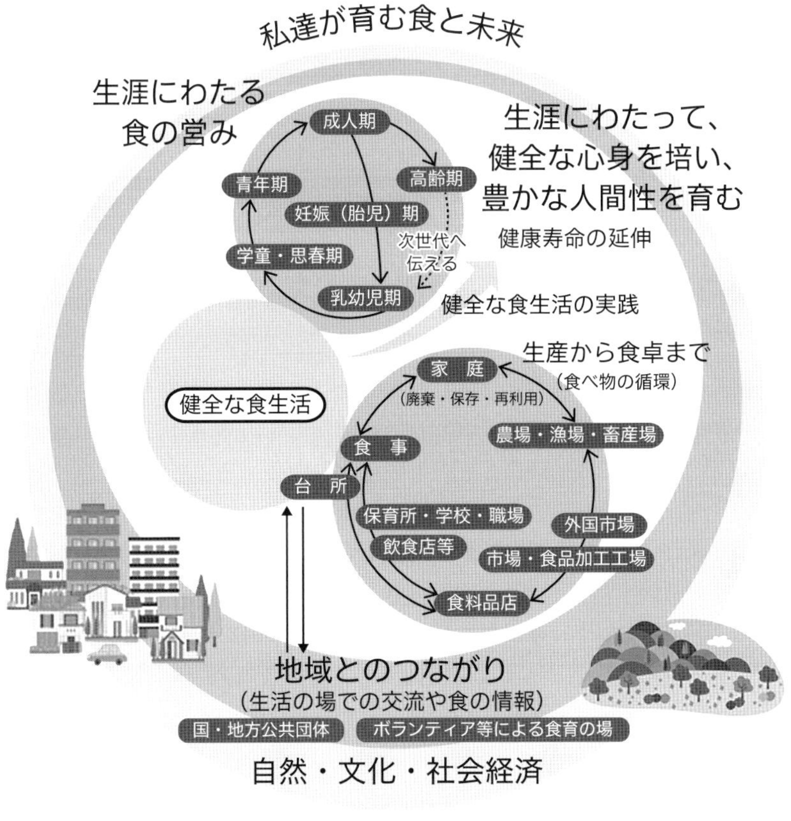

図1　食と社会のつながり
（資料：農林水産省『令和4年度食育推進施策』）

野菜の栄養素、保存方法、見分け方

サツマイモ

◆栄養素　サツマイモの主成分は炭水化物（デンプン）である。サツマイモは米や小麦などの穀類にはないビタミンCを含んでおり、加熱してもビタミンCが溶出しにくい。

サツマイモの食物繊維はイモ類のなかで最も豊富で、腸の調子を整え、便秘解消に向く食材である。ほかにも、サツマイモに含まれる機能性成分としてクロロゲン酸類が挙げられる。クロロゲン酸類はポリフェノールの一種で、強い抗酸化能力❶をもち、抗ガン作用、血圧の上昇を抑える作用、メラニンの生成阻害作用などがあることがわかってきた。

◆保存方法　貯蔵期間の長いサツマイモにとって腐敗は大敵である。そこで、貯蔵前に傷口から病原菌が入るのを防ぐため「キュアリング❷」という処理を行う。低温と乾燥に弱いサツマイモの貯蔵最適温度は13℃、湿度80 ～ 90%である❸。長期間保存することでサツマイモの肉質や味も変化し、ベニアズマなどデンプン含量の多い品種は、甘く、ねっとりとした味に変化する。

❶ヒトが行う呼吸では、酸素を利用してエネルギーを作りだすが、同時にガンや心臓疾患、脳血管障害などの生活習慣病や老化につながる原因物質として活性酸素が生じる。この活性酸素の発生を抑制したり、生成した活性酸素を除去する能力のことを抗酸化能力という。

❷収穫後に3 ～ 4日間、30 ～ 33℃、湿度90 ～ 95%に保つことで病原菌の活動を抑えると共に、傷口にコルク層ができ、病原菌が入れなくなる。それだけでなく、デンプンが加水分解され、糖分の増加が早まるメリットもある。処理後はすみやかに通常の貯蔵温度にもどす。

❸貯蔵温度が15℃以上だと萌芽し、9℃以下は腐りやすい。

ジャガイモ

◆栄養素　ジャガイモはデンプン・タンパク質の含量が多く、欧州では主食のように食べられている。また豊富に含まれるカリウムは体内の塩分（ナトリウム）を排泄し、血圧を下げる効果がある。ほかにビタミンB1、B6、Cなども含んだ栄養価に富む食材だが、特に優れているのはこれらのビタミンが加熱調理後も失われにくいことである。これはジャガイモに含まれるデンプンが糊化（こか）することで、ビタミンの溶出を抑えるためである。ビタミンCは、コラーゲンというタンパク質の生成を高め、血管や神経を強くさせる働きをもつ。

◆保存方法　産地では専用の冷蔵庫で貯蔵され、長期間保存の場合は、庫内温度4℃、湿度80 ～ 90%の条件で貯蔵される。保存中は緑化してソラニンと呼ばれる有毒物質が生成しないように遮光する。

家庭での場合は、ダンボール箱に新聞紙を敷き、その上にジャガイモを入れて冷暗所に置いておく。またはリンゴと一緒にポリ袋に入れておくと、リンゴから発生するエチレンガス❹

❹植物の成長過程で発生されるガスで、果物や野菜の成熟を促進させる植物ホルモンの一種。未熟な果物（バナナ・キウイフルーツ・アボカド等）やトマトなどの野菜を熟させるときに使用される。作物の成長には必要不可欠であるが、植物の老化を促進して腐敗を早めてしまうため、ガスを吸着したり除去した方が野菜の鮮度を保つことができる。またエチレンガスは、ジャガイモの発芽を抑える効果もある。リンゴ・メロン・ナシ・ブロッコリー等が多くエチレンガスを出す。

の働きにより芽の成長が抑えられ、長期保存ができる。

ダイコン

◆栄養素　根の可食部分の94%は水分だが、100g中に炭水化物4.1g、食物繊維1.4g、タンパク質0.5g、ビタミンC12mgが含まれている。ミネラルも豊富で、特にカリウムは230mgが含まれている。葉には各種ビタミンやミネラルが根の数倍含まれ、β-カロテン含量も豊富である。機能性物質❺として近年注目されているのが、辛み成分であるイソチオシアネートで、この物質は唾液分泌促進、味覚刺激、アミン臭の消去や、殺菌の働きをする。また、デンプンの消化酵素であるアミラーゼに富み、デンプンを含むものと大根おろしを一緒に食べることで、胃もたれや胸やけ防止に効果的である。

◆保存方法　葉を切り落としてから穴を掘って土中に縦に埋めて、上から土をかぶせておく。また、冬期間は温度が一定で凍らず、適度な水分がある雪の下で保存する方法もある。甘味が凝縮されて美味しい「雪下野菜」「越冬野菜」として出回っている。

❺ヒトの健康に好ましい影響を与える物質。

ニンジン

◆栄養素　ニンジンはβ-カロテンをもっていることから緑黄色野菜❻の一つに含まれ、根菜類としては唯一の緑黄色野菜である。そのほか、食物繊維❼（特に不溶性の食物繊維）を多く含んでいる。ニンジンの英名“carrot”が語源となっているオレンジの色素カロテンは、体内でビタミンAへと変換される。その抗酸化能力により、皮膚や粘膜が保護されるので、肌を正常に保つ。またビタミンAは視覚に係わる成分でもある。また、東洋ニンジン「金時」に含まれる赤い色素リコペンは、カロテンの20倍を超す強い発ガン抑制力をもつことも明らかになっている。

◆利用方法　カロテンの含量は部位によって異なり、上部で高くなっている。これはニンジンが上部から充実し始めるからで、しなびたり、腐り始めたりするのは下部が先である。1本食べきれないときは、下半分を先に使用するとよい。

❻緑黄色野菜は、厚生労働省によって「原則として可食部100g当たりカロテン含量が600マイクログラム（μg）以上の野菜」という基準が定められている。

❼食物繊維は、ヒトの消化酵素では消化されない食物成分全般を指し、大腸ガンや心臓疾患の予防効果、便秘改善などが知られている。水に溶けるのを水溶性食物繊維、溶けないものを不溶性食物繊維という。

キャベツ

◆栄養素　キャベツは炭水化物のほか、多種のビタミンを含んでいる。胃腸薬の名前にも使われている「キャベジン」の名称は、キャベツに豊富に含まれるビタミンUの別名であり、この成分には傷ついた胃を修復する作用がある。また、キャベツにはビタミンAやビタミンCも含まれているので、強い日差しでダメージを受けた肌のリフレッシュにも効果を発揮してくれる。これらの成分は部位によって含量が異なり、ビタミンUは芯（特に夏キャベツ）に、ビタミンAやビタミンCは外側の葉に多い。栄養素を効率的に取り入れるためにも、それぞれの部位をムダなく利用するのがお勧めである。

1年間を通して購入できるキャベツであるが、霜にあたった冬のキャベツは特に甘い。これは寒さに耐えるためのキャベツの適応力によるもので、デンプンや繊維質（セルロース）を分解し、体内の糖濃度を高めることで、自身が凍らないようにしているのである。

◆見分け方　美味しいキャベツを見分けるポイントは芯にある（図1）。キャベツは順調に結球すると、品種にもよるが芯の長さは4～5cmとなり、葉の重なりの密度が高くなる。それに対して、芯が6～7cmまで伸びてしまったキャベツは、結球時期に窒素が効きすぎてしまったもので、葉の重なり密度が低く、えぐ味も出てしまう。

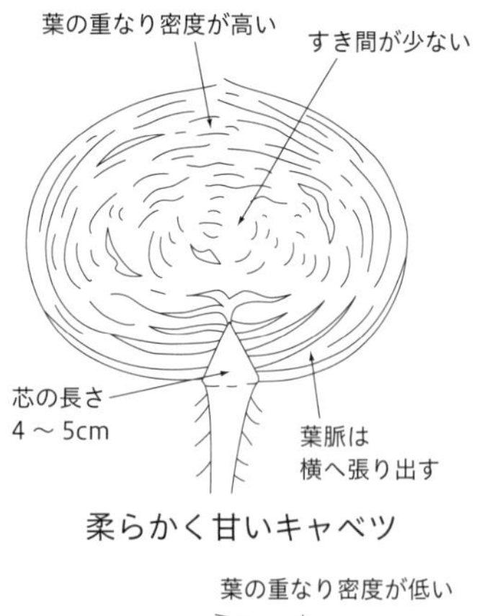

柔らかく甘いキャベツ

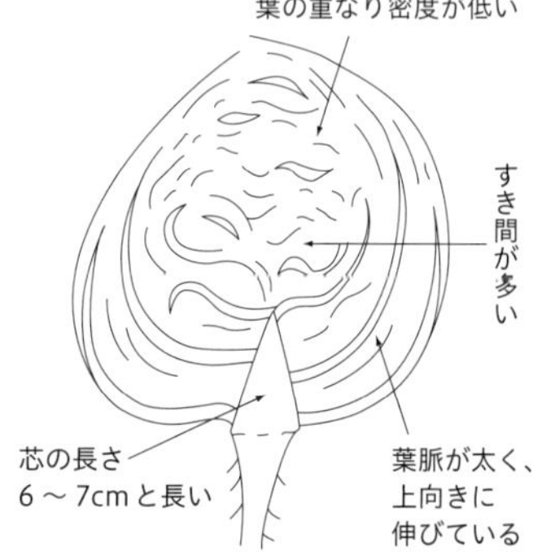

硬く、えぐ味のあるキャベツ

図1　美味しいキャベツの見分け方（イメージ）　（資料：武田健『おいしい野菜の見分け方・育て方』農文協）

タマネギ

◆栄養素　タマネギは、切ると目にしみたり、強い刺激臭があり、調理に苦労する野菜の一つである。その原因となる成分がタマネギがもつ機能性物質の硫化アリル❽である。硫化アリルには抗菌作用があり、血液をサラサラにしてくれる効果がある。それだけでなく、慢性疲労の回復、筋肉疲労の解消に役立つビタミンB1の吸収率を高める働きをする。

◆保存方法　タマネギは保存のきく野菜だが、窒素肥料が多いと、肥大の末期になっても葉の成長が止まらず、葉と球との境目の締まりが悪くなり、雑菌が侵入して腐ってしまうことがある。タマネギの肥料が適切だったかを見分けるポイントは球の形である。タマネギの肥大は末期になると横に向かって進み、球が締まっていく。そのため、長持ちするタマネギは扁平球で首が細い形をしている（図2）。自分で栽培したものを保存する場合は、葉が枯れ始めたタイミングで、5～6本を麻縄などでまとめて陰干しにする。雑菌が入りやすくなるので、葉はつけたままがよい。

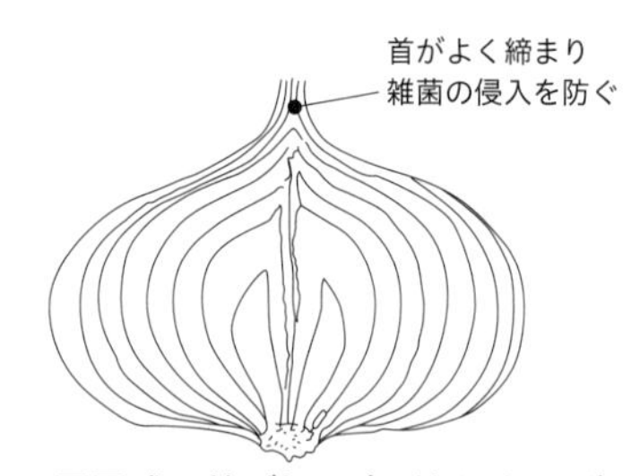

扁平球で首が細い（長持ちする形）

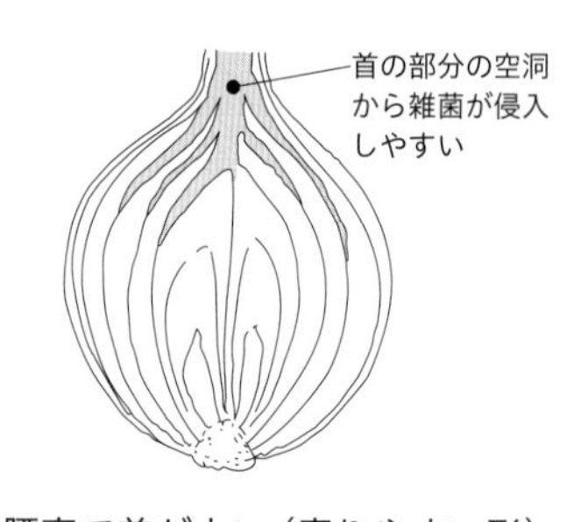

腰高で首が太い（腐りやすい形）

図2　タマネギの断面図比較
（資料：農文協「現代農業」）

❽硫化アリルの抗菌作用によりタマネギ自体も腐りにくくなり、病害虫にも強くなる。硫化アリルは水溶性なので、水にさらすと辛みが和らぐが、成分は水に溶けて効果は減る。

【催涙防止の方法】

①タマネギを冷やす　冷やすことで硫化アリルの気化を抑制する
②切れ味のよい包丁を使う　細胞の破壊を抑えることで、気化を抑制する
③電子レンジ　20秒程度加熱
④換気扇の下で調理する

ホウレンソウ

◆栄養素　ホウレンソウは緑黄色野菜の王様ともいえる野菜で、先の項で取り上げたカロテンやビタミンCのほか、ルテインを多く含んでいる❾。ルテインは抗酸化能力をもつカロテノイドの一種で、強力な光から目の網膜を守る働きがある。また、貧血防止に役立つ鉄分を100g当たり2mgも含んでおり、ブロッコリー（1mg）やニラ（0.7mg）と比較しても非常に多い。特に、地ぎわの赤い部分に多く含まれている。

◆保存方法　ホウレンソウのように、地面から立ち上がった部位を食べる野菜は縦に保存する。植物は本来、重力に逆らい上に伸びようとする生育特性（背地性）があり、横に寝かせると立ち上がろうとしてエネルギーを消費してしまい、食べる前に養分を失ってしまう。

❾寒さにさらす寒じめ栽培によって、糖度以外にもルテインやβ-カロテンの含量が上がる。ホウレンソウの本来の旬は冬場である。夏場のホウレンソウと比べると、冬場のホウレンソウは2倍以上のビタミンCを含んでいる。美味しさだけでなく、栄養価もアップしている。

キュウリ

◆栄養素　果実中の95%以上を水分が占めており、可食部の100g当たり14kcalと低カロリーで、緑黄色野菜の部類にも含まれない。果実に含まれるカリウムはナスの約1.4倍あり、体内の塩分を尿へ排泄する働きがある。体を冷やす効果があるので、熱中症予防として夏場は積極的に取り入れるとよい。

◆利用方法　生食できるほか、日本の食卓に欠かせない糠漬けなどに利用することで、ぬかに含まれる栄養素も加わる。キュウリには、緑色の皮下にある維管束の中にギ酸という渋味成分が含まれている。端から1cmほど切り、へたを切り口にこすり合わせたり、まな板上で塩をまきゴロゴロと板ずりして、維管束に刺激を与えることで、液を外へ出し渋味成分を抜く。

トマト

◆栄養素　トマトは緑黄色野菜（カロテンを多く含む野菜）に位置づけられ、体内でビタミンAに変化するβ-カロテンのほか、多種のビタミン類やカリウム・食物繊維などの栄養成分をバランスよく含んでいる。また、リコペンという強い抗酸化能力のある赤い色素成分を含み、ガンや動脈硬化などの生活習慣病を抑え、老化をもたらす活性酸素❿の害を抑制してくれる。

◆利用方法　1年中出回るトマトだが、豊富な栄養成分を含むのは夏季である。生食用と加工用トマトがある。生食用トマトは流通経路でのいたみを少なくするため、果実が緑色で硬いうちに収穫し、店頭で食べ頃になるように出荷するが、畑で完熟させた果実に比較し食味が劣る。最近では熟してから収穫した「完熟トマト」が店頭に並ぶようになった。加工用は汁気が少

❿活性に富む酸素で、病原微生物の殺処理など、体内の生命機構を支える不可欠因子として機能する一方、活性酸素の生成と消去のバランスが崩れると、ガン、動脈硬化、腎障害、糖尿病などの多くの生活習慣病の病態を引き起こす原因となる。

なく、皮も硬くて生食には適さない。缶詰、ケチャップ、ジュース、ピューレ、ペーストなどの加工製品にされる。トマトに含まれるビタミン類は熱に弱いが、リコペンは加熱により吸収率が上がるので、炒めたり、煮込んだり、または加工製品にすることで効率よく摂取することができる。トマト特有の青臭さは青葉アルコールと呼ばれる成分で、生臭さを消す働きがあり、肉と共に煮込むと肉の臭みが消える。

ナス

◆栄養素　果実の94%が水分で、そのほかビタミン類やミネラル類などが含まれる。ナスに機能性物質の一種であるコリンエステル⓫が多量に含まれていることがわかり、ナスへの関心が高まっている。コリンエステルは、胃や腸など消化器官を介して自律神経に作用し、興奮を司る交感神経の活動を穏やかにすることで、血圧や気分などの改善効果がある。夏バテ防止にも効果的である。また、ナスの鮮やかな濃紺色の基となるアントシアン系色素のナスニンは、ポリフェノール類の一種で高い抗酸化能力があり、強い発ガン抑制力が認められている。

◆保存方法　生育に高温を好むナスは、収穫後も低温には弱く、5℃以下では品質が悪くなる。保存に最適な温度は10℃である。水分が蒸発しやすく、すぐにしなびるのでラップに包み、涼しい日陰のダンボール箱に入れると日持ちがよい。

⓫ 2016年に中村浩蔵准教授（国立大学法人信州大学の学術研究員）らがナスに他の野菜の1000倍以上含まれていることを発見。

ネギ

◆栄養素　ネギの軟白部には硫化アリルが多く含まれ、ビタミンB1と結合し、その吸収を促進する。また硫化アリルは、胃液の分泌を促進するので消化の助けにもなる。さらに発汗を促進する作用もあることから、カゼの予防など薬効の面でも注目されてきた。

葉の部分にはカロチンやビタミンCが多く含まれている。

◆保存方法　乾燥や水気を嫌うので、新聞紙でくるみ、冷暗所で保存することで日持ちする。

レタス

◆栄養素　レタスは水分含量が高く、栄養成分は少ないが、カリウム、カルシウム、鉄など多様な必須栄養素や粗繊維をバランスよく含んでいる。また、葉酸も豊富である。味に癖がなく食感も良いので、サラダなどに向いている。

◆保存方法　乾燥を嫌うので、ラップでくるみ野菜室で保存する

カボチャ

◆栄養素　カボチャはデンプンが豊富で、イモ類、マメ類に次いでカロリーが高い。ニホンカボチャはセイヨウカボチャに比べ水分を多く含み、炭水化物やタンパク質、ビタミンや無機成分の含有量が低い。

ニホンカボチャの果実の成分を他の野菜と比較すると以下のようになる。

- カロリーではコムギ、オオムギ、トウモロコシ
- タンパク質ではインゲン、タマネギ、
- ビタミンAではトマト、B1ではキュウリ、シロウリ、B2ではキュウリ、ダイズ、Cではキュウリ、ネギ、トウガラシに匹敵する。

◆保存方法　カボチャを丸ごと保存する場合、新聞紙などにくるみ風通しのよいところに保管すれば2カ月程度は保存することができる。

スイートコーン

◆栄養素　炭水化物や脂質、タンパク質を多く含み、胚芽部分にはビタミンB1、B2、E、などのビタミン群、カリウム、マグネシウム、鉄などのミネラルを豊富に含んでいる。不溶性食物繊維はサツマイモの4倍あり、食物繊維の宝庫ともいわれ腸内環境を整えて大腸がん予防などの効果も期待できる。またコレステロール値の低下作用をもつリノール酸が豊富でアスパラギン酸やグルタミン酸も含まれている。

◆保存方法　生のまま保存する場合は皮を付けたまま、野菜室の中で縦になるように保存する。蒸してから実を包丁などで芯からとりはずし、冷凍保存することもできる。

食生活改善の目安が「食生活指針」── 国ぐるみで取り組む食改善

食生活を取り巻く問題点の改善策として、2000年、文部省（当時）、厚生省（当時）、農林水産省から「食生活指針❶」が発表された。「食生活指針」は、生産・流通から健康まで幅広く食生活全体を捉え作られていることが特徴の一つである。生活の質の向上を重視し、バランスのとれた食事内容を中心に、食料の安定供給や食文化、環境にまで配慮したものとなっている。さらに「健康日本21」が国民の健康の増進と総合的な推進を図るための基本的な方針として示された。特に、生活習慣病にまつわる9分野（栄養・食生活、身体活動と運動、休養・こころの健康、たばこ、アルコール、歯の健康、糖尿病、循環器病、がん）の課題と、「基本方針」「現状と目標」「対策」などが盛り込まれている。2013年からは、「健康日本21（第2次）」が推進されている。

また2016年には食生活指針が改定された。この改定では、肥満と共に高齢者の低栄養が健康問題となっている現実をふまえ、適度な運動と食事量の確保という視点から、「適度な運動とバランスのよい食事で、適正体重の維持を」の項目を以前の7番目から3番目に変更した。加えて、健康寿命の延長、食品ロスの削減などの環境に配慮した食生活の視点から、項目中の表現について一部の見直しを行っている。

2005年には、厚生労働省と農林水産省が共同で、「食事バランスガイド❷」を策定。食生活指針を実践するため、1日に必要な食事の適量を料理のイラストで示した（図1）。かつての日本型食生活を取りもどし、心身の健康を保つためには、食の教育が重要であると説かれ、食育基本法の制定にもつながった。

❶食生活指針（2016年改訂）

- 食事を楽しみましょう
- 1日の食事のリズムから、健やかな生活リズムを
- 適度な運動とバランスのよい食事で、適正体重の維持を
- 主食、主菜、副菜を基本に、食事のバランスを
- ごはんなどの穀類をしっかりと
- 野菜・果物、牛乳・乳製品、豆類、魚なども組み合わせて
- 食塩は控えめに、脂肪は質と量を考えて
- 日本の食文化や地域の産物を活かし、郷土の味の継承を
- 食料資源を大切に、無駄や廃棄の少ない食生活を
- 「食」に関する理解を深め、食生活を見直してみましょう

❷食事バランスガイドの見方

主食、副菜、主菜、牛乳・乳製品、果物をそれぞれ1日にどれだけ摂取すればよいか「5～7つ（SV）」のように示されている（「つ（SV）」は食事提供量の単位）。1つ（SV）、2つ（SV）などの料理例とその量は右のイラストで確認できる。バランスよく摂取することでコマが倒れずに回るイメージを表している。

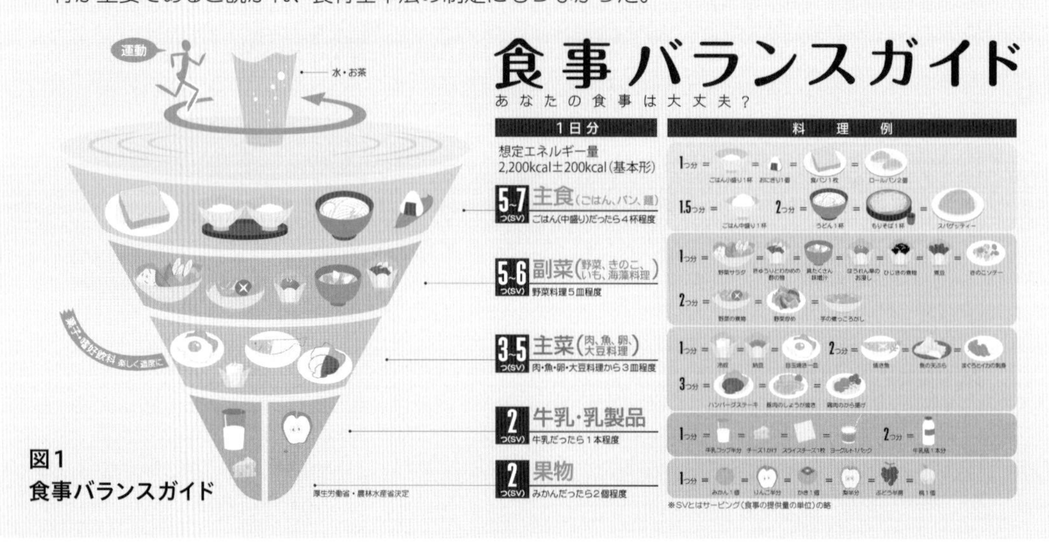

図1
食事バランスガイド

4

栽培分野（1）

植物の基本生理

植物生理の基本は「光合成」

農業をより深く理解していくには、植物の生理の基本を知る必要がある。

生命の営みとしての植物生理の基本は「光合成」である。

光合成は葉緑体の中で、光のエネルギーを受けて二酸化炭素と水から炭水化物などの有機物を合成し、酸素を放出する作用である。植物は、自分の生育に必要な栄養（有機物）を光合成によって作り出せる「独立栄養生物」である。対して、人間を含むすべての動物は、植物の作り出す有機物によって生命を支えられている「従属栄養生物」である。

植物の基本的生理作用には光合成のほかに、呼吸、蒸散、養水分の吸収がある（図1参照）。作物の栽培では、この営みが順調に行えるように管理することが求められる。

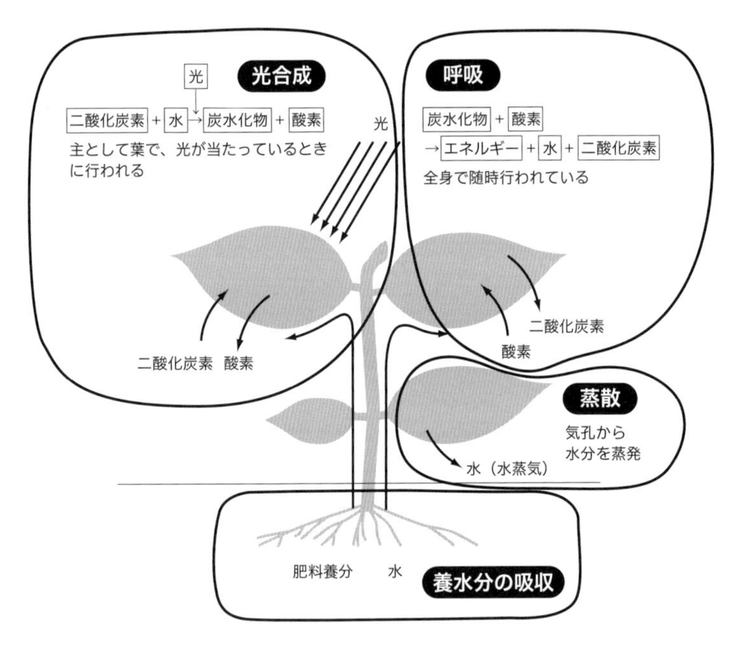

図1　植物の基本的生理作用　（資料：実教出版『農業と環境』を改図）

植物体を構成する光合成の生産物

光合成で作られた炭水化物は、植物体内のいろいろな有機物質の材料になっている（図2）。例えば、植物体を構成する細胞の細胞壁は、セルロースやリグニンでできており、いずれも光合成で生産された炭水化物である。また、炭水化物と根から吸収された無機養分（窒素）でアミノ酸が合成され、そこからさらに細胞原形質の主要成分であるタンパク質が作られる。植物の貯蔵養分のデンプンは炭水化物の一つであり、脂肪もまた炭水化物が材料になっている。

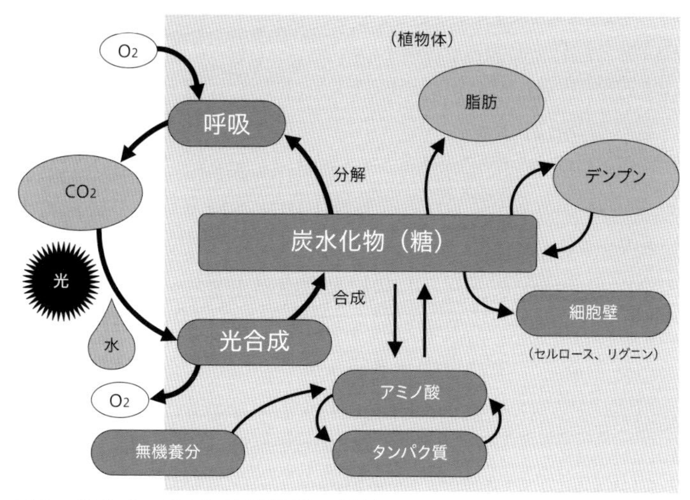

図2　光合成・呼吸と物質代謝の関係

農業に必要な資源

農業とは、どのような生産システムなのか。

農業生産に必要な資源と生産物の関係は図3のようになる。つまり農業とは、光、空気（二酸化炭素、酸素）、水及び養分（肥料）という農業生産に必要な資源を投入して、種または苗を適切な温度の範囲にある圃場で育て、目的に沿った収穫物を植物体の一部または全体として得ることである。また、付随的に植物残渣、酸素を得る。この植物残渣は有機物資源にもなり、酸素は生物の呼吸に使われる。

農業には種苗のほかに、「光、空気（二酸化炭素、酸素）、水、養分」の資源と「適温」が必要であるといえる。

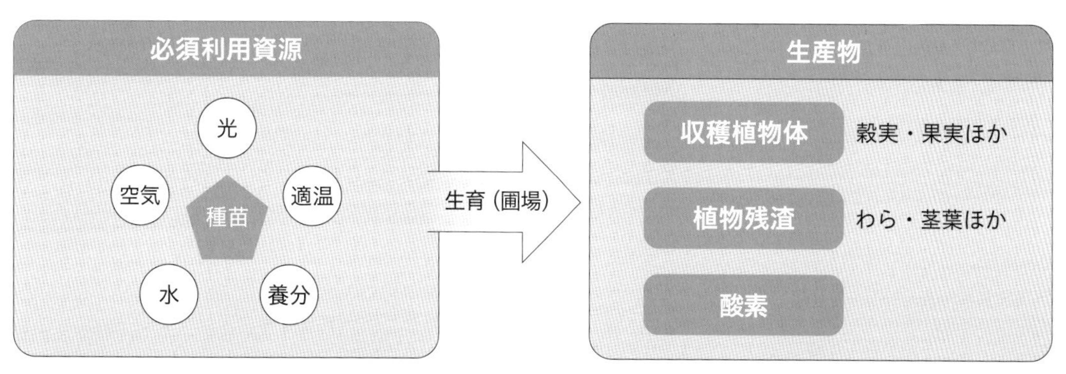

図3　農業生産の必須利用資源と生産物
（資料：誠文堂新光社『農業のきほん』）

光合成作用と呼吸作用

生命活動の源　光合成作用と呼吸作用

緑色植物の基本的生理作用である光合成作用とは、葉緑体の中で光のエネルギーを使って空気中の二酸化炭素（CO_2）と根から吸収した水（H_2O）とを合成し、自らの栄養源となる炭水化物❶（CH_2O）を作りだす作用をいう。

この光合成作用と共に、植物はあらゆる生物に共通する「呼吸」も行っている。呼吸は体内に酸素を取り込んで「炭水化物」などを分解し、生物が体を維持・成長していくのに必要な「生命活動エネルギー」を取り出す生理作用である。

光合成には光が必要だが、呼吸には必要はない。植物は動物と同じように、昼も夜も呼吸している。

光合成と呼吸の関係は、炭水化物の合成（光合成作用）と分解（呼吸作用）という、相反する生理作用である（図1）。

❶炭素と水素から構成された有機物、炭水化物の役割は、大きく分けて、生物体の構成成分であることと、活動のエネルギー源となることである。エネルギー源としての炭水化物は、脂質やタンパク質と共に3大栄養素の一つであり、生物体において重要な役割を果たしている。炭水化物は、消化吸収される「糖質」と、消化されない「食物繊維」に分類される。

糖質

単糖類（ブドウ糖、果糖ほか）
二糖類（砂糖、麦芽糖、乳糖ほか）
多糖類（デンプン、オリゴ糖ほか）

食物繊維

不溶性（セルロース、リグニンほか）
水溶性（ペクチン、βグルカンほか）

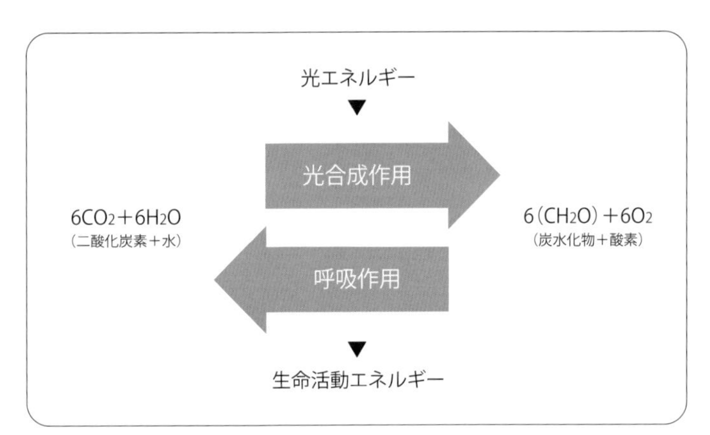

図1　光合成と呼吸は「逆の反応」

光合成量と呼吸の関係

光合成によって生産された炭水化物は、その一部が生きていくための営みである呼吸作用の材料として消費され、残りが成長する植物体（葉・茎・根など）の構成材料になる。そのため、光合成量と呼吸量の違いにより、植物の成長度合いが変わる。光合成量が呼吸量より大きい場合は生命を維持しつつ、残った物質（炭水化物）によって成長が進むが、光合成量と呼吸量❷が等しい場合は、生命は維持できても成長は見られないという関係が成り立つ。

❷光合成量とは光合成作用によって生産される炭水化物の量のことで、呼吸量とは植物が生命を維持していくためのエネルギーを取り出す呼吸作用に消費される炭水化物の量のことである。

光合成量と呼吸量の差し引きの量を正味光合成量(物質生産量)（図２）と呼び、その量を多くするためには、光合成ができる環境と植物の健全育成を図ることが重要となる。

根にも必要な光合成作用と呼吸作用

大気中の酸素は21％でほとんど変化することはないが、土壌の空気は、土壌の構造状態、つまり固相・液相・気相の割合（→p.129〈土壌の三相構造〉の項参照）や植物の根、微生物の呼吸により一定ではなく、酸素が10％以下になると根の呼吸作用が急激に低下し生育が悪化する。水はけや通気性を良くして土中の酸素を多く保つことが大切となる。また、根の養水分の吸収は、呼吸で得られたエネルギーを利用しており、その源となる炭水化物を絶えず供給する必要がある。炭水化物は光合成によって供給されるので、根の健全な育成にも活発な光合成が必要となる。

農業生産の課題と光合成作用

農業生産の課題は、投入された資源（→p.99〈農業に必要な資源〉の項参照）の利用効率を高めることにある。つまり、投入資源当たりの収穫割合を大きくすることである。そのためには、圃場や施設での作物個体群の光合成作用を高く維持する必要があり、それには光エネルギーの利用効率が高まる環境を作物に提供することが重要となる。

光合成量 － 呼吸量

＝ 正味光合成量（物質生産量）

図2　光合成量と呼吸量の相互関係

気孔の役割

気孔が果たす3つの役割

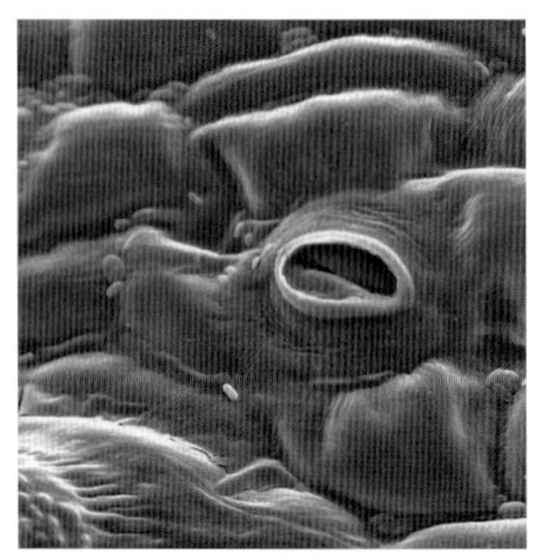

図1　トマトの葉の気孔（走査型電顕写真）

多くの植物では、葉の裏側に孔辺細胞に囲まれた小さな穴があり、この穴を気孔と呼ぶ（図1）。気孔は大きく3つの役割を果たしている（図2）。

1つ目の役割は、光合成作用に必要なCO_2の取り入れ口であると共に、光合成作用による副産物である酸素の排出口になっていることである。

2つ目は、呼吸作用に必要なO_2の取り入れ口であると共に、呼吸作用によって生成されたCO_2の排出口になっていることである。

光合成作用、呼吸作用どちらもCO_2とO_2の出入りを行っているが、植物は成長していくので正味光合成量（物質生産量）はプラスになり、つまり見かけ上は、CO_2を吸収してO_2を排出しているように見える。「植物は、光合成作用によって大気中に酸素（O_2）を放出している」と言われる由縁である。

3つ目は、根から吸い上げられた水分を光合成で使用した後、葉内の水を水蒸気として放出（蒸散）する役割である。

これら気孔の3つの働きを合わせてガス交換と呼び、気孔はガス交換の95%以上を担っている。

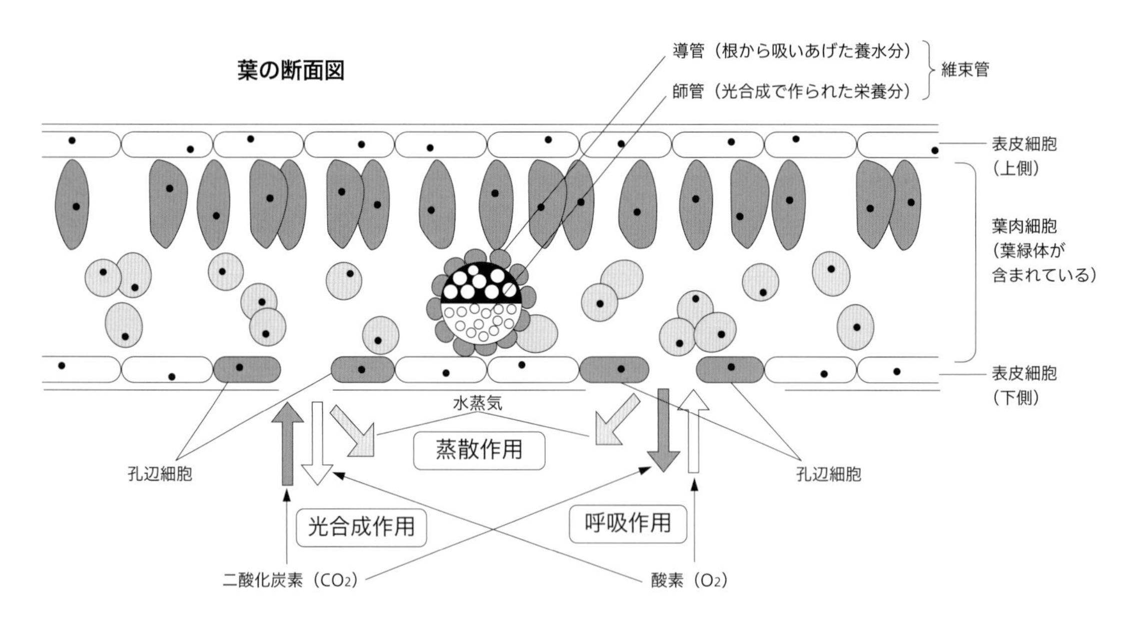

図2　気孔を通した光合作用・呼吸作用・蒸散作用の仕組み　（「キミのミニ盆栽日和」ウェブサイトより改図）

蒸散と光合成

気孔から水蒸気を発散する蒸散には、強い日差しで上昇した葉面温度を下げる働きがある。葉内の水分が水蒸気に変わるときに気化熱を奪い、そのときに葉温が下がる。葉面温度が適温（高温を好む野菜で25℃前後）を超えると、呼吸による消耗と光合成能力の低下が起きる。図3のように光合成量から呼吸量を引いた正味光合成量（物質生産量）は25℃前後で頭打ちとなり、葉温が高くなるほど低下する。そのような場合、蒸散による冷却作用が重要になる。蒸散の冷却効果は、蒸散が盛んな葉で葉温が気温より1～2℃低くなる。

また植物の蒸散は、水とそれに溶けた養分の吸い上げポンプの役割をしている。気孔からの蒸散量が多いと、水を吸い上げる力が高まり養分吸収も多くなる。根の根毛から吸収された水や養分は、植物体内の圧力の差によって圧力が最も高い根の先端から、最も低い気孔に向かって流れる。蒸散量が低下すると水を引き上げる力が弱くなるので、水分と共に養分の吸収も低下する。

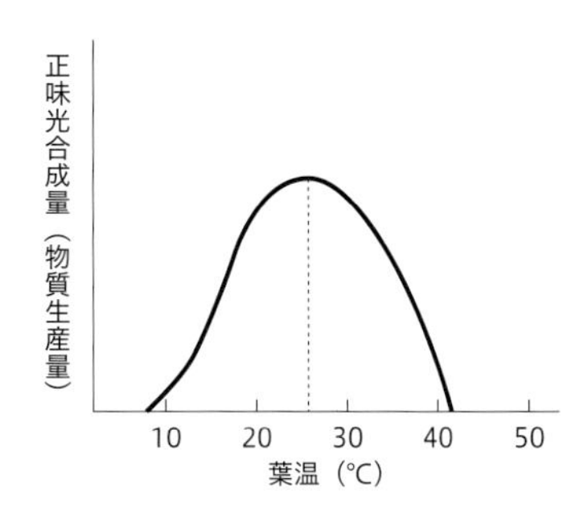

図3　光合成量と葉温の関係
光強度とCO_2濃度が十分に高いとき、葉温25℃付近が光合成の適温。

気孔が開く環境管理

光合成産物を増やすためには、CO_2の吸収や蒸散による水や養分の吸収を高めるために、気孔がしっかりと開く環境管理が大切である。高温・乾燥状態になると、植物は体から水分を失わないように気孔を閉じる反応を示す。半閉鎖状態の施設園芸では、気孔が開く環境管理が重要な課題になっている。

注目される「飽差」管理

飽差❶という気温に合わせた湿度管理の指標が最近注目されている。飽差とは、その空気にあとどれだけ水蒸気が入るかを示す指標で、空気1㎥当たりの水蒸気の空き容量をグラム数で表している（g/㎥）。飽差は、温度が同じであっても、その空間の湿度によって異なる。温度によって気孔がよく開くのに適した湿度があり、それを判断するには次ページの表1のような「飽差表」❷が利用されている。作物によって違いはあるが、飽差値が3～6（g/㎥）の相対湿度が適しているといわれている。

❶飽差は、飽和水蒸気量から絶対湿度を引いた差。

❷気温と相対湿度から飽差を一覧表示したもの。

❸〈飽差表の見方〉飽差表（表1）で、縦ラインに温度、横ラインに相対湿度があらわされ、縦ラインと横ラインが重なったマス目に表示された数値を「飽差」として読み取る。表中の濃い部分のマス目の数値が適切とされている。

表1　飽差表❸

飽差表（g/m²）

温度＼相対湿度	40%	45%	50%	55%	60%	65%	70%	75%	80%	85%	90%	95%
8℃	5.0	4.6	4.1	3.7	3.3	2.9	2.5	2.1	1.7	1.2	0.8	0.4
9℃	5.3	4.9	4.4	4.0	3.5	3.1	2.6	2.2	1.8	1.3	0.9	0.4
10℃	5.6	5.2	4.7	4.2	3.8	3.3	2.8	2.4	1.9	1.4	0.9	0.5
11℃	6.0	5.5	5.0	4.5	4.0	3.5	3.0	2.5	2.0	1.5	1.0	0.5
12℃	6.4	5.9	5.3	4.8	4.3	3.7	3.2	2.7	2.1	1.6	1.1	0.5
13℃	6.8	6.2	5.7	5.1	4.5	4.0	3.4	2.8	2.3	1.7	1.1	0.6
14℃	7.2	6.6	6.0	5.4	4.8	4.2	3.6	3.0	2.4	1.8	1.2	0.6
15℃	7.7	7.1	6.4	5.8	5.1	4.5	3.9	3.2	2.6	1.9	1.3	0.6
16℃	8.2	7.5	6.8	6.1	5.5	4.8	4.1	3.4	2.7	2.0	1.4	0.7
17℃	8.7	8.0	7.2	6.5	5.8	5.1	4.3	3.6	2.9	2.2	1.4	0.7
18℃	9.2	8.5	7.7	6.9	6.2	5.4	4.6	3.8	3.1	2.3	1.5	0.8
19℃	9.8	9.0	8.2	7.3	6.5	5.7	4.9	4.1	3.3	2.4	1.6	0.8
20℃	10.4	9.5	8.7	7.8	6.9	6.1	5.2	4.3	3.5	2.6	1.7	0.9
21℃	11.0	10.1	9.2	8.3	7.3	6.4	5.5	4.6	3.7	2.8	1.8	0.9
22℃	11.7	10.7	9.7	8.7	7.8	6.8	5.8	4.9	3.9	2.9	1.9	1.0
23℃	12.4	11.3	10.3	9.3	8.2	7.2	6.2	5.1	4.1	3.1	2.1	1.0
24℃	13.1	12.0	10.9	9.8	8.7	7.6	6.5	5.4	4.4	3.3	2.2	1.1
25℃	13.8	12.7	11.5	10.4	9.2	8.1	6.9	5.8	4.6	3.5	2.3	1.2
26℃	14.6	13.4	12.2	11.0	9.8	8.5	7.3	6.1	4.9	3.7	2.4	1.2
27℃	15.5	14.2	12.9	11.6	10.3	9.0	7.7	6.4	5.2	3.9	2.6	1.3
28℃	16.3	15.0	13.6	12.3	10.9	9.5	8.2	6.8	5.4	4.1	2.7	1.4
29℃	17.3	15.8	14.4	12.9	11.5	10.1	8.6	7.2	5.8	4.3	2.9	1.4
30℃	18.2	16.7	15.2	13.7	12.1	10.6	9.1	7.6	6.1	4.6	3.0	1.5

濃い部分が最適な飽差。淡い部分は許容範囲。飽差が7以上でも問題ないが、急激な変化は避ける

（資料：農文協「現代農業」2014年1月号）

飽差表からわかるように、気温25℃なら相対湿度❹は75～85%が適正となる。75%以下の湿度では乾きすぎで、作物は気孔を閉じて蒸散を止める。85%以上の湿度だと気孔の内外に水蒸気圧差がなくなり、蒸散は起きない。

❹相対湿度とは、空気が含むことができる湿度の最大量(飽和水蒸気量)に対して、空気中に含まれている水蒸気量（絶対湿度）の割合。

利用が広がるミスト噴霧

これまでハウスなどの施設栽培などでは、病気の発生を気にしてハウス内を乾きすぎにする傾向があった。そのため気孔が閉じて、光合成が低下していた。その問題の改善方法としてミスト噴霧装置❺を設置し、湿度と温度の調整を図る農家が増えている。ミストを活用した冷却方式は、一般に「細霧冷房」と呼ばれ、夏場の室内の高温に対する効果は大きい。噴霧された霧が蒸発する際、周囲の熱を吸収する原理（＝気化熱）を利用してハウス内の温度を下げる仕組みである。自然現象を活用した方法なので、空調機を使用する場合に比べて設置費及びランニングコストを大幅に抑えることができ、かつ農作物の良質多収を実現することができるようになった。

❺一般的なノズルの口径は30～100μmほどで、水滴のサイズが小さいほどスムーズに蒸発する。作物を濡らさずに施設内を加温・冷却することができるため、病気の発生を防止できる。

図5　トマト温室でのミスト噴霧
（写真提供：愛知県農業総合試験場）

栽培植物の成長と繁殖

作物の成長に係わる2組の性質

生活史を支える基本的性質

すべての植物は、各々の生活史の中で、「栄養成長（個体維持）と生殖成長（種族維持）」、「遺伝性と変異性」という2組の基本的な性質を備えている。そしてこの2組の性質を、環境の変化に巧みに対応させながら生命（いのち）を繋いでいる。そこには、植物の環境に対するさまざまな適応戦略がある。それを知り利用することで、栽培管理はより一層適切なものになる。

栄養成長と生殖成長

植物の1組目の基本的性質は、「栄養成長」と「生殖成長」の2つの成長を繰り返しながら、次の世代に生命をリレーしているということである。

植物の「個体維持」のための栄養成長は、種子の発芽から始まり、茎葉や根を増大させて自分の体を作る営みである。その後、子孫を残す「種族維持」のための生殖成長が「花芽分化」から始まり、花芽を形成して開花・受精を経て果実を肥大・成熟させ、再び種子を形成する（図1）。

栽培管理とは、作物が次の世代に生命をつなぐ営みを、収穫時期まで健康に続けられるようにサポートする仕事である。

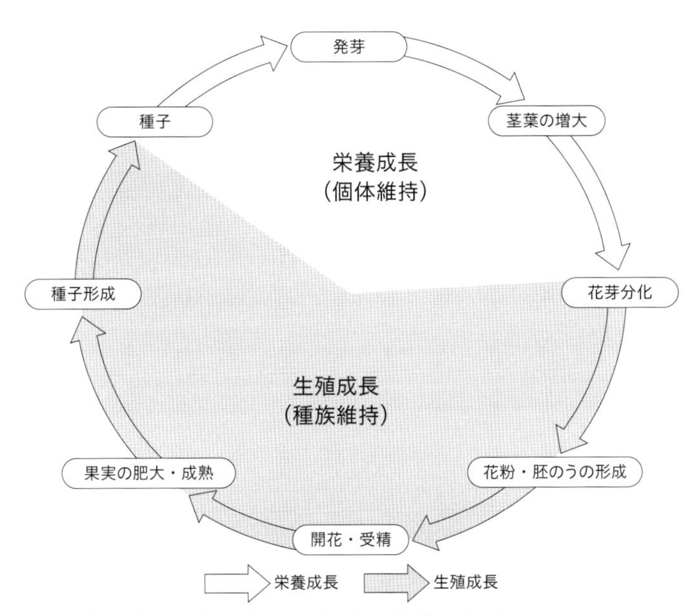

図1　栄養成長と生殖成長を繰り返す植物の生活史

栄養成長と生殖成長を考えた栽培管理

多くの植物は個体維持に好適な環境では栄養成長を続けようとし、種族維持の生殖成長に進みにくくなってしまう。特に過剰な栄養（過剰な施肥）は種族維持のための生殖成長を劣化させる。例えばスイカやサツマイモは、窒素養分が多すぎると茎葉（ツル）ばかりが茂りすぎて、繁殖器官としての花や果実、イモの肥大が悪くなる「ツルボケ」を起こす。そのため、栄養成長から生殖成長に切り変える肥料管理が必要となる。

また、コマツナやダイコンなどは、生殖成長に入るととう立ちして葉や茎、根が硬くなり品質が低下してしまうので、生殖成長に入らないような栽培管理をしなければならない。これに対してトマトやキュウリなどは、栄養成長させながら同時に花を咲かせ実をつけさせる野菜のために、生殖成長に入るような栽培管理をしなければならない。

「遺伝性」と「変異性」

種族としての生命を維持し、次につなぐもう1組の基本的性質は、遺伝性と変異性である。

遺伝性とは、親の遺伝的性質を子に正しく伝える性質。

変異性とは、親の遺伝的性質を変化させ、子に伝える性質。

多くの動植物は、好適な生育環境では遺伝性が強くなり、不適な環境では変異性が高くなる（図2）。この一見矛盾する性質は、環境の変化に対応するための適応戦略で、例えば、親にはなかった寒さや暑さ、乾燥や湿潤などに耐える能力を獲得していずれかの個体を生き残らせ、生命をつないでいく。動植物はこの性質を巧みに発揮させて遺伝的多様性❶を確保し、個体または集団として多様な環境に対する適応力を高めている。

❶遺伝的多様性
ある生物種の集団の中で、種内や集団内にさまざまな遺伝子をもっている状態。集団内にさまざまな遺伝子の個体がある方が、生育環境の変化や病害虫に対して多様な反応をすることができる。

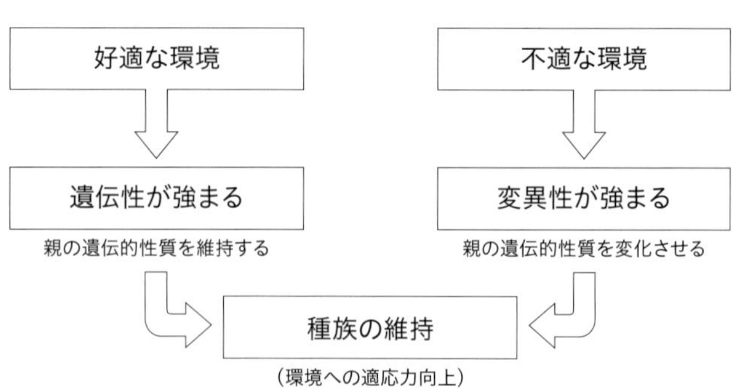

図2　生命をつなぐ「遺伝性」と「変異性」

栽培植物の成長と繁殖

種子の発芽と環境条件

発芽の3要素

種子が発芽するには、「水分・酸素・温度（適温）」が不可欠である。この3つを「発芽の3要素（3条件）」と呼ぶ。また発芽には、光の有無が影響するものがある。光が必要か否かは植物の種類によって異なり、それぞれ必要とする程度は植物の種類で異なる。

種子の休眠

一般に種子植物の種子は、十分に成熟すると水分含量が5～20％に減少し、生命活動は休眠状態になる。休眠には乾燥や低温といった環境条件により誘導される「他発休眠」と、環境条件の影響を受けず植物自体の内生的なリズムによる「自発休眠」がある。この2種類の休眠は、生育可能な環境で確実に発芽するために獲得した能力である。

休眠した植物は、その多くが特定の環境条件を与えられて初めて休眠が破られる。これを「休眠打破」と呼ぶ。その際、特定の環境要因は一般的には温度で、温度条件は植物の種類や品種によって異なる。寒い冬を避けて春に発芽する種子は、一定期間低温が続くと休眠から覚める。

作物によって異なる発芽適温

種子の発芽に必要な温度は、作物によって違いがある。

表1は、野菜種子の発芽温度に関して夏野菜と冬野菜に分け、それぞれの最低温度と最高温度、また最適温度の幅を示し

表1　野菜種子の発芽温度（最低・最高、最適温度幅）

分類	野菜	温度（℃）		
		最低	最適	最高
夏野菜	ナス	10	15～30	33
	トマト、トウガラシ、インゲン	10	20～20	35
	ウリ類	15	20～20	35
冬野菜	レタス、シュンギク、セルリー、ホウレンソウ	0～4	15～20	30
	ミツバ、シソ	0～4	15～20	28
	ニラ	0～4	15～20	25
	エンドウ、ソラマメ	0～4	15～25	33
	ネギ、タマネギ	4	15～25	33
	フダンソウ	4	15～25	35
	ダイコン、アブラナ科野菜	4	15～30	35
	ニンジン	4	15～30	33
	ゴボウ	10	20～30	35

（中村、1967を修正）

たものである。ナスやトマト、ウリ類などの夏野菜の発芽最低温度は10℃以上なので、気温の低い時期に発芽させるには、ハウス内での育苗が必要になる。一方、冬野菜の多くは、0～4℃の低温でも発芽するものが多い。

好光性種子と嫌光性種子

光は「発芽の3要素」には含まれていないが、野菜の種類によって、光があたることで発芽が促進される「好光性種子(こうこうせいしゅし)（光発芽種子）」と、発芽が抑制される（暗い方が発芽しやすい）「嫌光性種子(けんこうせいしゅし)（暗発芽種子）」がある。発芽適温の条件下ではこの傾向が弱まり、適温から離れるほど強くなる。

一般に、「好光性種子」は種が小さく貯蔵養分量が限られているため、深い所から地表へと芽を出すことが難しい。そのため、地表近くで発芽することによって生存率を高めていると考えられる。

レタス、シソなどの好光性種子は、播種後に土をかぶせない（軽く鎮圧するだけ）か、かぶせるとしてもごく薄くする。

カボチャ、トマト、キュウリなどの「嫌光性種子」は一般的に種が大きく、播種後に覆いをしたり、土を厚め（種子の直径の2～3倍）にかぶせるなどして暗くし、発芽を促す。（図1）。

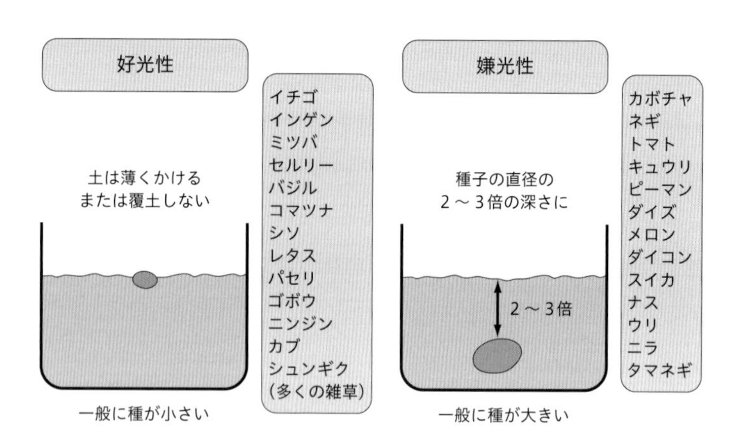

図1　種子の発芽と光

種子の寿命劣化要因と保存方法

種子は、①光（紫外線）、②酸素、③水分（湿度）、④高温を避けた条件下で保存することが望ましい。

家庭で手軽に保管をするには以下の手順で行うと良い。

①ジップロックにタネをタネ袋ごと入れる。二重にするとさらに良い。

②ジップロック内の水分を吸収させるため乾燥剤をジップロックに入れる。

③手でジップロック内の空気を押し出して密閉する。

④冷蔵庫に保管する。（冷凍庫には保管しない）

⑤乾燥剤は湿気を吸うと吸湿効果が落ちてしまうため、乾燥剤が膨らんできたら定期的に新しい乾燥剤に交換する。

野菜の種子の寿命は、保管方法で異なる

種子には寿命があり、室内で保存した場合の発芽率や有効期限が種子袋に表示されているが、保管方法によって寿命が異ってくる。

購入した種子は気温15～20℃の範囲での保管を心掛ける。特に高温期の6～9月は低温・低湿環境での保管が望ましい。また発芽促進処理が施された種子は、普通種子より劣化しやすいため15℃以下の低温管理が良く、少量であれば家庭用冷蔵庫で保管すると良い。

<table>
<tr><th></th><th>1年</th><th>2年</th><th>3年</th><th>4年</th><th>5年</th><th>6年</th><th>それ以上</th></tr>
<tr><td>長命種子</td><td colspan="7">トマト、ナス、スイカ</td></tr>
<tr><td>やや長命</td><td colspan="4">ダイコン、カブ、ハクサイ、ツケナ、キュウリ、カボチャ</td><td colspan="3"></td></tr>
<tr><td>やや短命</td><td colspan="3">キャベツ、レタス、ホウレンソウ、ゴボウ、インゲン、エンドウ、ソラマメ、トウガラシ</td><td colspan="4"></td></tr>
<tr><td>短命種子</td><td colspan="2">ネギ、タマネギ、ニンジン、ミツバ、ラッカセイ</td><td colspan="5"></td></tr>
</table>

※種子の乾燥程度や保存状態で寿命は変わる。低湿冷蔵が保存の基本

（資料：タキイ種苗（株）ウェブサイト「タネの発芽不良の原因と対策」）

作物の成長と環境条件

栄養器官（葉・茎・根）の役割

植物の生活史の中で、「個体維持」のための栄養成長は、茎葉や根を増大させて自分の体を作る営みである。

作物の栄養器官としての葉・茎・根には、それぞれの役割がある。葉は基本的生理作用である光合成のほか、呼吸、蒸散を行う。茎は葉や花などを支持するだけではなく、水・養分・同化産物を運ぶ。根は植物体を土壌に固定するだけでなく、土壌から水と養分を吸収する役割を果たしている。

栄養成長の初期の段階で葉・茎・根の成長を健全に育てることは、その後の生殖成長を順調に進めるための土台となる。ただし、葉・茎・根の成長バランスが重要で、環境条件により変わってくる。作物体の大きさ、形、色などを常に観察し、生育の善し悪しを見分ける目を養うことが大切になる。

表1　3つの栄養器官の役割

葉	光合成、蒸散を行う ガス交換（CO_2、O_2）をする
茎	葉や花などを支持する 水・養分・同化産物を運ぶ
根	植物体を土壌に固定する 土壌から水と養分を吸収する

光合成と窒素吸収で変わる3つの成長型

作物が健全に生育するためには、(1)光合成、(2)養分吸収、(3)タンパク質合成などの代謝活動の3つがバランス良く営まれ、葉・茎・根が調和を保って成長することが必要になる。特に、光合成で生産される炭水化物の量と、タンパク質の主成分である窒素の吸収量のバランスが重要になる。このバランスの違いによって生育が3つのタイプに分かれる（図1）。

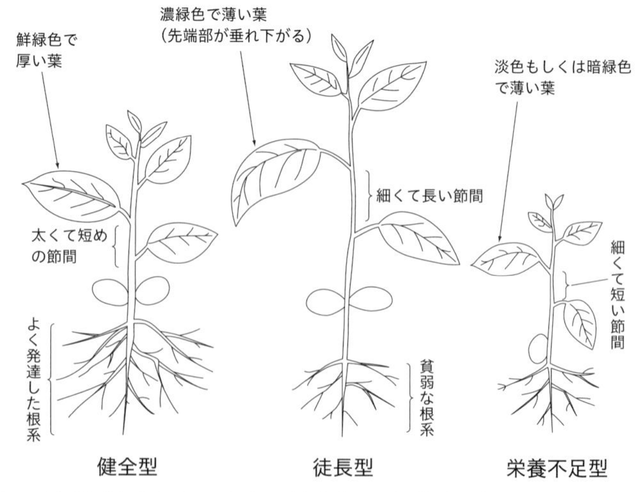

図1　栄養成長初期に見られる生育タイプ（模式図）

（原図：堀江武ほか、2003）

◆健全型　窒素吸収量と光合成で生産された炭水化物の量のバランスが良いと、葉は鮮緑色で厚くツヤがあり、茎は太くて短めの節間となり、根系は大きく発達する。栄養成長期に健全型の生育をした作物は、病気や干ばつ、低温などの環境にも強くなる。

◆徒長型　作物の徒長は、光合成で生産された炭水化物の量に対して、養分、特に窒素の過剰吸収で起こる。葉は薄く大きく、先端部が垂れ下がり、節間は細くて長くなる。根系の発達は抑えられ、分枝数も増えて生育中期〜後期には過繁茂となる。徒長型の作物は、害虫や病気、干ばつ、低温に弱く、収量低下につながる。

◆栄養不足型　栄養不足（窒素吸収量も生産された炭水化物量も不足した状態）では、作物全体が小さく育つと共に、葉色も淡くなり収量低下を招く。

図2は、窒素濃度による水稲の生育の差を調べたものである。窒素を多くすると地上部優先に育ち、地下部の根は貧弱になっている。

図2　窒素濃度と水稲の生育差
（異なる窒素濃度で水耕栽培した水稲の地上部と地下部の様子）
左から①不足型、②健全型、③やや徒長型、④徒長型。

光合成量を左右する個体群の受光態勢

作物栽培では、個体の生育の善し悪しと同時に、個体群（群落）としての受光態勢が光合成量に大きく影響している。

図3の右、「傾斜葉型個体群」は下位のB葉まで直射光が届いているが、左の「水平葉型個体群」ではB葉へ光の到達は少ない。そのため、「水平葉型個体群」の単位面積当たりの光合成量は、「傾斜葉型個体群」より少なくなってしまう。水平葉型の受光態勢であれば、栽植密度を低くして疎植❶にし、下位葉まで光が届くよう受光態勢をよくする必要がある。

❶作物を標準より低い密度で植えることを疎植といい、逆に高い密度で植えることを密植という。栽植密度は、単位面積当たりに栽植した作物の個体数を示す。数個体をまとめて1株として植え付ける場合は、単位面積当たり株数も、栽植密度を表わすものとして用いられる。

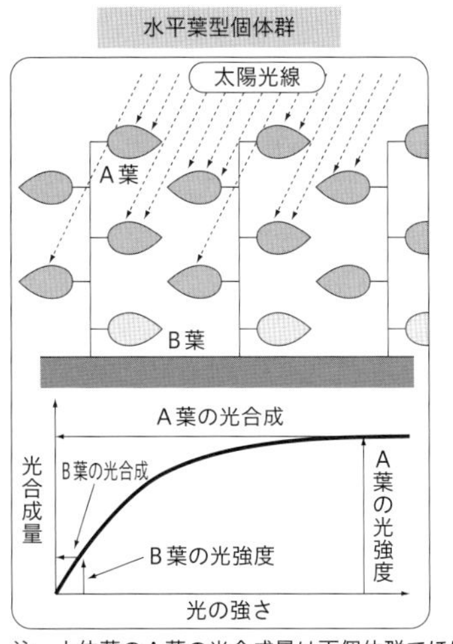

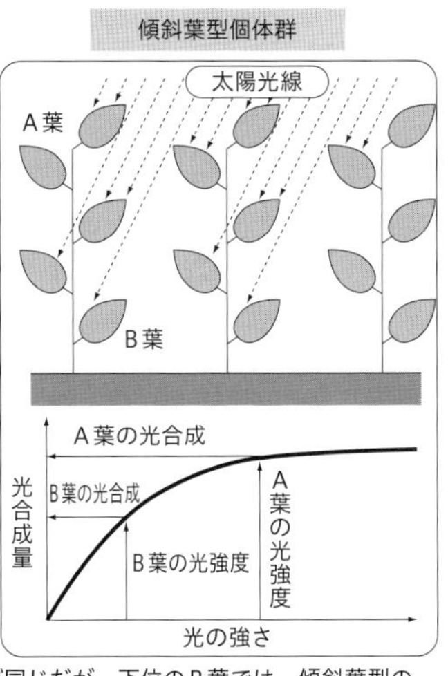

注．上位葉のA葉の光合成量は両個体群でほぼ同じだが、下位のB葉では、傾斜葉型の方が顕著に高い。光が届かない水平葉型のB葉は、やがて老化葉として枯れる。

図3　受光態勢の違いと光合成量

栄養成長期に影響を与える環境条件

作物とって好適な環境を知る

栄養成長期は、種族を維持する生殖成長の準備期間であり、栽培植物では、この期間に茎葉や根の健全な成長を確保するための好適な環境を準備することが大切になる。

また、地域の環境条件に合った作物を選ぶ場合でも、それぞれの作物の環境への適応性を知ることが大事である。

作物の種類や品種ごとに、栄養成長に必要な温度や光、養分の要求量に違いがある。この特性の違いは、それぞれが育っていた原産地での生育環境に由来している。

野菜が生育しやすい気温

野菜の種類によって、環境温度への適応性は違っている。

低い温度を好む野菜（生育適温　15～20℃）		高い温度を好む野菜（生育適温　23～27℃）	
寒さに強い（0℃近くでも枯れない）	寒さにやや弱い	暑さにやや弱い	暑さに強い（30～32℃でも成長）
●イチゴ ●エンドウ ●カブ ●キャベツ ●キョウナ ●コマツナ ●ソラマメ ●ダイコン ●ツケナ類 ●ハクサイ ●ホウレンソウ ●ネギ ●ラッキョウ	●カリフラワー ●ジャガイモ ●シュンギク ●セルリー ●ニンジン ●ニンニク ●パセリ ●フダンソウ ●ブロッコリー ●ミツバ ●レタス ●ワケギ	●アスパラガス ●インゲンマメ ●カボチャ ●キュウリ ●ケール ●ゴボウ ●スイカ ●トウモロコシ ●トマト ●フキ ●マクワウリ	●エダマメ ●オクラ　●ササゲ ●サツマイモ ●サトイモ　●シソ ●シロウリ ●ショウガ ●ツルムラサキ ●トウガラシ ●ナガイモ　●ナス ●ニガウリ　●ニラ ●ピーマン ●ヘチマ ●ユウガオ
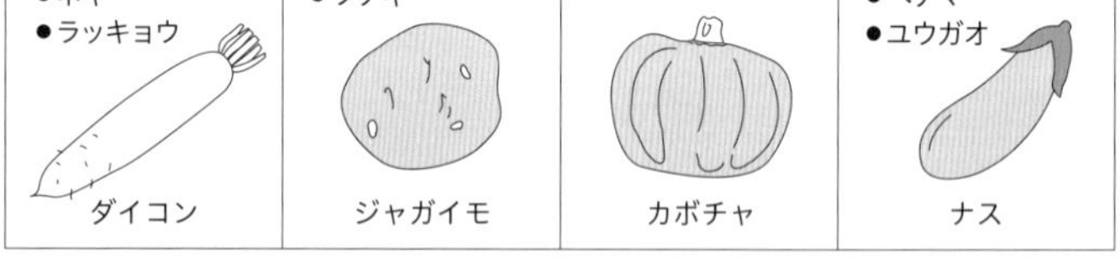 ダイコン	ジャガイモ	カボチャ	ナス

図1　野菜の温度への適応性

◆低温を好む野菜　生育適温が15～20℃で、主に秋～冬に栽培する野菜。露地栽培でも越冬できて寒さに強いもの（ネギ・キャベツなど）、寒さにやや弱く、霜よけ・寒さよけにトンネルなどの被覆が必要なもの（ニンジン・ブロッコリーなど）がある。

◆高温を好む野菜　生育適温が23～27℃で、主として春～夏の時期に栽培する果菜類や芋類がこの仲間に属する。この中には、30℃以上（真夏日）の暑さにも強いもの（サツマイモ・ニガウリなど）があり、6～8月を中心に茎葉が繁茂し、果実や芋が肥大する。

また、暑さにやや弱いもの（スイカ・アスパラガスなど）もある。暑さの害を防ぐために、株元に敷きわらをするなど、地温を下げる工夫がされている。

陽生植物（日照が多いところを好む）	半陰生植物（日照が少なくても耐える）	陰生植物（日照の少ないところを好む）
●オクラ ●カボチャ ●カリフラワー ●キュウリ ●ゴボウ ●キャベツ ●サツマイモ ●スイカ ●セルリー ●ダイコン ●タマネギ ●トウモロコシ ●トマト ●ナス ●ニンジン ●ハクサイ ●ピーマン ●メロン ●マメ類 トマト　キュウリ	●アスパラガス ●イチゴ ●サトイモ ●サラダナ ●シュンギク ●ショウガ ●ネギ ●パセリ ●ホウレンソウ ●レタス イチゴ　ネギ	●クレソン ●シソ ●フキ ●ミツバ ●ミョウガ フキ　ミツバ　シソ

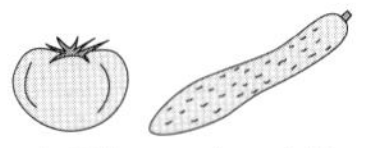

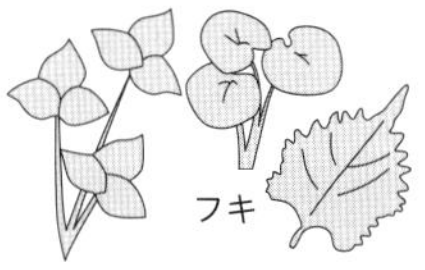

図2　野菜の光（日照）への適応性

野菜を含めた植物には、強い光を好む陽生植物、弱い光を好む陰生植物、その中間の半陰生植物がある。

◆陽生植物　直射日光（1日6時間以上）を好み、日陰では正常に育たない植物（トマト、ナス、ニンジン、ダイコンなど多くの野菜がこれに含まれる）。

◆半陰生植物　日照不足に耐える力をもち、曇天が続いても生育が停滞しない植物（サトイモ・ネギ・レタスなど）。

◆陰生植物　半日陰から日陰を好み、日照の少ない場所で良く生育する植物（ミツバ・ミョウガ・フキなど）。薄い葉を広げて弱い光を受け、能率良く光合成を行う。陽生植物に比べ光飽和点（ひかりほうわてん）（図3❶）は低いが光補償点も低く、弱光下では陽生植物より高い光合成速度を示す。

❶光飽和点、光補償点
光合成速度は光の強さが大きくなるほど増加するが、それ以上強くなっても光合成速度が増加しない光の強さを光飽和点と呼ぶ。光補償点は、吸量（呼吸の速度）と光合成の速度が同じ点だということ。

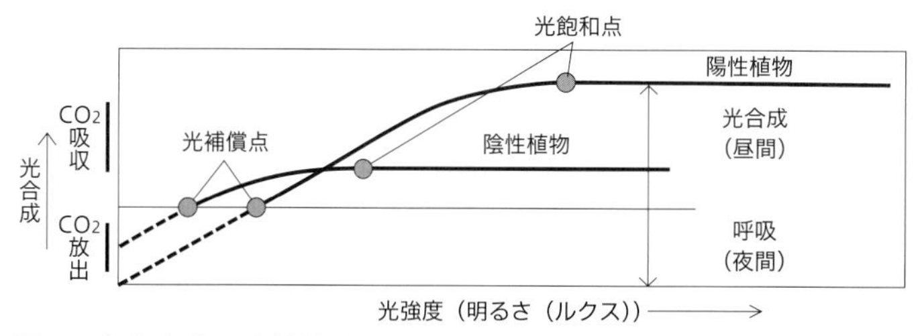

図3　光飽和点と光補償点

生殖成長期に影響を与える環境条件

花芽分化の仕組み

植物は発芽後、葉や茎を大きく成長させる栄養成長から、やがて生殖のための生殖成長に切り替わり、花になる芽を作るようになる。このことを花芽分化という。花芽分化は植物自体の栄養状態、日照時間、気温などの環境条件が関係する。

日照時間に関して、日長時間の長さに反応する性質を「感光性」❶といい、一定以上の日長時間で花芽分化する「長日植物」、一定以下の日長時間で花芽分化する「短日植物」、日長の影響を受けない「中日植物」に分けられる（表1）。また、気温（低温または高温）に反応する性質を「感温性」❷という（表1）。

❶植物の花芽分化や栄養・貯蔵器官の形成、発育、落葉、休眠現象などが日長条件に影響を受ける性質。植物が生育分布する地域に深く関係する。

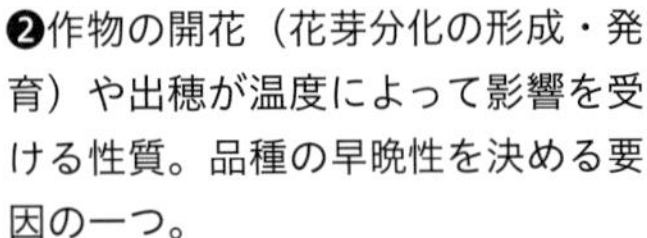

❷作物の開花（花芽分化の形成・発育）や出穂が温度によって影響を受ける性質。品種の早晩性を決める要因の一つ。

例えば、小菊は日照時間が13.5時間以下で気温が15℃以上の環境条件になると花芽分化が起きる感光性、感温性をもつ短日植物である（図1）。

図1　小ギクの花

図2は、1年を通した日本の日照時間と気温の概略のグラフである。このグラフに小ギクの花芽分化が起きる条件（日照時間が13.5時間以下、気温が15℃以上）を記すと、2つの条件は8月下旬～11月中旬までの期間が重なることがわかる。この間が小菊の花芽分化の期間となる。したがって、花芽分化が起きる前の8月下旬までは栄養成長が行われ、摘芯することで枝数を増やすことができるが、8月下旬を過ぎると生殖成長に切り替わり花芽分化が起きるため、摘芯すると花芽を摘み取ることになる。

栄養成長から生殖成長へと切り替わる花芽の分化を目で確認することは難しいが、植物は環境の変化を敏感に感受し、次の子孫へつなげるための花芽分化を行っている。

表1　植物の花芽分化と感光性

長日植物 （日長が一定以上で花芽分化）	短日植物 （日長が一定以下で花芽分化）	中日植物 （日長の影響を受けない）
コムギ、オオムギ	イネ（晩生品種）	イネ（早生品種）
ソラマメ	秋ダイズ、秋ソバ	夏ダイズ（エダマメ）
ホウレンソウ、レタス、ダイコン	イチゴ、シソ	夏ソバ
マーガレット	コスモス	トマト、ナス、ピーマン（ナス科）
キンギョソウ（春夏咲き）	アサガオ（秋咲き）	バラ、ゼラニウム、西洋タンポポ（四季咲き）

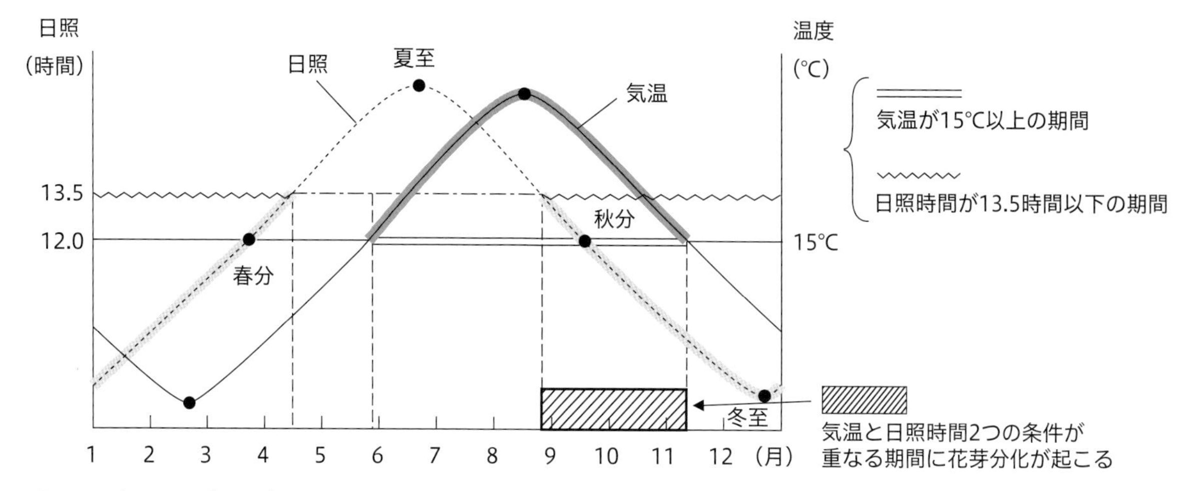

図2　日本の日照時間と気温の概略と小菊の花芽分化との関係

確実に子孫を残す花芽分化

植物が確実に子孫を残すためには、環境の変化に適応して栄養成長から生殖成長へと切り替わる花芽分化の時期が重要になる。

植物の環境の変化に対する適応力

◆「短日植物」には熱帯性植物が多い。熱帯の植物が短日で開花するのは、乾季がやってくる冬季前に種子形成を終えようとする、「水環境」への適応である。

イネは熱帯性の植物で、夏至を過ぎて日長が短くなることで花芽分化が促進される晩生の短日植物である。

◆「中日植物」であるイネの早生品種は、長年の品種改良により日長の影響を受けないように性質を変えたものである。感光性よりも感温性を強くもち、登熟に必要とされる気温以下に下がらない時期に花芽分化するよう、日長に支配されずに早く出穂して成熟する品種を育成した成果(新たな環境適応力の付加)である。このほかにも中日植物には、秋ダイズや秋ソバを早生化した夏ダイズ、夏ソバも育成されている。

◆「長日植物」の多くは温帯が原産地。春が来て暖かくなった時期に栄養成長から生殖成長への転換を図る。

このように、植物の花芽形成には日長や温度などの要因が関係しており、花芽分化の誘導をバーナリゼーション（春化）と呼ぶ。この性質は、秋に発芽した植物が発芽後すぐに開花しないよう、冬の寒さを経ることで花芽形成が始まるように環境に適応しているのである。こうした環境適応力を人為的にコントロールする方法に、春化後に一定期間高温にさらして春化効果をなくす「ディバーナリゼーション（脱春化）」技術❸がある。

❸低温による春化現象は、13℃以上の高温で消去されやすい。ダイコンの春まき露地栽培では、トンネル被覆や不織布をべたがけすることによって、低温で誘導された花芽分化（春化）を昼間の高温で打ち消す「脱春化」を起こさせて、抽苔する割合を低くコントロールしている。また、ネギではこの反応を上手に利用することで、出荷の時期をずらしたりしている。

生殖様式の3つのタイプ

植物の生殖（受粉）様式には、同じ花内の花粉で受粉を行う自殖性（自家受粉）と、昆虫や風を媒介としてほかの花粉で受精を行う他殖性（他家受粉）、両方の生殖を行う混殖性の3タイプがある。受粉の成功率は、自家受粉の作物の方が他家受粉より圧倒的に高く、遺伝性は守りやすい。しかし、自殖を繰り返して純系になりすぎると、環境の変化に対する適応力が低下して種族維持が困難になる場合がある。それに対し他家受粉は、遺伝的多様性を確保することで、いずれかの個体の生き残りを図っている。

作物は、生き残るための戦略として、自殖性と他殖性のどちらを優先するかを選択しているといえる。

表2　種子植物の生殖様式

生殖様式	自家和合性	花粉媒介者	代表例
自殖性（自家受粉）	高	不要	イネ、エンドウ、ダイズ、ナス、ピーマン
	高	昆虫	トマト
混殖性（自家・他家）	高～中	昆虫	ナタネ、カラシナ
他殖性（他家受粉）	高	昆虫	タマネギ、ネギ、スイカ、メロン、カボチャ
	高	風	トウモロコシ（スイートコーン）
	低	昆虫	ソバ、キャベツ、ハクサイ、ダイコン

注：自家和合性：同じ花内や個体内の自家受粉で受精・結実する性質
　自動自家受粉能力：雌しべと雄しべが自動的に接触したりして、自家受粉を自動的に行う能力

種子繁殖

種子繁殖は有性生殖

種子繁殖は、花が咲き、結実してできた種子をまいて、次世代の植物を増やす繁殖法で、生殖細胞の受精による有性生殖である。そのため、次世代の植物には両親の遺伝子が混じり合い、その形態や性質は両親から受け継ぐことになる。種子繁殖は、種子から発芽した植物（実生）を用いて増やすため、「実生繁殖」とも呼ばれている。

種子繁殖性の作物は、固定種と一代交配種に分けられる。現代では、ほとんどの品目で一代交配種が主流となっている。

図1　地方在来の伝統品種（例：【江戸東京野菜】亀戸ダイコン）
（写真提供：PIXTA）

固定種と一代交配種

◆固定種　固定種とは、単独の親品種から何世代もかけて選抜淘汰を繰り返して改良し、親から子、子から孫へと代々形質が受け継がれた品種である。各地方在来の伝統品種は固定種といえる（図1）。個性的な色や形、風味が魅力で、地域ごとの風土に合った多様性がある。しかし固定種は生育や形状にばらつきが出やすく、大量流通には向かない。それでも産地の直売所では伝統の味、旬の味覚として根強い人気がある。

◆一代交配種　一代雑種・F_1品種❶とも呼ばれ、固定した形質をもった2品種を親として交配した雑種第一代目の品種である。一代交配種の良い点は、雑種強勢❷の遺伝法則から、親品種に比べて生育が良く、形や大きさなどの揃いが良いことや、発芽や収穫が一斉にできることである（図2）。そのため、結束や梱包がしやすく、大量流通に向き、市場や店頭で日持ちも良い。

しかし、一代交配品種同士を交配してできた次の世代の種子は、種をまいて育てても生産物の形質にはバラつきがあり、品質も低下する（図3）。そのため、交配種は毎年種子を購入する必要がある。

【一代交配種の作出方法】

A品種の雌しべにB品種の花粉を着け受精すれば、一代交配種（F_1）ABの種子が得られる。このとき、トマト、ハクサイなど雌しべと雄しべからなる「両性花」では、開花前にA品種の雄しべを除去（除雄）し、B以外のほかの花粉が着かないように袋をかぶせ、人工受粉するときにはずして受粉を行う。また、スイカやカボチャなどの雄花と雌花が別々に咲く「単性花」

❶F_1品種
“F”は英語のFilialの頭文字で「交配世代」“1”は親からの「第1世代」という意味。

❷雑種強勢
品種間の交配でできた雑種第一代（F_1）が、両親のどちらよりも優れた能力を発現する現象。ヘテロシスとも呼ばれ、親同士が遺伝的に離れていればいるほど雑種強勢が起こりやすい。

図2　そろいの良い一代交配種（青首ダイコン）　（写真提供：PIXTA）

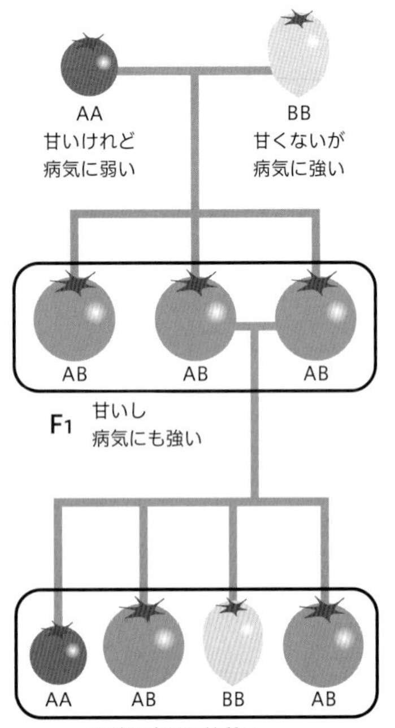

図3　一代交配種の仕組み（イメージ）

は除雄の必要はなく、雌花に袋をかぶせて人工受粉するときにはずして受粉を行う。しかし、このような人工交配法でF_1種子を生産するには熟練した技術と多くの労力を必要とし、また経済に見合った採種量を得ることが難しかった。その後、開発されたのが自家不和合性、雄性不稔性、雌性系を利用した採種法である。

自家不和合性は、両性花で雌しべ・雄しべは正常に機能するが、自己の花粉が雌しべに着いても受精せず、他品種の花粉がついた場合に種子が実る性質である。この性質は、ハクサイ、キャベツ、ダイコンなどのアブラナ科の野菜のみに見られる。

雄性不稔性は、両性花の雌しべの機能は正常だが、雄しべの機能が異常で花粉ができない性質である。他品種との混植によりF_1種子を得ることができ、ニンジンやタマネギなどで実用化されている。また、ホウレンソウは雌花ばかりの雌性株、雄花ばかりの雄性株、雌花・雄花が混在する。雌性株の系統を親にして、多品種との混植により、F_1種子を採種する。

表1　一代交配品種の採種法と実用化されている野菜

（資料：タキイ種苗『園芸新知識』2004年1月号）

採種法	ウリ科	ナス科	アブラナ科	その他
人工交配	スイカ、キュウリ、メロン、カボチャ	トマト、ナス、ピーマン		
雄性不稔性利用		（ピーマン）	（ツケナ、カブ）	タマネギ、ネギ、ニンジン、セルリー
			ダイコン、キャベツ ブロッコリ、カリフラワー （ハクサイ）	
	（スイカ）			ネギ、シュンギク、（レタス）
自家不和合性利用			ハクサイ、キャベツ、ブロッコリ、カリフラワー、カブ、ダイコン	
雌性系利用				ホウレンソウ

※（　）は将来実用化が見込まれる作目

種子繁殖の長所と短所

種子繁殖の長所は、(1) 作物を増殖するのに最も効率的な繁殖方法で、増殖率は栄養繁殖よりはるかに高いこと、(2) 球根やイモに比べ小さくて取り扱いやすく、保管や流通が容易なこと、(3) 種子を経由して伝染する病害虫やウィルスはほとんどないため、優良種苗を効率よく得ることができること、(4) 種苗業者の立場から見ると、特に一代交配種の場合では、販売種子生産に用いる親の純系系統を保持することで、独占的にその品種の生産販売を行うことができること、などの長所がある。

種子繁殖の短所は、(1) 品種の開発には、交配や選抜などの作業に手間と時間がかかること、(2) 一代交配種を利用する場合は、毎年種子を購入しなければならないこと、などがある。

なお、種子で繁殖する際には、(1) 目的の品種以外の混入のない種子、(2) 発芽率、発芽力の良い種子、(3) 粒が大きく、良くそろった充実した種子、(4) 病害をもたない健全な種子を入手することが重要である。

栽培植物の成長と繁殖

栄養繁殖

栄養繁殖は無性生殖

野菜作物において、根・茎・葉などにあたる栄養器官から次の世代を無性生殖で繁殖させる方法が栄養繁殖である。

栄養繁殖器官として茎（地下茎）に由来する「鱗茎」「塊茎」「球茎」「根茎」「ほふく茎」、根に由来する「塊根」などがある（写真1）。

◆鱗茎　短い地下茎に栄養分を貯めた葉が密生した栄養繁殖器官（タマネギ、ニンニクなどのヒガンバナ科、ユリなどユリ科植物）。

◆塊茎　地下茎の先端が栄養分をためて肥大したもの（ジャガイモやコンニャクなど）。

◆球茎　地下茎の基部が栄養分をためて球状になったもの（サトイモやクワイなど）。

◆根茎　水平方向に伸びた地下茎が肥大化したもの（レンコンやフキなど）。

◆ほふく茎　地上の近くを這って伸びるつる状の茎で、茎の先端や途中の節に芽がついている。ストロンやランナーと呼ばれることもある（イチゴやサツマイモの茎など）。

◆塊根　根が栄養分をためて肥大したもの（サツマイモ）。

栄養器官を種苗としない無性生殖の方法

栄養繁殖による増殖は、野菜栽培のほか、果樹や花き園芸で広く行われている。前記のような栄養器官を種苗とする繁殖のほか、無性生殖を行う方法として、接ぎ木、取り木、挿し木・葉挿し、株分けなどがある。

◆接ぎ木　植物のもつ癒合能力を利用した技術。植物は傷つけられると傷ついた表皮の内側にある「形成層」が活発に分裂し、組織を再生・癒合する。穂木と台木の形成層を合わせて密着させることで、傷口を癒合する組織「カルス」が形成され、台木と穂木がつながる。

◆取り木　立木の枝の一部から発根させ、切り取って新たな株を得る方法。高どり法（環状はく皮法）や伏せ枝法、盛土法などがある。

◆挿し木　葉や茎・枝・根など植物体の一部を用土に挿し、不定根や不定芽を発生させ、新たな個体として繁殖させる（図2）。

鱗茎　タマネギ

塊茎　ジャガイモ

ほふく茎　サツマイモの挿し芽苗

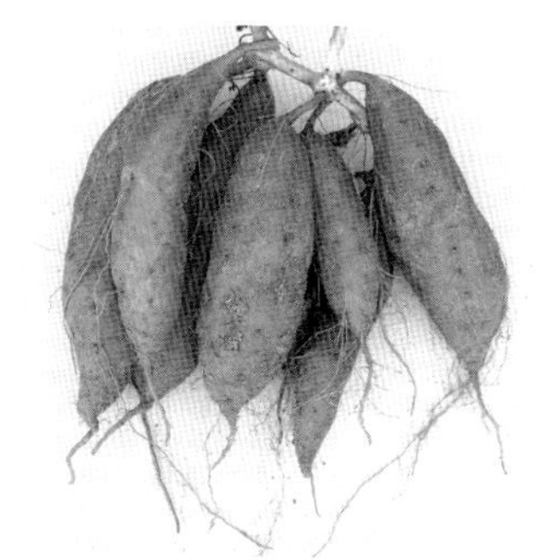

塊根　サツマイモ

写真1　栄養繁殖器官の例
（写真提供：PIXTA）

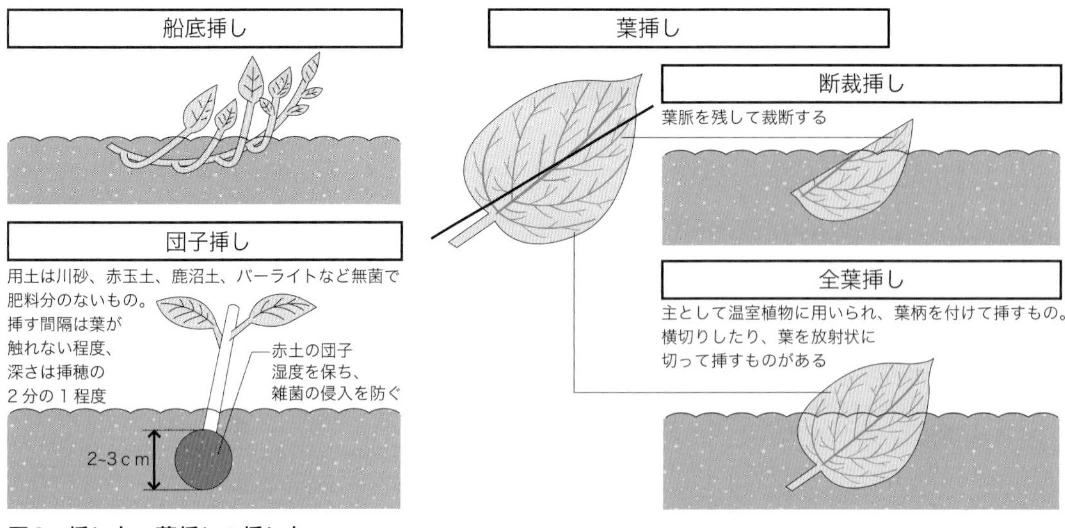

図2　挿し木、葉挿しの挿し方

接ぎ木と違い、台木を必要としないため手軽に多数繁殖可能であるが、実生苗や接ぎ木苗に比べ寿命が短い傾向にある。

栄養繁殖の長所と短所

栄養繁殖の長所は、(1)親株と同じ性質の株を育てることができること、(2)実生に比べ早く株に育てることができること、(3)種子ができない品種を繁殖することが可能であること、(4)抵抗性台木に接ぎ木して栽培することで、病害虫に対して抵抗力をもたせた栽培を可能にすることなどがある。

一方、栄養繁殖の短所は、(1)種子のように貯蔵ができないこと、(2)一度に大量の苗を生産することが困難なこと、(3)一度ウイルスに感染すると、そのウイルスを保持したまま増殖してしまうこと、(4)種苗法❶により育成者の権利が保護されている品種が、簡単に違法増殖されること、などの欠点や危惧がある。

栄養繁殖の短所を補う技術開発

◆「ウイルスフリー苗」を生産するメリクロン

栄養繁殖は、短い期間で同じ遺伝子型の作物を増殖させることができるが、一度ウイルスに感染すると、そのウイルスを保持したまま増殖することになる。そこで、ウイルス感染が起きてしまったものに対しては、組織培養によるウイルスの除去が行われている。

メリクロン苗❷を作る茎頂培養は、そのウイルスフリー苗を生産、増殖する方法として普及している方法である。植物体の成長点近辺にある分裂組織細胞は、まだウイルスに感染してい

❶種苗法は、法に基づき登録された登録品種と、それを育成した育成者権利者の権利を守り、品種の育成を促進するための法律である。

❷メリクロン苗
メリクロンとは、メリステム（meristem=分裂組織）とクローン（clone=複製個体）の合成語で、茎頂分裂組織あるいはこれを含む茎頂部を分離して無菌的に培養する茎頂培養のこと。メリクロン苗はメリクロンの技術を用いて作られた苗で、主にウイルス（または病原菌）フリー株の育成及び園芸植物の増殖の目的で用いられている。

図3　ツクネイモ茎頂培養
成長点カルスを試験管内の寒天培地に着床させた後の生育状況（左から経過順）。
（写真提供：水野浩志）

ないため、この細胞を無菌培養・増殖することでウイルスフリーの植物体を作ることができる。

茎や芽の先端にある成長点を含む組織を小さく切り出し、無菌フラスコ内の培養液で増殖させてカルス（未分化の植物細胞の塊）を作り、寒天培地に移して芽や根を出させ、それを移植して大きくする。

ウイルスフリー苗が供給されているものには、イチゴ、ヤマイモ、サツマイモ、ショウガなどがある。また、繁殖の難かしい洋ランの苗作りにもメリクロン技術が活用されている。

◆種子繁殖と栄養繁殖の垣根を超えた品種識別DNAマーカー

栄養繁殖による生産がほとんどであったイチゴ栽培で、近年、種子繁殖型品種が誕生して話題になっている。栄養繁殖によって親と全く同じ形質をもつ次世代の株を簡単に増やすことができるのに、なぜわざわざ種子繁殖型の新品種が話題なのだろうか。

栄養繁殖は簡単に増やせる長所があるが、一方では、違法増殖が横行しやすい短所もある。もし違法増殖されても、それが違法な増殖であることを証明することが難しかった。しかし、品種識別DNAマーカー❸が開発されたことで、植物体があればその品種が簡単にわかるようになった。ランナーによる違法繁殖ができにくくなったのである。

開発した品種の権利が守られるようになって、イチゴでは種子繁殖型品種の育種が進み、2017年に、三重県、香川県、千葉県と農研機構の共同開発による種子繁殖型四季成りイチゴ品種「よつぼし」が生まれた。これまで栽培農家は、育成者の許諾を得て供給された苗を栽培し、翌年はその株元から発生するランナーから子株を育てて、それを苗にして栽培してきた。しかし種子繁殖型品種の誕生によって、大量に繁殖できること、ウイルスや病害虫の心配が少ないことなど、種子繁殖型品種の育種技術は、従来の栄養繁殖型のイチゴ苗供給体制や栽培体系などに大きな変革をもたらしている。

❸品種識別DNAマーカー
生物がもつ遺伝子の本体であるDNAを構成する4種類の塩基（アデニン、グアニン、シトシン、チミン）の並び方は品種や種類によって違うため、この並びの違いを調べることで個体や品種を調べることができる。品種識別DNAマーカーは、品種の違いを表す目印（マーカー）のこと。

野菜の生育段階と収穫時期

栄養成長期に収穫する野菜

野菜栽培では、品目ごとに生育段階のどの時期にどの部位を収穫するかが違っている。図1は、野菜の生育段階と収穫時期別に野菜の種類をまとめたものである。栽培管理ポイントは、野菜の生育と収穫時期で違ってくる。

◆種子を発芽させた幼植物を収穫する野菜　モヤシやカイワレダイコンなど

◆発芽後に増やした葉を収穫する野菜　ホウレンソウやコマツナ、ニラ、ネギなど

◆結球まで成長させて収穫する野菜　キャベツやハクサイなどの「葉茎菜類」

◆根を肥大させる野菜　ダイコンなどの「根菜類」やサツマイモなどの「いも類」

これらの栄養成長期に収穫する野菜は、「花芽分化をさせない（とう立ちさせない）栽培管理」が必要である。

生殖成長期に収穫する野菜

花芽分化以降の「生殖成長期」に収穫する野菜は、葉を継続的に形成させ、さらに花芽を形成発達させて、果実に多くの同化産物を蓄積させる栽培管理が必要である。

カリフラワー、ブロッコリーは、多数の花芽が発育した「花蕾」を収穫するものである。花蕾の形成・発育には冷涼な環境が適し、生育中の低温で花芽分化する。花蕾の発育に必要な茎葉を十分確保することも大切である。

開花直前の蕾の段階で収穫するナバナ、開花した花を収穫する食用ギクもある。

成熟した果実を収穫する野菜

成熟した果実を収穫する野菜には、メロンやトマト、イチゴなどがある。糖度の高低が商品価値の一つの指標となり、果実にどれだけ多くの同化産物を蓄積させることがポイントとなる。甘さだけでなく形も重視され、メロンは幼果の段階で将来の理想形を想定した摘果が必要になる。またカボチャは、収穫後2週間～1カ月程度貯蔵し、甘さを高める追熟が欠かせない。

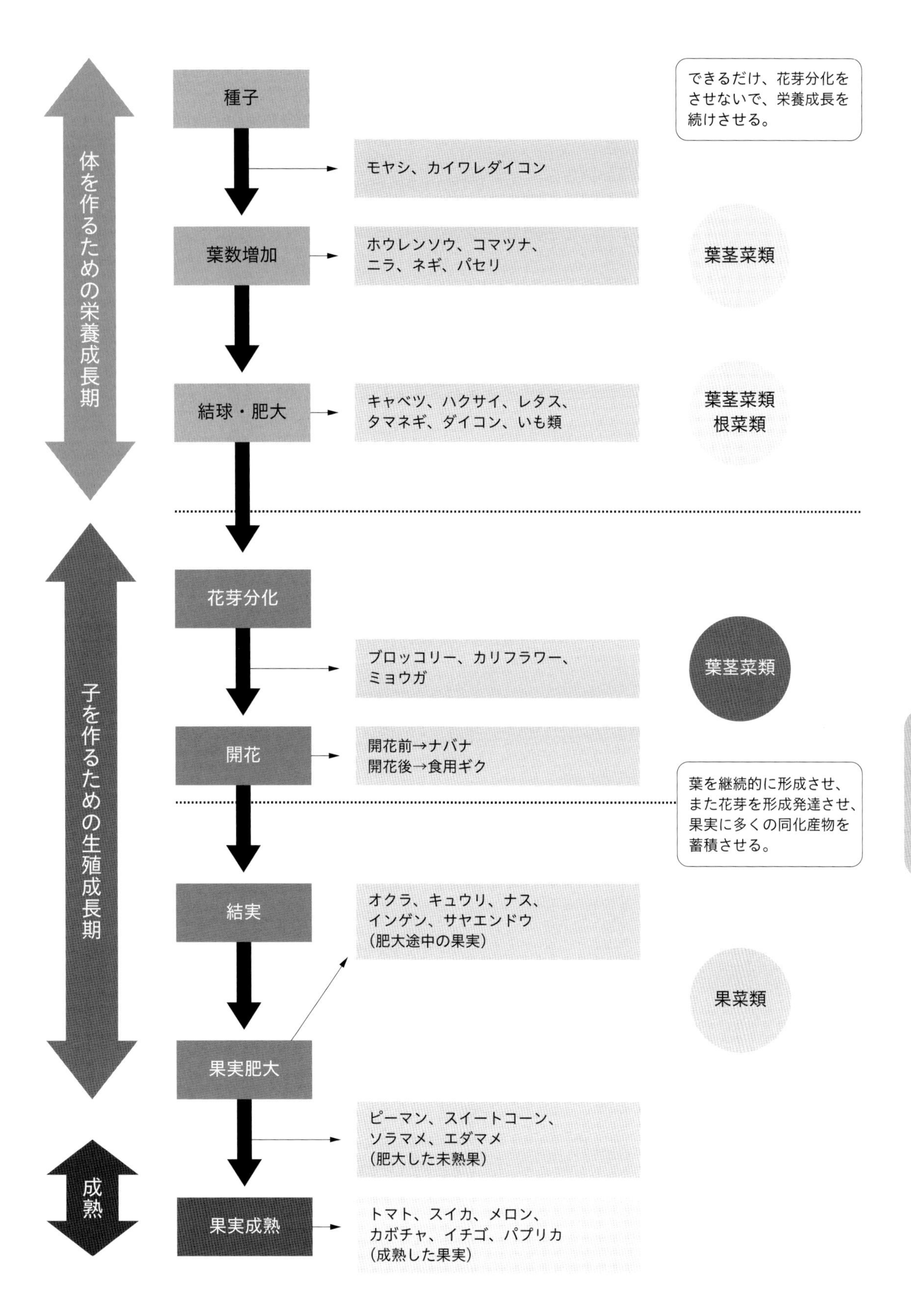

図1　野菜の発育段階別で見た野菜種類別の収穫時期とポイント　（資料：皆野町『野菜栽培の基礎知識』）

作物を取り巻く環境要素

作物栽培に係わる環境要素

作物は、光や水、二酸化炭素など、生きていくために必要な物質とエネルギーを周りの環境から取り込んでいる。しかし周りの環境には、雑草や病原菌など生育を阻害する要素も含まれている。作物を健全に生育させ生産を高めていくには、自然界のさまざまな要素を栽培に適する環境として提供し、作物のもつ能力を十分に発揮させる必要がある。

作物を取り巻く栽培環境は、大きく分けて3つの環境要素から成り立っている。

◆物理的環境要素　日射量、日長、降水量、温度、湿度など。
◆化学的環境要素　土壌中の養分、pH（水素イオン濃度）など。
◆生物的環境要素　雑草、病原菌、害虫、土壌微生物など。

これらの要素は、作物の地上部を取り囲んでいるもの、作物の地下部や根の周囲に存在するもの、地上部と地下部の両方に存在するものに分けられる（図1）。その視点から描く環境要素を考えてみると、地上部の物理的環境である気象的要素、地下部の物理的・化学的・生物的環境として土壌的要素、地上部と地下部にまたがる作物以外の病害虫や雑草などの生物的要素と置き換えることができる。

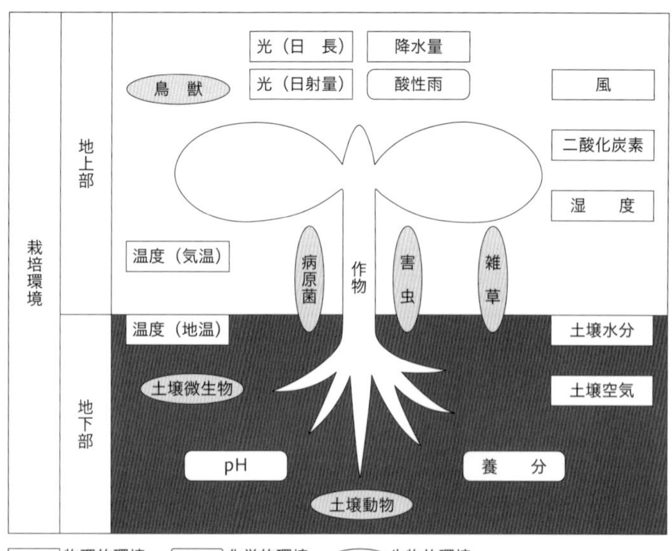

図1　作物を取り巻くさまざまな栽培環境　（資料：農文協「農業と環境」）

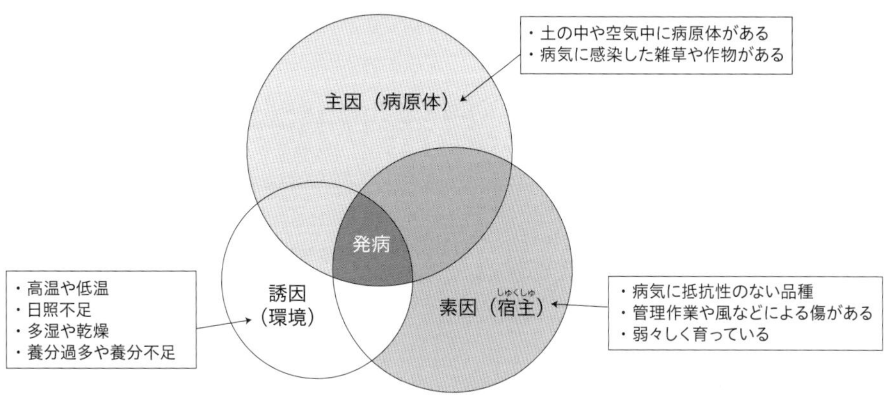

図2　病気発生の仕組み

病気・害虫発生と要因

作物の生育は多くの場合、単独の環境要素の影響を受けるよりも、いくつもの環境要素の影響を複合的に受けている。

作物への病気の発生と栽培環境との関係を見ると、図2のように、「主因」として病気を発生させる病原体、「誘因」としての気温や日照などの環境、「素因」としての作物の体質や状態など3つの要因の影響を受けて「発病」に至る。栽培環境中に病原菌の密度が高まると、作物は病気にかかりやすくなるが、多くの場合、病原菌が存在するだけでは大きな被害には至らない。「誘因」としての作物群落内の湿度や温度、日照、養分などの環境が病気の侵入にとって有利な条件に変化し、「素因」として作物自体が被害を受けやすい体質にあったときに被害が大きくなる。

稲作の病害であるいもち病（図3）を例にとると、「主因」はいもち病菌で、「誘因」は菌の発芽や作物への侵入に必要な水滴や湿度が高い環境といえる。さらに「素因」として、過繁茂や生育不良などの被害を受けやすい体質が係わってくる。

害虫も同様で、稲作の害虫であるウンカを例に考えてみる。ウンカ類は梅雨時期に中国大陸から飛来する害虫で、成虫も幼虫もイネの茎や葉にストロー状の口針を刺して吸汁し、田んぼの一部に穴を開けたかのようにイネを枯らし、時には全滅させてしまう（図4）。「主因」はウンカ、「誘因」はウンカを運んでくる東シナ海で発生する南西風（下層ジェット気流）、そして「素因」はウンカが定着しやすい窒素過多によるイネの過繁茂であると考えることができる。

このように、「主因」「誘因」「素因」の3要素は、病虫害の発生とその広がりに密接に関係している。

栽培環境の管理にあたっては、個々の環境と3つの要因の関係を知って、総合的に目配りすることが大切である。

図3　いもち病の急逝型病病斑
いもち病菌❶によるイネの病害で、多肥条件や天候不順などで発生が拡大する。（写真提供：善林薫）

❶いもち病菌
いもち病の原因菌である糸状菌の Pyricularia griseaのことを指す。

図4　ウンカによるイネの坪枯れと、被害を与えるトビイロウンカ
中国大陸方面から出穂期〜登熟期にかけて飛来し、数十〜数百株が不規則な円形に倒伏する。（写真提供：松村正哉）

気候の利用と気象災害の防止

日本列島の気候

農業生産が工業生産と大きく異なる点は、その生産が地域の気候や天気・天候に大きく影響を受けることである。

日本列島の気候は、アジア季節風（モンスーン）地帯に属し、温暖多雨で四季の変化がはっきりしている特徴がある。国土は沖縄県から北海道まで南北に長く延び、その緯度の差は20度以上（1緯度＝約111km）もあり、亜熱帯から亜寒帯にまでおよんでいる。周りを海に囲まれ、地形が複雑で標高差もあるため、各地に特色のある気候が見られる（表1・図1）。

表1　日本各地の気候と特色

日本各地の気候と特色
①北海道の気候 ・降水量が少なく、梅雨がない ・夏は涼しく、冬は寒さが厳しい
②太平洋側の気候 ・夏は雨多く、冬は乾いた晴れが多い ・台風の影響を受ける
③日本海側の気候 ・冬に雨、雪が多い ・夏は晴れた日が多く、気温も高い
④中央高地の気候 ・1年を通して降水量が少ない ・夏と冬、昼と夜の気温差が大きい
⑤瀬戸内の気候 ・1年を通して晴れの天気が多い ・降水量が少ない
⑥南西諸島の気候 ・1年を通して暖かい ・降水量は多い ・台風の影響を受ける

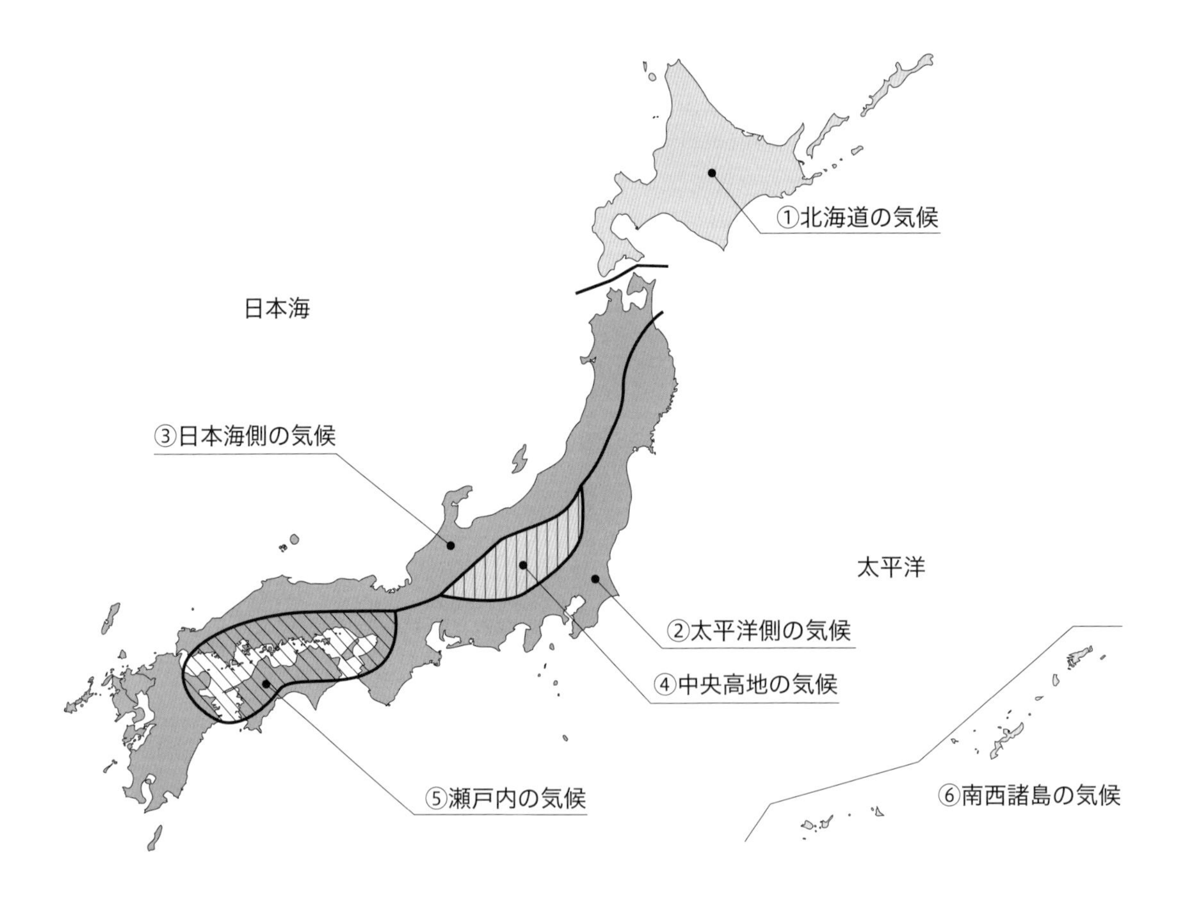

図1　日本各地の気候

地域の気候を活かす適地適作

適地適作と適地創造

地域の自然条件に適した作目や品種を選んで栽培することを適地適作という。

南北に長く延びる我が国は、夏は高温・多湿で、冬は冷涼・寒冷・乾燥な気候のため、熱帯原産の夏作物のイネと、比較的冷涼で乾燥した気候を好む冬作物のムギ類の両方が栽培できる、世界でも数少ない地域である。さらに山地の多い地形は、標高差を活かした野菜栽培や、傾斜地を活かした工芸作物❶・果樹などが加わって、一層複雑な耕地の利用の仕方が発達してきた。例えば、平野や盆地、谷間などは水田としてイネ及び裏作としてムギ類を栽培し、山のふもとや台地は畑として野菜を作り、山の斜面には果樹や有用樹木を植える、といった適地適作が行われてきた。さらに同じ作物であっても、地域条件によって晩生や早生品種を使い分けることにより適地を広げてきた。しかし適地適作は地域の気候条件や土地条件などの影響を大きく受けるが、これらの条件は不変のものではなく、人間の営みによって試行を重ねながら、その地に合った作物を求め、常に変化し続けている。

❶収穫後、加工して初めて利用される農産物で、茶、タバコ、クワ、コウゾ、エゴマなど、用途によって、嗜好用、繊維用、糖用、油脂用、染料・香辛料・薬用などがある。

安定供給を支える産地リレー

露地栽培の野菜では、生育適温をふまえた適地適作が、安定した生産の基本になる。

ジャガイモは冷涼な気候を好み、生育適温は15～21℃である。南北に長い日本列島では、涼しい季節を追って1年中どこかで栽培され出荷される産地リレーが行われている。北海道は国内生産の7割以上を占めるジャガイモの大産地である。品種を分けて8月から10月まで収穫し、これを貯蔵することで翌年5月まで出荷する。鹿児島県沖永良島は冬に霜が降りないため、10月から12月末まで植え付けが行われる。早いものでは2月の上旬から新ジャガを出荷する。

気象災害とその対策

農業に対する気象災害には、農作物に直接的な被害を与える台風、冷害、塩害、凍霜害、干害、水害、雪害、雹害などのほか、近年ではゲリラ豪雨や高温障害、突風による被害なども発生している。そのほか、風や水による耕地の土壌侵食などがある。気象災害の例とその対策は下記のとおり。

イネの冷害

夏季の気温や日照の異常な低下で収量が減ってしまう災害。

◆イネの冷害の3つの型

【遅延型】低温や冷たい北東風（やませ）によって出穂期が遅れ、登熟期の低温によって粒の肥大が遅れた冷害。

【障害型】花粉の形成期や出穂開花期の低温で受精できず、不稔モミが多発する冷害。

【併行（混合）型】遅延型と障害型を重複して受けたり、冷害といもち病が一緒に発生したりする冷害。

◆対策　水の保温効果❷を活かした「深水灌漑」が有効な管理とされる。出穂10日前を中心とする数日間（止葉期）が、最も低温に弱い時期（冷害危険期）であるため、この時期に深水にして幼穂を保護することが、冷害対策として有効である。

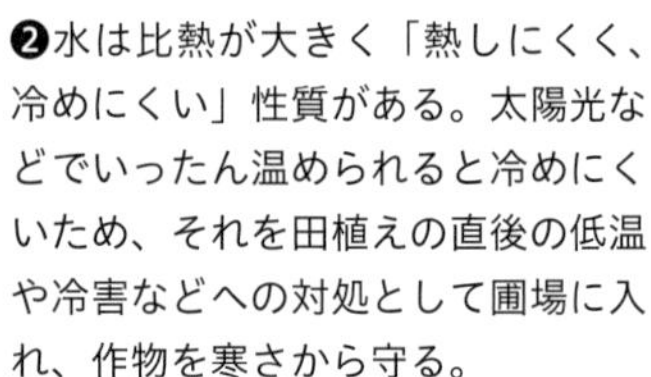
❷水は比熱が大きく「熱しにくく、冷めにくい」性質がある。太陽光などでいったん温められると冷めにくいため、それを田植えの直後の低温や冷害などへの対処として圃場に入れ、作物を寒さから守る。

茶園の凍霜害

凍霜害は、春や秋の夜間に気温が急低下して作物の組織が枯死したり、生理障害を起こしたりする災害。4～5月の晩霜害、10～11月の早霜害がある。晴天で弱風の深夜から早朝にかけて、くぼ地や傾斜面の下の方では、放射冷却によって地表面付近の気温の低下が大きいために、被害が発生しやすい。

◆対策　⑴合成繊維の布で覆う被覆法、⑵地表付近の空気を送風扇（防霜ファン）（図1）で攪拌する送風法、⑶連続散水し、水が氷に変わるときに出る熱（凝固潜熱❸）を利用して茶葉の凍結を防ぐ「散水氷結法」がある。

❸凝固潜熱
液体から固体に変わるときに放出される熱のこと。

図1　茶園の防霜ファン
（写真提供：PIXTA）

栽培環境としての土壌の役割

土壌の三相構造

土壌は、長い自然の営みによって生み出された岩石の風化物（母材）と動植物の遺体分解物からできている。

土の塊を手に採って細かく観察すると、固体である無機物と黒い腐植となった有機物、そのすき間を満たす水と空気からできていることがわかる。これら個体の部分、水の部分、空気の部分を合わせて土壌三相といい、それぞれの部分を「固相」、「液相」、「気相」と呼ぶ。また、それぞれの容積比率（%）を、固相率、液相率、気相率といい、それらの比率を土壌の三相分布と呼んでいる（図1）。

栽培環境としての、土壌の三相の役割は、下記のとおり。

「固相」…根の発達によって植物体を支え、養分・水分の保持供給を行う。

「液相」…養分・水分を貯え、根に供給する。

「気相」…根の呼吸に必要な酸素を貯え、根に供給する。

これら三相分布の割合の違いが土壌の性質を決定し、作物の生育に大きな影響を与えている。また、液相率と気相率の合計割合を「孔隙率（こうげきりつ）」と呼んでいる。

一般に畑の作土では、固相率40％、液相率30％、気相率30％程度あることが理想的とされている。

図2に示した三相の割合が、土壌の固さ、保水性、通気性の好適なバランスを実現する目標になる。また、この好適な三相割合には、次に述べる「土性」と「団粒構造」が大きく影響している。

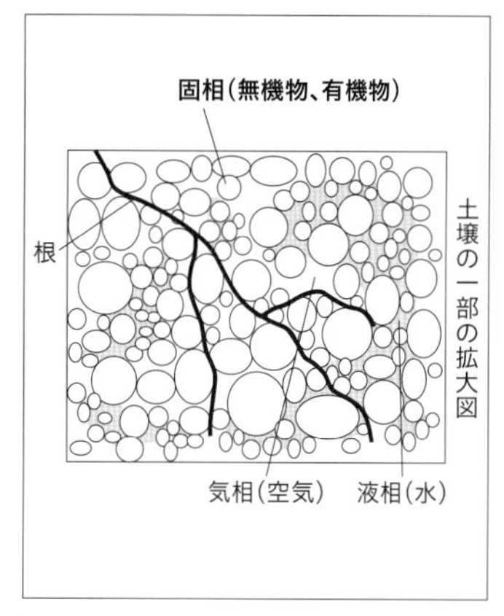

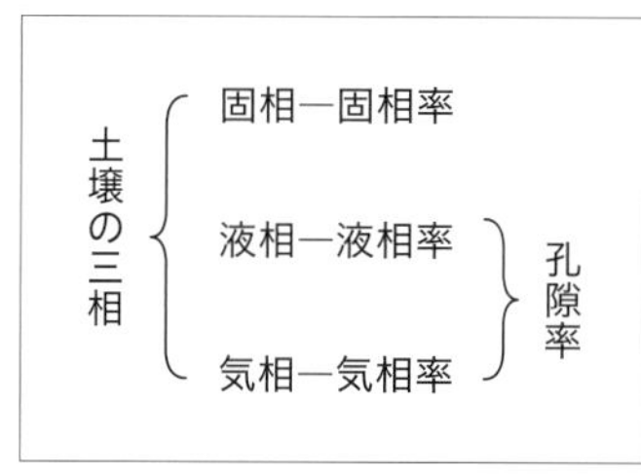

図1　土壌の三相構造（模式図）
（資料：農文協『農業と環境』）

土性は土壌を知る目安

土壌の性質を知る目安として、「土性」による区分がある。

土壌に含まれる鉱物粒子は、粒径の大きさの区分で、砂（粗砂・細砂）、微砂（シルト）、粘土に分けられる。日本農学会法による土壌鉱物の粒径区分をp.130図3に示した。粘土は0.01mm以下、砂は粒径2mm未満、2mm以上のものは「礫（れき）」と呼ばれ、土性の分析からは除外されている。

こうした大きさの異なる鉱物粒子の構成割合によって土壌を類別したものを、土性と呼ぶ。土性は礫以外の、砂（微砂・細砂・粗砂の和）と粘土の割合で区分される。

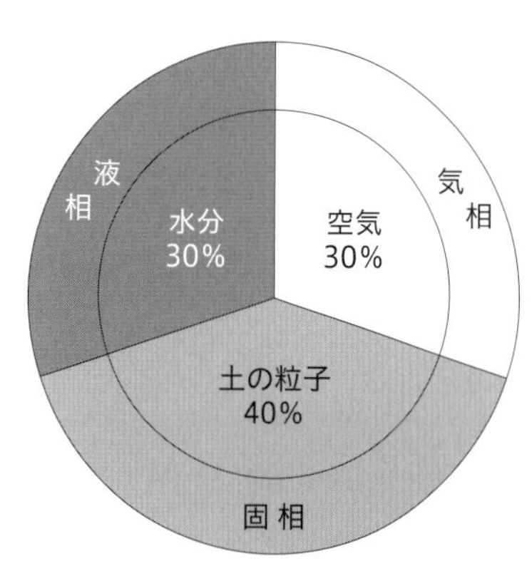

図2　三相分布の好適割合

砂を含む量（%）
0 20 40 60 80 100
埴土
粘土
粘土50以上
埴壌土
粘土37.5～50
壌土
粘土25～37.5
砂壌土
粘土12.5～25
砂土
砂
粘土12.5以下
100 80 60 40 20 0
粘土を含む量（%）

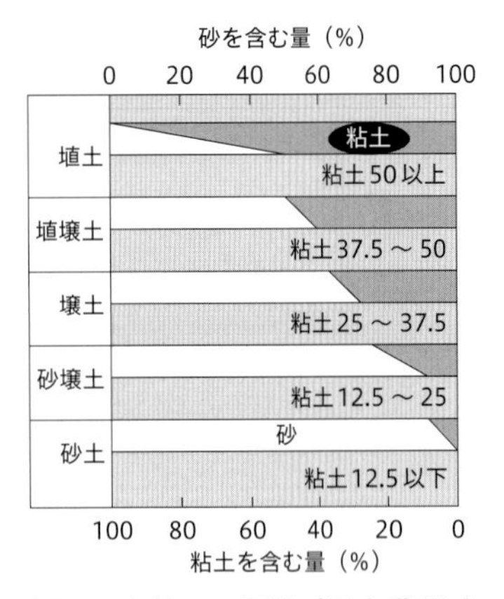

図4　土性の5区分（日本農学会法）　（資料：実教出版『農業と環境』）

砂は粒子が大きく、空気や水の通りを良くするが粘りに欠ける。粘土のように細かい粒子が多いと土壌は粘り、排水は不良だが水分や養分の保持力は高まる。このように、土壌の粒径組成の違いによって、土壌の物理性や化学性が変わる。このため、砂や粘土の割合（重量%）を示す土性は、土壌を診断する際の重要な項目の一つである。

日本（日本農学会法）では、粘土の含有量によって5つ（砂土、砂壌土、壌土、埴壌土、埴土）の土性に区分している（図4）。

作物の栽培に適した土性は、砂のほかに粘土が25～37.5%含まれた「壌土」と呼ばれる土性であり、次いで適しているのは、壌土より少し粘土の多い埴壌土である。

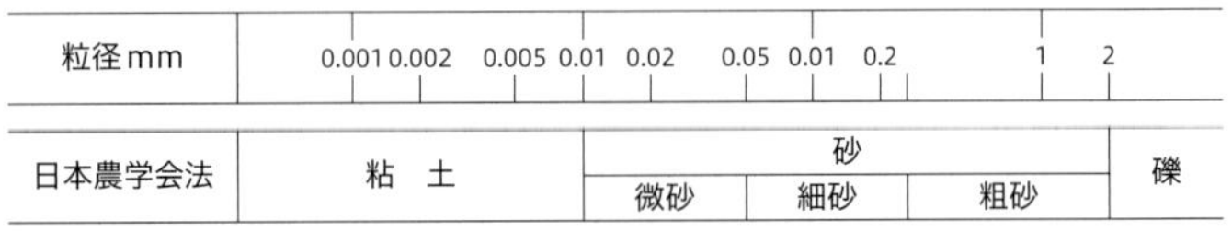

粒径mm
0.001 0.002 0.005 0.01 0.02 0.05 0.01 0.2 1 2
日本農学会法
粘　土
砂
微砂
細砂
粗砂
礫

図3　土壌の鉱物粒子の区分（日本農学会法）

適度な孔隙を作る団粒構造

作物の栽培に適した土壌は、適度な保水性と共に、排水性・通気性も重要になる。これには土壌に適度な孔隙が必要で、そのためには土壌の「団粒構造化」を図らなければならない。団粒構造とは、土壌粒子（粘土や腐植）が結合して集合体（団粒）となり、互いに接触して骨組みを形成している状態をいう。一方、土壌粒子が結合せずバラバラで、団粒状になっていない状態を単粒構造と呼ぶ。

畑の土は、「団粒構造」を形成することで孔隙率が高まり、養分の保持・通気性・排水性・保水性が良い土になる。

団粒構造が作られる仕組み

団粒構造は、微生物が有機物などを分解するときに出す分泌物やミミズのふんなどに含まれる粘性物質により、それらが接着剤となって団粒構造ができてくる。そのため、土壌に微生物・ミミズなどが多く存在し、それらが活発に活動できる環境を与えることで土の団粒化が図られる。

地力とは何か

土壌の性質に由来する農地の生産力

土壌が作物を生育させる総合的な能力のことを「地力」と呼び、「土壌肥沃度」ともいわれている。

作物からみた地力が高い土壌とは、通気性・排水性・保肥力に優れ、土中の空気と水分のバランス【物理性】やpH（酸性度）【化学性】が適正で、有機物（腐植）【生物性】を適度に含むなど、作物の根が健全に育つ環境をもつ土壌だといえる。

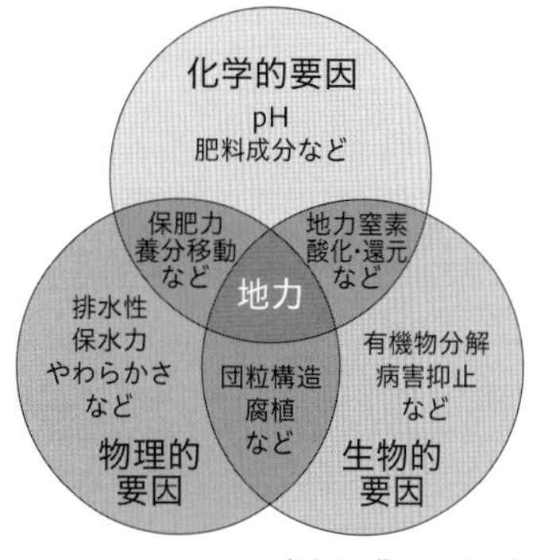

（原図：藤原、2003）

図1　地力の構成要因

地力に関わる3つの要因

地力は、物理的要因、化学的要因、生物的要因が重なりあってもたらされる総合的な能力であり、図1のように、相互に関連し合いながら土壌の地力を形成している。下記に3つの要因と要因の条件を満たす土壌について示す。

◆物理性　作土層や有効土層❶の厚さ、耕うんの難易、保水力、排水性、風食や水食に耐える力など。厚くて軟らかな土層があり、保水力や排水性の高い土壌であること。

◆化学性　養分の保持力と供給力、土壌緩衝力（pH変動の緩和など）、土壌中の重金属など有害物質の有無、肥料成分など。pHが適正範囲にあり、作物に必要な養分を適度に含んでいる土壌であること。

◆生物性　有機物分解力、窒素固定力、病害虫の抑止力、微生物による有害物質の分解力など。有機物（腐植）を適度に含み、微生物の活動が活発な土壌であること。

そして、この地力の維持と向上への鍵を握るのは、「腐植」と「団粒化」である。

❶作土層とは耕うんにより耕された土層。有効土層とは作物の根が自由に貫入できる土層のことで、水田では50cm、畑や樹園地では1m以上あることが望ましいとされる。

地力を高める腐植の働き

腐植は、微生物による有機物の利用残渣といっても良い。枯れた樹木や草、落ち葉、動物の排泄物や遺骸などの有機物が微生物や菌により分解され、化学的な作用により最終的に黒色の腐植物質ができる。土壌中に腐植物質が多いほど一般に地力が高く、腐植は土壌中で重要な働きをしている。下記に腐植の働きをまとめた。

◆土壌中の無機養分を保持　腐植物質は、電気的に陽イオン

［カリ（K^+）やカルシウム（Ca^{2+}）、アンモニア（NH_4^+）など］の吸着力が大きく、保肥力を高める。腐植の多い土壌は肥料のもちが良く、少し多く施肥しすぎても肥料焼けを起こさない。

◆土壌を団粒化　腐植は粘土と結合し、さらに砂と粘土をくっつける接着剤の役割を果たして土壌を団粒化する。団粒は土壌に孔隙を作り、保水性・透水性・通気性を向上させる。

◆pHの変動を緩和（緩衝作用）　施した肥料の酸やアルカリ物質によるpHの変動を抑える。腐植が多いほど、緩衝作用は大きくなる。

◆アルミニウムの不活性化（リン酸の可給化）　火山灰土では、土壌に多く含まれているアルミニウムがリン酸と結合して不溶化し、作物がリン酸を吸収できない状態（リン酸の不活性化）に陥る。腐植はこのアルミニウムと結合して不活性化し、リン酸を効きやすくする（リン酸の可給化）。

◆生理活性（生育促進）効果　腐植は植物成長ホルモンであるオーキシンやサイトカイニンを含み、成長促進の効果がある。根の量が多くなり、障害に強い作物に育つ。

単粒構造から団粒構造への改善

腐植にはさまざまな働きがあるが、その中でも土壌の団粒化は地力を高めるための大きな要因となる。以下の単粒構造の土壌を団粒構造の土壌にするには、次のような改善を行うと良い。

- 透水性の悪い「重粘土壌」❷には、砂と有機物を加える（図2）。
- 保水性の悪い「砂質土壌」❸には、粘土と有機物を加える（図2）。

どちらも、有機物の投入がポイントとなる。

❷重粘土壌とは、粘土含量が高く、透水性や通気性に乏しく、堅密な土壌である。

❸砂質土壌とは、砂壌土や砂土などの粗粒質の土壌で、透水性や通気性に優れる一方、保水性や保肥性の点では劣る。

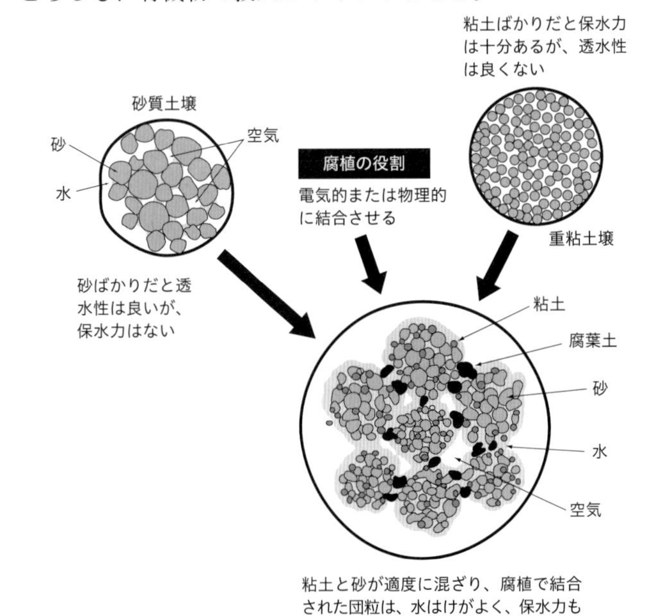

図2　団粒化と腐植の働き　（資料：農文協『新版図解土壌の基礎知識』）

土壌診断の基本指標と簡易診断法

土壌の化学性診断の指標

土壌の状態、特に化学性を科学的に知る土壌診断の主要指標として、次の4つがある。それぞれ、人間の健康診断の指標に例えられている。

◆陽イオン交換容量（CEC）：胃袋の大きさ　肥料や土壌改良資材などを電気的に吸着・保持する土壌の力（保肥力）の大きさを示す指標。塩基置換容量ともいう。

肥料や土壌改良資材として土壌に施用される養分のうち、窒素（アンモニアNH_4^+）、カリウム（K^+）、カルシウム（Ca^{2+}）、マグネシウム（Mg^{2+}）は、水に溶けてプラスの荷電をもつ陽イオンとなり、マイナスに荷電した土壌粒子に吸着され（図1）、雨や灌水で流出しにくくなる。水に溶けて陽イオンとなり、土壌粒子に吸着されるこうした物質を塩基と呼ぶ。

土壌が陽イオンを吸着できる最大量を「陽イオン交換容量」といい、英語名の頭文字からCEC❶と呼ばれる（図1）。CECが大きいほど、土壌は多くの肥料養分を保持することができる。

◆塩基飽和度：満腹度合　塩基飽和度とは「陽イオン交換容量（CEC）」に、どのくらいの割合（％）で交換性陽イオン（Ca^{2+}・Mg^{2+}・K^+・NH_4^+などの塩基❷）が保持されているかを示したものである。土壌の満腹度合の診断は、塩基飽和度40％以下では栄養失調、40～60％は空腹の状態、60～80％が適正な状態だと診断される。人間でも「腹八分目」といわれるように、土壌でも塩基飽和度は80％程度が健康だとされている。100％以上では胃袋がパンク状態で土壌溶液の塩基濃度が高くなり、根が濃度障害を起こす状態である。

◆pH（土壌の酸性度）：体温　pHは人間でいうと体温にあたる。pHは、土壌溶液中の水素イオン（H^+）濃度の指標で、0から14までの値で示され、7が中性、7未満は酸性、7を超えるとアルカリ性である。pHが低い（酸度が高い）というのは、土壌粒子に水素イオン（H^+）がたくさん保持されていることを示している（図1）。

我が国で栽培される多くの作物はpHが、5.5～6.5のやや酸性で良く育ち、体温でいうと平熱にあたる。ただし、5.5以下の酸性土壌では、土壌養分や微生物に悪影響を及ぼす場合があるため注意が必要になる❸。

❶土壌100g中のマイナス荷電の数。CECはCation/Exchange/Capacityの略。必要なCECの目安は15～30。

❷H^+やNa^+なども水に溶けて陽イオンとなるが、肥料の必須元素ではないため、農業上では除外されている。

❸土壌酸性度が強い場合の影響
【栽培植物への影響】
酸性が強まると土壌からアルミニウムや鉄やマンガンが溶け出し、アルミニウムは根の成長を阻害し、鉄やマンガンは葉の萎縮や奇形、葉脈の褐変や葉面の黄化等の生理障害を起こす。

【微生物への影響】
土壌細菌・放線菌の活力が低下し、有機物の分解が遅れる。その結果、有機物分解で放出される窒素やリンが減る。

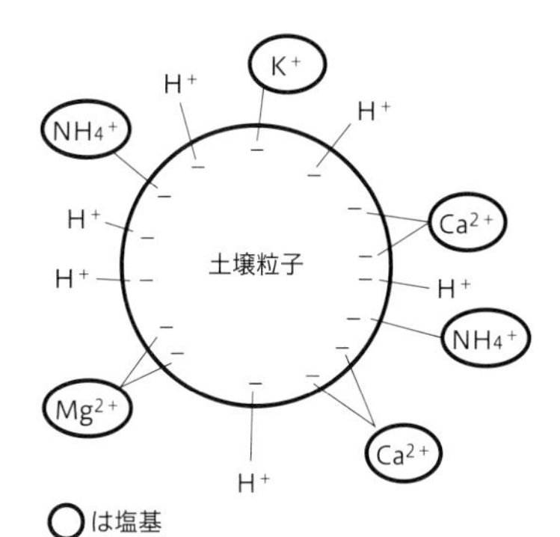

図1　土の保肥力の大きさを示す指標CEC
pH（水素イオン濃度指数）が低いのは、土壌粒子に水素イオン（H^+）がたくさん保持されていて、アルカリ性を示す塩基が少ないことを示している。

◆**EC（電気伝導度）：血圧**　ECは、血圧に例えられる。

ECは、土壌中の塩類濃度、とりわけ窒素肥料の残存量を知ための指標である。窒素肥料の塩類の肥料分が多く残っていると、土壌溶液は電気を通しやすくなり、EC（電気伝導度）が高くなる。土壌の塩類濃度が高くなると浸透圧により根の中の水分が濃度の濃い土壌中に出ていってしまうため、根から養水分の吸収が困難になるなどの障害が起こる（肥料焼け）。人間の高血圧に減塩が必要なように、高EC（高血圧）の土壌にも「減塩」が必要である。

pHとECの測定で簡易土壌診断

塩基飽和度やCECの正確な診断は、年に1回、専門の分析機関に依頼することが必要であるが、簡易にできる土壌診断法もある。それは、pH（酸性度）とEC（電気伝導度）を測定する方法で、この2つでも養分の状態をある程度類推できるようになる。

◆**pH値と塩基飽和度の関係**　塩基飽和度とpHには密接な関係がある（図2）。pHが低ければ塩基飽和度も低い値を示し、pH値が高ければ塩基飽和度も高くなる。pH6.5の弱酸性ではほぼ腹八分目の塩基飽和度80％の状態で、pHが7を超えてアルカリ化が進むと、その土壌の飽和度は100％を超えた肥満体である。

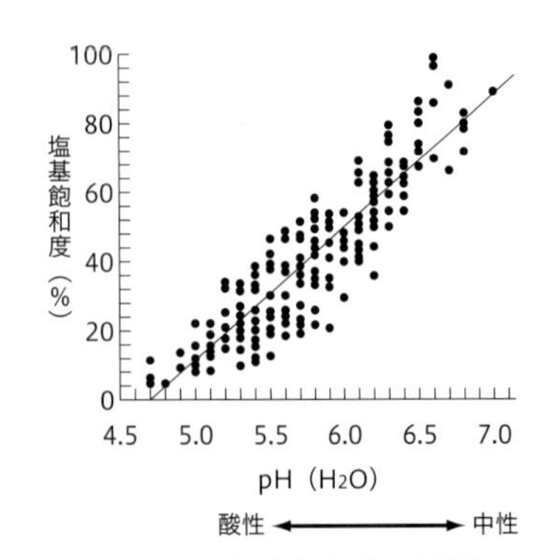

図2　pHと塩基飽和度の関係
（資料：ヤンマーウェブサイト「深堀！土づくり考」）

◆**pH値とEC値で診断する**

前項では、図2のように、pH値が低ければ塩基飽和度も低い関係、pH値が高ければ塩基類も多く、塩基飽和度も高いという関係があるとした。

しかし、実際の土壌診断結果のpH値とEC値を合わせて検討してみると、図3ように、図2の関係が成り立たない「高pH・低EC型」「低pH・高EC型」があらわれる。ECは土壌溶液に溶けている塩類の含有量を示す指標で、特に硝酸態窒素の含有量に強く影響される。例えば、「低pH・高EC型」は、窒素施用過剰で硝酸態質素が蓄積し、土壌に吸着されずに硝酸イオン（酸性）に変化して土壌溶液を低pHに変え、EC値を高くしているのである❹。

このように、pH値とEC値を合わせて検討することで簡易的に土壌の状態を診断することができ、対策も明らかにすることができる。

❹
硫安などの窒素肥料を施用すると、アンモニウムイオン（NH_4^+）と硫酸イオン（SO_4^{2-}）に分かれる。アンモニウムイオン（NH_4^+）は陽イオンでマイナスに帯電している土の粒子に吸着されるが、硫酸イオン（SO_4^{2-}）は陰イオンのため土の粒子に吸着されない。また、アンモニウムイオンは（NH_4^+）は、微生物の作用によって硝酸イオン（NO_3^-）に変化するが、こちらも陰イオンのため土の粒子に吸着されることはない。土壌中の硫酸イオンや硝酸イオンは、土の粒子に吸着されているカルシウムやマグネシウムなどの塩基類と結合し、雨などによって地下に溶脱していく。塩基類が抜けた後の土の粒子には水素イオンが吸着され、土壌の酸性化が進む。このとき、土壌には硫酸イオンや硝酸イオンなどが過剰に残っているのでEC値は高くなる。

◆**土壌診断の結果によるメリット**

土壌の状態を知ることにより、次のような改善を図ることができる。

①土壌養分の過不足を知ることで、作物の収量・品質が安定・向上する。

②土づくり資材等の適切な投入量がかわり、施肥コストを減らすことができる。
③地球の環境保全に貢献できる。

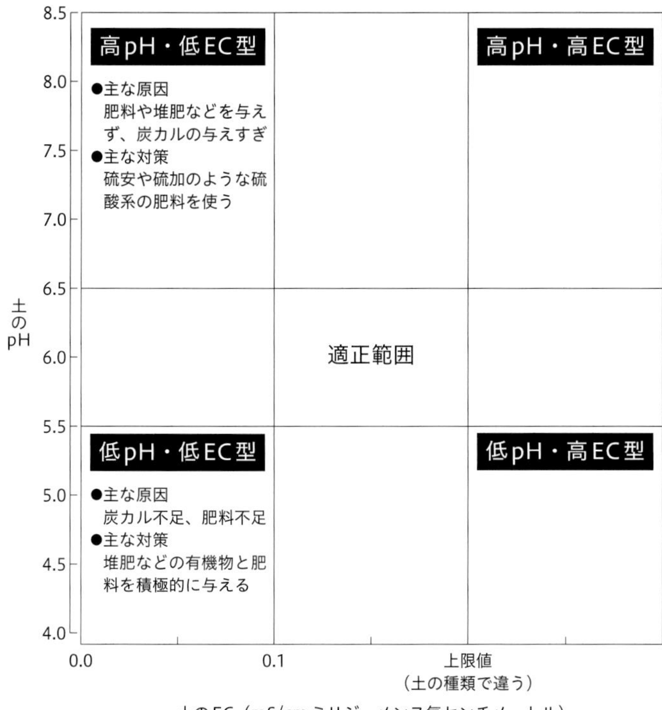

図3について
注1）ECの適正値は、下限値の0.1から上限値までの範囲。上限値は土の種類（土性）で違う。
粗粒質土（砂質の砂土など）0.4
中粒質土（砂壌土など）　0.7
細粒質土（粘土質を多く含む埴土・埴壌土など）　0.8
注2）土の適正pH範囲（5.5～6.5）は、多くの作物が好む範囲。

図3　悪い土壌の4つの型（原因と対策）　（資料：農文協『土は土である』）

「肥料の品質の確保等に関する法律」の制定

「肥料取締法」の改正

2019年12月に「肥料取締法の一部を改正する法律」が公布され、この改正により肥料の配合に関する規制の見直し、法律の題名の変更、肥料の原料管理制度の導入、肥料の表示基準の設定等が行われることとなった。2020年12月には、肥料の配合に関する規制の見直し、法律の題名の変更等について施行された。法律の名称は、「禁止行為を取り締まる」という点に主眼をおいて制定された「肥料取締法」❶（以後、旧法と記述）から、制定後70年経た現在の農業の実態や農家のニーズに対応して「肥料の品質の確保等に関する法律」へと改正された。2021年12月には、肥料の原料管理制度の導入、肥料の表示基準の設定等について施行された。

❶肥料取締法：1950年、肥料の品質などを保全し、肥料の規格及び施用基準の公定（公定規格）、登録、検査などを行い、農業生産の維持増進に寄与すると共に、国民の健康の保護に資することを目的として定された。2003年に行われた同法の最新改正では、食の安心・安全の点から肥料などの安全な施用と施用基準が加えられている。

法律改正のポイント

改正された新しい「肥料の品質の確保等に関する法律」（以後、新法と記述）制定は、農業を取り巻く情勢が大きく変化して、農地の地力低下や土の栄養バランスの悪化が進んだことが背景にある。次のような具体的な課題と方策が挙げられている。

◆産業副産物資源の有効活用にむけて

産業副産物や廃棄物をあらかじめリストアップして、肥料に使える原料の公定規格を定めて、原料として使用できるかどうかをわかりやすくする。

◆農家が求める新たな肥料の生産と利用にむけて

旧法では、含有成分が安定していない堆肥などの特殊肥料と、含有成分が安定している普通肥料を配合することは原則認められていなかった。そのため、使う場合は個々の肥料を別々に散布しなければならなかった。今回の新法への改正によって、登録・届出済みの肥料や農林水産省令で定める土壌改良資材の配合であれば、原則として自由な配合が認められ、以下の肥料を「指定混合肥料」と定義して、届出制での生産が可能となった（図1）。

①登録済みの普通肥料を配合した肥料（現行の指定配合肥料）
②登録済みの普通肥料と届出済みの特殊肥料を配合した肥料
③登録または届出済みの肥料に土壌改良資材を混入した肥料
④①～③の肥料に造粒等の加工を行った肥料❷

❷「肥料取締法」での指定配合肥料でも「水」を加えることでの造粒を認めていたが、さらに、今回の大幅改定によって、登録された肥料同士を配合して「リン酸液」や「硫酸」などによって造粒する肥料についても、「指定化成肥料」（新設）として届出によって生産可能になった。

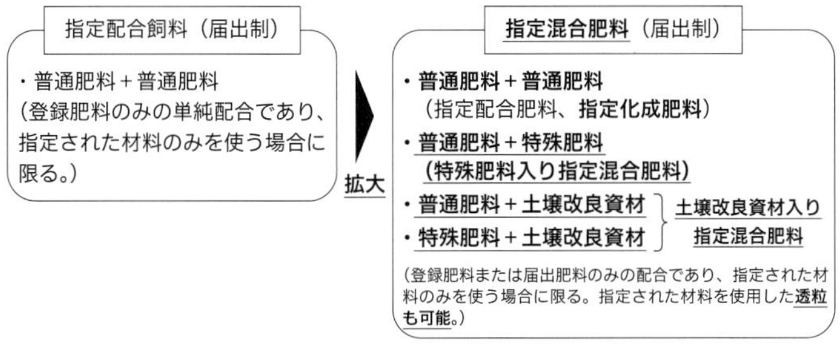

指定配合飼料（届出制）

・普通肥料＋普通肥料
（登録肥料のみの単純配合であり、指定された材料のみを使う場合に限る。）

拡大

指定混合肥料（届出制）

・普通肥料＋普通肥料
（指定配合肥料、指定化成肥料）
・普通肥料＋特殊肥料
（特殊肥料入り指定混合肥料）
・普通肥料＋土壌改良資材
・特殊肥料＋土壌改良資材
土壌改良資材入り指定混合肥料
（登録肥料または届出肥料のみの配合であり、指定された材料のみを使う場合に限る。指定された材料を使用した透粒も可能。）

図1　届出だけで生産できるようになった指定混合肥料
肥料の品質の確保等に関する法律で定められた指定混合肥料

◆肥料業者の施用者委託配合は農家の自家配合扱いに

肥料業者が、農家からの依頼を受けて肥料（普通肥料または特殊肥料）を配合し、配合後の肥料の全量を当該農家に引き渡す場合（施用者委託配合）には、農家の自家配合と同様のものとみなし、法律の対象外となった。ただし、複数の農家からの依頼を受けて、全く同じ配合割合の肥料を複数農家むけに生産する場合には自家配合とはいえず、法律の対象となり、指定混合肥料としての届け出が必要である（図2）。

配合の自由度が向上し散布労力も軽減

改正された新法では、登録・届出済みの肥料を原料として二次的に生産する肥料の生産手続きが簡素化されると共に、配合の自由度も高まる。こうした改正で、普通肥料と特殊肥料を一度に散布できることで散布にかかる時間を減らせるだけでなく、成分の不安定な特殊肥料を化学肥料で補った土づくり肥料が生産できる。また、農地の地力低下に対応する堆肥等を活用した土づくりが進むことが期待されている。

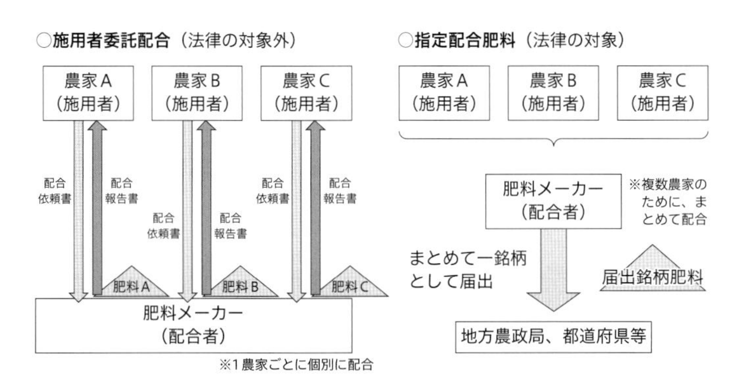

図2　肥料業者による施用者委託配合は自家配合扱い

肥料の区分と成分保証

特殊肥料と普通肥料

市販されている肥料にはたくさんの種類があり、その目的によってさまざまな区分の方法がある。新法では、肥料を特殊肥料と普通肥料に大別している（図1）。

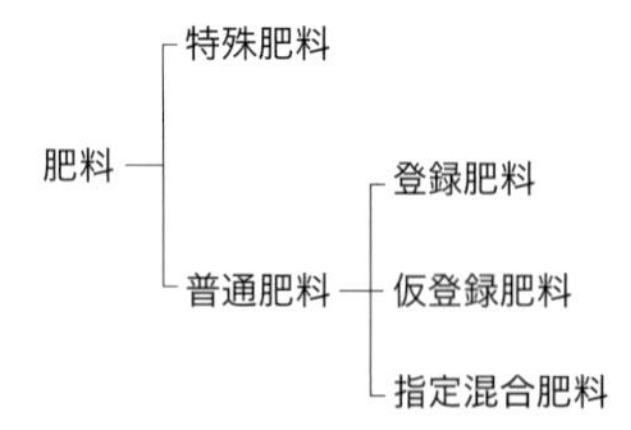

図1 「肥料の品質の確保などに関する法律」での肥料の区分

◆特殊肥料　米ぬかや堆肥、粉末にしない魚かす（粉末にしたものは普通肥料として登録が必要）など、主として肉眼で識別できるものや、成分含有量が低くて公定規格を設定できない肥料のことをいう。普通肥料とは異なり、保証票を付けなくても、知事に届出すれば生産販売することができる。ただし、堆肥や家畜ふんは銘柄ごとのバラツキが大きいので適正な表示が必要だとして、窒素・リン酸・カリウムの成分量など定められた項目について「品質表示」が義務付けられている。

◆普通肥料　特殊肥料以外の肥料はすべて「普通肥料」に区分される。また「普通肥料」はさらに「登録肥料」「仮登録肥料」「指定混合肥料」に分けられる。

普通肥料は外観から品質を判断することが難しいため、主成分や有害成分の含有量等を示す公的規格❶が定められている。

公的規格に基づき生産された肥料は、生産者もしくは輸入者が銘柄ごとに登録を受ける必要がある。また、公的規格が定められていないものでも、公的規格がある肥料と同等の肥効が期待できるものは、仮登録を受け流通させることができる。

指定混合肥料❷はすでに登録されている普通肥料、特殊肥料を配合、またはこれらに土壌改良資材を配合し生産された肥料。指定混合肥料を生産または輸入する場合は、事業を開始する1週間前までに国または都道府県に届出を行う必要がある。

❶公的規格
- 保証成分　窒素、リン酸等含有すべき主成分の最小量
- 有害成分　ヒ素、カドミウム等含有を許容される有害成分の最大量
- その他制限事項　肥効や安全性の確保に必要とされる事項（粒度、植害試験、BSE蔓延防止のための管理措置等）

❷指定混合肥料
指定混合肥料には以下の組み合わせがある。
- 登録済みの肥料を配合したもの　指定配合肥料
- 登録済みの肥料を配合したもの（水以外の材料を使用する造粒）指定化成肥料
- 登録済みの普通肥料と届出済みの特殊肥料を配合したもの　特殊肥料等入り指定混合肥料
- 普通肥料に土壌改良資材を配合したもの　土壌改良資材入り指定混合肥料

化学肥料と有機質肥料

肥料に関する新旧の法律では、「化学肥料」や「有機質肥料」を区分して使ってはいないが、農業の現場では独自の分類がなされている。

化学肥料

化学的に処理（合成）された無機質肥料をいい、そのうち、肥料の3要素（N・P・K）のうちで1種類しか含まないものを

「単肥」という。単肥を混合して2種類以上を含むようにしたものを「複合肥料」という。

また複合肥料のなかで、1粒1粒の肥料に3要素のうち2種類以上を含むものを「化成肥料」と呼んでいる。化成肥料の肥料成分の合計が30％未満のものを「普通（低度）化成」、30％以上のものを「高度化成」と区分（図2）している。

複合肥料には、ほかに「配合肥料」❸や、形態の違う「ペースト肥料」❹「液体肥料」がある（図3）。

N P K

8－8－8

（30％未満）

（原料）
N：硫酸アンモニウム
P：過リン酸石灰
K：塩化カリウム

N P K

16－16－16

（30％以上）

（原料）
N：リン酸アンモニウム・尿素
P：リン酸アンモニウム
K：塩化カリウム

図2　普通（低度）化成と高度化成（例）

❸配合肥料
2種類以上の肥料を機械的に混合して、3要素のうち2成分以上を含むようにしたもの

❹ペースト肥料
ソースのように適度な粘性を有した液体肥料

有機質肥料の区分

有機質肥料とは、生物（植物や動物）由来の有機物質から作られる肥料で、肥料の3要素のほかに、微量要素も含まれている。

菜種油かすや大豆油かすなど、食品製造の副産物からできる植物質肥料や魚かす、家畜由来の骨粉などから作る動物質肥料がある。また、牛ふん、豚ふん、鶏ふんなどを主原料とした堆肥も有機質肥料の区分に含まれ、肥料効果のほかに土壌の物理性を改善する効果や土壌微生物を活性化させる効果等の土壌改良資材としての働きもある。

化学肥料と有機質肥料、それぞれの特徴

化学肥料と有機質肥料は、表1のように、それぞれに特徴がある。

表1　化学肥料と有機質肥料の特徴

	化学肥料	有機質肥料
原料と製法	無機質資材から化学合成	有機質資材を発酵・腐熟化
肥効	速い （緩効性肥料や肥効調節型肥料もある）	ゆっくり
価格	成分量当たりの価格が安い	成分量当たりの価格が高い
品質	品質が安定している	品質にバラつきがある
供給	安定供給が可能	肥料によっては供給量に限りがある
その他	足りない養分を確実に補うことができる。施肥量の調節がしやすい。与えすぎると肥料焼けが心配	土の物理性の改善や、微生物の活性化などの効果がある。効き目が穏やかで根にやさしい

（資料：誠文堂新光社『土・肥料のきほん』）

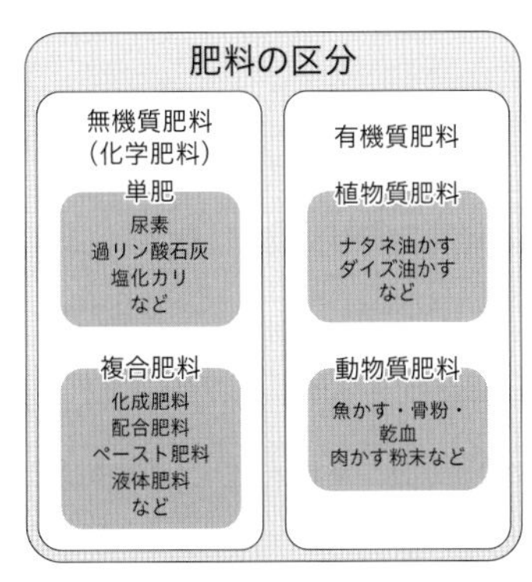

図3　肥料の区分

これからの病害虫防除

【糸状菌類】（病害の80%）
灰色かび病、うどんこ病、さび病、立枯病、つる割病、根こぶ病、べと病、稲いもち病　など

【細菌類】
軟腐病、青枯病、腐敗病、ジャガイモそうか病　など

【ウイルス類】
モザイク病、萎縮病、稲縞葉枯病　など

図1　作物の主要病原体

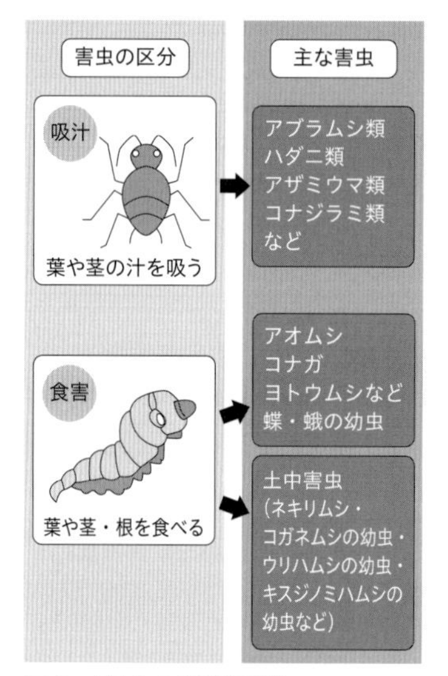

図2　害虫の種類区分

病害虫が多発する要因

野菜に発生する病気は、主に「糸状菌（カビ）」「細菌」「ウイルス」によるものである。とりわけ、病気の約8割を占め、被害も大きいのが「糸状菌（カビ）」によるものである（図1）。害虫には、アブラムシ類やハダニ類などの葉や茎の汁を吸う害虫、アオムシやコナガなどの茎や葉を食べる害虫、それに総称してネキリムシと呼ばれるカブラヤガ・タマナヤガの幼虫やコガネムシの幼虫などの土壌害虫がいる（図2）。

もともと野生種であった植物は、人間の食料になるように改良され、農作物として栽培されてきた。しかし、野生種に比べると病害虫に弱いといわれる。その要因は何か。

◆農耕地の「生物多様性」の欠如　自然生態系では、多様な生きものが複雑な食物連鎖の関係をもっている。しかし農耕地では、単一品種の作物が同じ発育段階で、人為的生態系のもとで栽培される。耕された圃場からは雑草など生産目的以外のものは排除され、植生は単純化する。そこに生息する昆虫や微生物も、残った農作物を栄養源とするわずかな種類に単純化していく。天敵もいない生態系では、害虫も勢力を広げやすくなる。

◆品種改良による「自衛力」の劣化　植物は長い進化の過程で草食動物や病原菌から身を守るために、有毒物質で武装してきた。辛味、苦味、渋味、エグ味のような不快な味は、草食動物を忌避させる生体防御物質である。

しかし人間は、野生種から栽培種へと農作物の品種改良を行い、多収化と同時に無毒化、良食味化を目標として改良を行ってきた。つまり農作物は、美味しい味と引き換えに、病害虫への「自衛力」を劣化させてきた。

◆農作物の「栄養価」の高さ　栽培作物は、人為的に肥料を与えるため、高い栄養価となる。とりわけ窒素肥料を多く施した高タンパクな作物は害虫が好んで食べる。さらに栄養価の高い作物を食べた害虫は発育が良く、繁殖能力の高い害虫が増える。その結果、次世代の害虫個体数が飛躍的に増加する。また作物に病気を起こす病原菌も、栄養価が高くて軟弱な農作物で発生することが多い。

農薬に強い病害虫の発生

農薬の効果が低下した害虫を「抵抗性害虫」と呼び、病原菌の場合は「耐性菌」という。

なぜ抵抗性・耐性をもつ病害虫が増えるのか。

もともと害虫や病原菌の自然個体群には、殺虫剤や殺菌剤に対して抵抗性のある遺伝子をもつ個体が少数いると考えられている。それが同じ農薬を連用することで、農薬に対して耐性のある個体が選抜されて生き残り、農薬の効果がない病害虫が増殖する。つまり、農薬自身が自然の個体群から農薬の効かない病害虫を選び出し、農薬の効果を失わせているといえる（図3）。

選択性農薬の増加も原因

近年は、農薬の安全性や環境問題への社会的要請が強くなり、選択性の高い（人畜への安全性の高い）農薬の開発が主流になっている。しかし選択性が高く、作用点❶が狭いピンポイント型の農薬は、病害虫にとって狭い範囲の遺伝子の変異だけで対抗できるので、抵抗性をもつ病害虫を生み出しやすい側面も併せもっている。

かつて1970年代以前に使われていた農薬には、対象病害虫に対する阻害の作用点が多い「多作用点・非選択性」のものが多かった。その時代には、農薬への「抵抗性・耐性」に対する問題意識がなかったが、現在のように選択性農薬が主流になった時代では、人畜への安全性が高くなった半面、病害虫に「抵抗性・耐性」をもたせないように上手に使っていくことが重要になってきている。

温暖化による病虫害の拡大

地球温暖化が進行するなかで、日本の年間平均気温の上昇は、病害虫の発生にも大きな影響を及ぼしている。図4は、温暖化によって増加すると心配されている病害虫である。温暖化によって害虫や病原菌の越冬量が増え、発生増加・早期発生化・終息遅延など1年を通して活動が活発になる。気温が高くなると、南方系の病原菌や害虫が高緯度地帯にも広がり、活動期間も長くなる（北限北上・広域発生）。2019年には暖地に適応したヤガ科の強害虫ツマジロクサヨトウ（p.142図5）が日本に侵入したことが確認され、日本での被害拡大が心配されている。

環境省は「気候変動影響評価報告書」（2020年12月）で、現在の状況、将来予測される影響を次のように報告している。

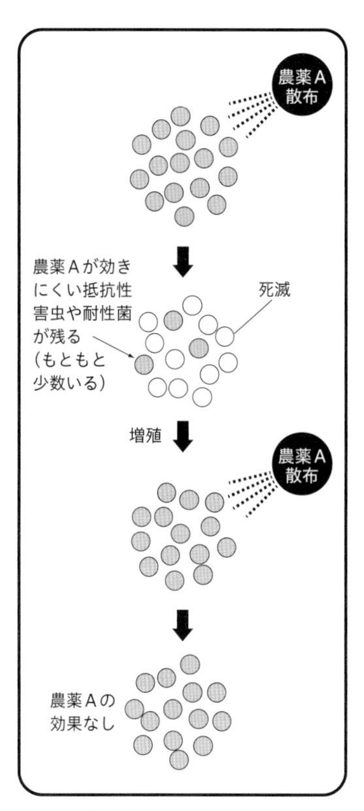

図3　農薬抵抗性病害虫増加の仕組み

❶作用点：農薬が病害虫の生命活動を阻害し、効果を発揮する生理機能の部位を「作用点」という。

【水稲】
- カメムシ類（吸汁で斑点米の原因）
- イネツトムシ（夜間食害）
- イネ紋枯病（夏高温で増加）

【野菜】
- アザミウマ類
（果菜吸汁・媒介でウイルス病増加）
- アブラムシ類
（茎葉吸汁・媒介でウイルス病増加）

【果樹】
- カンキツグリーニング病❷
（熱帯性・徳之島まで侵入）

図4　温暖化と病害虫増加

❷カンキツグリーニング病は、世界のカンキツ栽培地で最も脅威となっている病害の一つであり、現在、日本国内では沖縄県全域と奄美大島・喜界島を除く奄美群島で感染樹が確認されている。虫媒伝染と接ぎ木で伝染する細菌による病気で、発病すると速やかに樹勢が衰え、早い場合2年程度で枯死する。

図5　ツマジロクサヨトウ　雌雄で斑紋が大きく異なる。（植物防疫所原画）

- 開張約37mm。
- 前翅に淡色紋と白紋がある。
- 後翅は白色で、外縁付近のみ黒く染まる。

- 開張約38mm。
- 前翅に不明瞭な円紋がある。
- 後翅は白色で、外縁付近のみ黒く染まる。

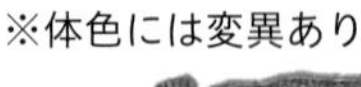

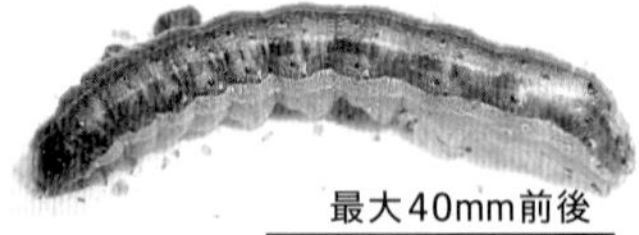

体長2cm以上で確認できる特徴

- 頭部から前胸にかけて淡褐色の網目模様があり、正面から見ると淡色の「逆Y字」の紋がある。
- 背面の刺毛基板は褐色～黒色で目立ち、特に腹部後方では大きく、よく目立つ。
- 体の表面はトゲ等はなく滑らか。

図6　ミナミアオカメムシ
（写真提供：竹内博昭）

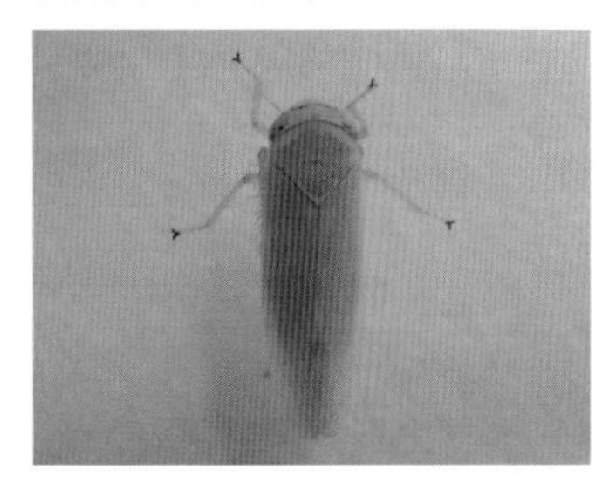

図7　ツマグロヨコバイ
（写真提供：平江雅宏）

図8　イネ紋枯病
（写真提供：宮坂篤）

図9　帰化アサガオ
（写真提供：澁谷知子）

現在の状況

◆害虫の分布域の北上・拡大、発生量の増加

（例）九州南部など比較的温暖な地域を中心に発生していたイネなどの害虫であるミナミアオカメムシ（図6）やスクミリンゴガイ（ジャンボタニシ）が近年、西日本や関東の一部で発生。

◆高温による病害被害の甚大化や発生地域の北上

（例）出穂期前後の気温が高かった年に、イネ紋枯病（図8）の発病株率、病斑率が上昇。

将来予測される影響

◆害虫　気温上昇により、水田の害虫・天敵の構成が変化する。例えば、斑点米被害リスクの増加が予測される。それは、水稲害虫（ミナミアオカメムシ、ニカメイガ、ツマグロヨコバイ〈図7〉）が最も盛んに成虫になる時期がイネの出穂期に近づくことで、イネ籾が食害を受ける可能性が高まるためである。

◆病害　二酸化炭素（CO_2）濃度・気温の上昇により、イネ紋枯病（図8）などの発病増加。

◆雑草　気温上昇により、定着可能な地域の拡大や北上（コヒメビエ、帰化アサガオ類〈図9〉など）。

◆かび毒　気温上昇により、発がん物質であるアフラトキシン（かび毒）を産生する菌の土壌中での生息密度が上昇。

化学的防除（農薬の使い方）

病気は予防散布、害虫は発生初期の防除

病気と害虫では薬剤散布の基本は大きく違う。

病害防除は、予防散布が基本となる。天候の状況（温度や湿度）を見ながら病気の発生を予測する。うどんこ病以外のほとんどの病原菌は多湿状態を好んで活動する。ごく小面積でも発生が見つかれば、病原菌はすでに圃場の全面に飛散していると思ってよい。病害を防除するには、発生前に圃場全面に薬剤散布する必要がある。

害虫防除は、発生初期の防除が基本となる。殺虫剤は害虫そのものにかからないと効果は薄い。予防散布は害虫の天敵を殺してしまい逆効果である。虫の発生を見つけたら、その発生場所を集中して部分散布する。あちらこちらに発生がみられたときは、圃場全体の散布が必要になる。

適切な農薬散布のタイミング

一日のうちで農薬散布に適した時刻は早朝である。昼間は温度が高く、乾燥により散布した薬剤の水分が蒸発して薬剤濃度が高まり、薬害を生ずる場合がある。また、高温や乾燥により葉が萎縮し、葉の裏面に散布するのが難しい。早朝に散布ができなかった場合は夕方に行うとよいが、涼しく湿度が高い時などは水分が長く葉の表面に残り、微生物の繁殖を助けてしまうことがある。

農薬散布が望ましい日としては、病気は梅雨時など多湿状態で発生しやすいので、予防散布として降雨の前日に散布するのが良い。週間天気予報を参考にして散布適期を逃さないようにする。

農薬ラベルの見方

◆ラベル表示の内容

作物名：どの作物に使えるか（表示作物以外は使用禁止）
適応病害虫名：どの病気・害虫に効果があるか
希釈倍数：原液を何倍に薄めて使用するか
使用液量：散布する量
使用時期：収穫何日前まで使用できるか

総使用回数：収穫終了までに何回使用できるか

使用方法：薬剤の使い方

表1　農薬ラベルの表示例　（資料：農薬工業会ウェブサイト）

【適用害虫と使用方法】							
作物名	適用害虫名	希釈倍数（倍）	10a当たり使用液量（ℓ）	使用時期※	本剤の使用回数※	○○を含む農薬の総使用回数※	使用方法
トマト	アブラムシ類	1000～2000	100～300	前日	3回	3回	散布
ミニトマト				3日	2回	2回	
キャベツ	アオムシ ヨトウムシ	1000～1500		7日	3回	3回	
ハクサイ				14日	2回	2回	

※収穫物への残留回避のため、その日までに使用できる収穫前の日数と本剤及びその有効成分を含む農薬の総使用回数を示す

⚠【効果薬害等の注意】

●定植直後に使用しない（薬害）

⚠【安全使用上の注意】

●散布の際は農薬用マスクを着用する

●魚類に影響を及ぼすおそれがある。使用時は注意

注：農薬取締法の規定により使用基準（対象作物、希釈倍数・使用量、使用時期、使用回数）を遵守することが義務付けられており、罰則もある（農薬取締法　第17条）

農薬の希釈法（薄め方）

作りたい希釈液を作るために必要な原液の量と、薄める水の量を計算する。

【原液の量を出す式】

作りたい希釈液の量÷希釈率＝原液の量

【水の量を出す式】

作りたい薄め液の量－原液の量＝水の量

表3を参考に1000倍の希釈液を10ℓ（10000mℓ）作るとすれば

10000mℓ÷1000＝10mℓの量の原液が必要となる。

水の量は、

10000mℓ－10mℓ＝9990mℓ

実際に作る場合は必要な原液（10mℓ）を容器に移し、希釈する水を加えて全体が10ℓになるようにすればよい。

表3　作りたい薬液量と必要な原液量

希釈倍数	作りたい薬液の量				
	500mℓ	1ℓ	2ℓ	5ℓ	10ℓ
250倍	2mℓ	4mℓ	8mℓ	20mℓ	40mℓ
1000倍	0.5mℓ	1mℓ	2mℓ	5mℓ	10mℓ

※作りたい薬液量（mℓ）を希釈倍数で割ると、必要原液量（mℓ）が計算できる。

RAC（ラック）コードによる農薬系統分類

農薬の使用にあたっては、病害虫に薬剤抵抗性をもたせないために、作用性の異なる薬剤を順番に散布することが重要で、これを農薬ローテーションと呼んでいる。

農薬のローテーションを決めるのに欠かせないのが、個々の

表2　日本における農業用殺虫剤の作用機構

（JCPA農薬工業会ホームページより抜粋）

主要機構グループと一次用部位	サブグループ あるいは代表的有効成分	有効成分	農薬名（例）（剤型省略）
1 アセチルコリンエステラーゼ（AChE）阻害剤 神経作用	1A　カーバメート系	アラニカルブ	オリコン
		ベンフラカルブ	オンコル
		NAC（カルバリル）	デナポン
		カルボスルファン	アドバンテージ、ガゼット
		BPMC（フェノブカルブ）	バッサ
		メソミル	ランネート
		オキサミル	バイデートL
		チオジカルブ	ラービン
	1B　有機リン系	アセフェート	オルトラン、ジェイエース、ジェネレート、スミフェート
		カズサホス	ラグビー
		クロルピリホス	ダーズバン
		CYAP（シアノホス）	サイアノックス
		ダイアジノン	ダイアジノン
		ジメトエート	ジメトエート
		MEP（フェニトロチオン）	スミチオン
		ホスチアゼート	ネマトリン、ガートホープ
		イミシアホス	ネマキック
		イソキサチオン	カルホス、カルモック、ネキリエースK
		マラソン（マラチオン）	マラソン
		DMTP（メチダチオン）	スプラサイド
		PAP（フェントエート）	エルサン
		プロフェノホス	エンセダン
		プロチオホス	トクチオン
2 GABA作動性塩化物イオン（塩素イオン）チャネルブロッカー　神経作用	2A　環状ジエン有機塩素系		
	2B　フェニルピラゾール系（フィプロール系）	エチプロール	キラップ
		フィプロニル	プリンス
3 ナトリウムチャネルモジュレーター 神経作用	3A　ピレスロイド系 ピレトリン系	アクリナトリン	アーデント
		ビフェントリン	テルスター
		シクロプロトリン	シクロサール
		シフルトリン	バイスロイド
		シハロトリン	サイハロン
		シペルメトリン	アグロスリン、ゲットアウト
		エトフェンプロックス	トレボン
		フェンプロパトリン	ロディー
		フェンバレレート	ハクサップ、パーマチオン、ベジホン等の成分
		フルシトリネート	ペイオフ
		フルバリネート（τ-フルバリネート）	マブリック
		ペルメトリン	アディオン
		シラフルオフェン	MR.ジョーカー
		テフルトリン	フォース
		トラロメトリン	スカウト
		ピレトリン	バイベニカVスプレー
	3B　DDT　メトキシクロル		
4 ニコチン性アセチルコリン受容体（nAChR）	4A　ネオニコチノイド系	アセタミプリド	モスピラン
		クロチアニジン	ダントツ、ワンリード

農薬の作用性の違いである。殺虫剤でいえば、「有機リン系❶」や「カーバメート系❷」「ピレスロイド系（合ピレ）❸」「ネオニコチノイド❹」などがあり、この系統名は従来、有効成分の化学構造（例：有機リン系，マクロライド系等）や、作用の特徴（例：殺ダニ剤，土壌消毒剤等）で分類されてきた。しかし近年、従来の系統には属さない新たな作用機構をもつ殺虫剤が増えてきており、作用機構による分類が行われている。これが新しい「系統」であり、殺虫剤はIRACコード、殺菌剤はFRACコード、除草剤ではHRACコードで分類されている。

ただ、商品の農薬ラベルには「系統」の記載がないため、ラベルだけで農薬の作用機構を判断するのが難しかった。それで、最近ではほとんどの農薬ラベルにRACコードが記載されるようになってきている。

表2は、IRAC殺虫剤作用機構分類に基づき日本での農業用殺虫剤を作用機構によってまとめたもので、作用機構は数字、有効成分の違いはアルファベットで表している。RACコードの数値の［1］は、神経作用による作用機構をもつアセチルコリンエステラーゼ阻害剤で、その中にはサブグループとして［1A］（カーバメート系）と［1B］（有機リン系）の各種農薬がある。この2つの系統の農薬は、これまで続けてローテーションされることも多かったが、有効成分は異なるが作用機構は近しいので、この2つの農薬でローテーションを組む場合、できるだけ散布時期を離して使用した方が良いとされる。

❶有機リン系の農薬は化学式にリン（P）を含みここにイオウ（S）や酸素（O）が結合していることから有機リンという名称がついた。
神経系のアセチルコリンエステラーゼの働きを阻害し害虫を過剰な興奮状態にして殺虫効果を発揮する。

❷化学式の中にC、H、O、Nからなるカーバメートと呼ばれる特異な構造を持つ薬剤。
神経系のコリンエステラーゼの働きを阻害することにより、過剰に虫を興奮させて殺虫効果を発揮する。

❸除虫菊に含まれる天然の防虫成分ピレトリンは防虫効果が高い分、分解が早いという欠点があったため、分解しにくく、大量生産が可能な「ピレスロイド」が開発された。
昆虫に対して微量で作用し、神経を過剰に興奮させて殺虫効果を示す。

❹ニコチンは殺虫効果が高く、すばやく効果が現れるが、人間に対する毒性も高く、現在農薬としては登録されていない。ネオニコチノイドはニコチンに似た化学構造をもち、害虫に選択的に効果を発揮する成分として開発された。

農薬の剤型と特徴

農薬の剤型は、有効成分をムラなく農作物などに付着させて、その効果を十分に発揮させる共に、作業者及び環境にも悪影響が発生しないよう、表4のように通常液状で使用する剤、粉剤などを液に溶かすことなく固形で使用する剤に分けられている。

◆液状で使用する剤

水和剤　水に溶けやすい性質（水和性）をもつ微粉状の製剤で、保管しやすい等の利点があり種類も多い。しかし、調整時に粉立ちが多いことや溶け残りが生じやすいこと、調整後10分程度で沈殿してしまう等、使用上の注意が必要である。

乳剤　水に溶けにくい農薬原体を有機溶剤中に乳化した製剤であり、調整しやすく2～3時間安定する。溶剤が原因の薬害が生じることがあるため、取り扱いに注意が必要である。

水溶剤　水に溶ける（水溶性）の有効成分を粉末にした製剤で、水によく溶けて安定した効果がある。調整時に粉立ちが多いため、顆粒状のものもある。

液剤　水溶性の有効成分を液体の製剤としたもの。そのまま、あるいは水に希釈、溶解して用いる。

通常液状で使用するものには、これらのほか、マイクロカプセル、塗布剤、油剤、エアゾル（缶入りのスプレー）などがある。

◆固形で使用する剤

製剤した粒の大きさによって分類され、粉状で散布する剤のほか、ガス化して使用する剤もある。

粉剤　粉末状（平均粒径が45マイクロメーター：μm❺以下）の製剤。非常に細かい粉末なため、ドリフト（飛散、漂流）しやすい。

粉粒剤　微粉（粒径～45μm）、粗粉（粒径45～106μm）、微粒（粒径106～300μm）及び細粒が混じり合った製剤で、ドリフトを少なくするために作られた粉剤と粒剤の中間の大きさの剤。

粒剤　粒径が300～1700μmとなるように製剤化したもので、ドリフトが少ない。土壌施用を基本とし、比較的効果が長続きする。散布ムラがあると農薬残留の原因になりやすい。

くん煙剤　加熱することにより有効成分をガス化して使用する製剤。施設等で、密閉状態で使用する。ガス状になるため、人害が起きないように厳重な取り扱いが必要である。

表4　農薬の剤型と名称

剤型	名称	表示記号または略称記号
通常液状で使用する	水和剤（WP）	フロアブル（FL）〔SC、ゾル〕 果粒水和剤 ドライフロアブル｝〔WG、WDG、DF〕 SE
	乳剤	EW
	水溶剤〔SP〕	顆粒水和剤〔SG〕
	マイクロカプセル	〔MC〕
	塗布剤	
	油剤	サーフ
	エアゾル	
固型で使用する	粉剤	PL粉剤　フロータスト〔FD〕
	粉粒剤	細粒剤F、微粒剤 微粒剤F
	粒剤	
	くん煙剤	
その他	ペースト	

*〔　〕内は別様、商品名の一部になっている剤もあある
（参考：「農薬の剤型と特徴」東京都産業労働局）

❺マイクロメーター：$\mu m = 10^{-6} m$ = 1mmの1000分の1 = 0.001mm

物理的防除

防虫ネットの機能

露地の葉茎菜類（コマツナ・キャベツなど）、根菜類（ダイコン・カブなど）で無農薬栽培に取り組んでいる農家にとって、欠かせない防除資材となったのが「防虫ネット」（図1）である。

被覆資材として使われている寒冷紗（かんれいしゃ）❶や不織布（ふしょくふ）❷による被覆にも防虫効果はあるが、その遮蔽効果によって日照不足による生育不良が起こりがちになる。

そこで開発されたのが「防虫ネット」で、一般に90％程度透光性をもつ。通風性も良好なため、生育に影響を与えずに防虫することができ、さらにネットをかけたまま水やりをすることもできる。

ネットの目合いを適切に

防虫ネットの目合い（メッシュ）が細かいほど小さな虫を防除できるが、目合いが細かすぎると温度や湿度が上がってしまう。これは通風性の悪さが原因で、空隙率（くうげきりつ）❸が60％以上あれば問題ないとされている。今、一般に普及しているのは1.0mm目合いの防虫ネットだが、通風性を多少犠牲にしても害虫が入り込まないようにするため、さらに目合いの細かい0.8mmや0.4mm目合いの防虫ネットがある（表1、p.148図2）。

光を利用した病害虫防除

シルバー（銀色）マルチで害虫飛来抑制

光を反射するマルチフィルムで圃場の畝を覆うと、有翅型アブラムシの飛来が抑制される。同様にシルバー（銀色）の光反射シート（p.148図3）の地表面への設置により、アザミウマ類やコナジラミ類の侵入・発生が抑えられる。昆虫が飛翔するときに通常は背面で受ける光を地表方向から受けると、正常な飛翔を続けられなくなるためではないかと考えられている。

有翅型アブラムシの侵入抑制は、アブラムシが媒介するウイルス病（モザイク病など）の生育初期の予防対策として効果的で、ダイコン、トマト、キュウリなどの栽培に利用されている。

図1　防虫ネット利用例

❶寒冷紗（糸を編み込んで作られている網目のあるシート

❷不織布（糸を編まずに絡み合わせた網目のないシート）

上：寒冷紗　下：不織布

❸空隙率：単位当たりのすき間の割合

表1　ネットの目合いと防げる害虫

目合い（mm）	害　虫
4～6	オオタバコガ ハスモンヨトウ
1	コナガ、アブラムシ類 コナジラミ類 スリップス類
0.8	ハモグリバエ類 キスジノミハムシ

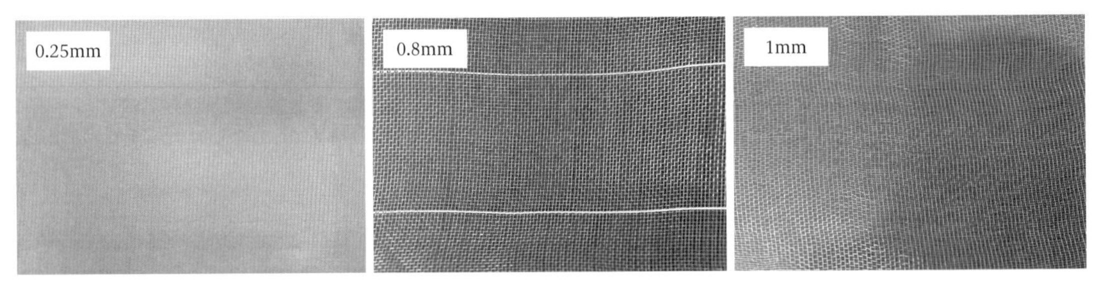

図2　さまざまな目合いの防虫ネット

図3　シルバーマルチを畝に敷いた利用例（ダイコン）
（写真提供：みかど化工株式会社）

近紫外線除去フィルムの利用と注意点

波長域が300～400nm（ナノメートル❹）の近紫外線を透過させない農業フィルムが実用化されている。多くの昆虫は紫外線を「見る」ことによって活動（図4）しており、近紫外線が透過されないフィルムで覆われたハウス内は、昆虫にとって「暗黒」に近いと推察されている（図5）。そのため、ハウス内ではアブラムシ類、コナジラミ類、アザミウマ類などの発生が減り、これらの害虫が媒介するウイルス病の発生も抑えられる。

また、植物病原菌（糸状菌）の中には、紫外線がないと胞子の形成が抑制されるものがあり、近紫外線除去フィルムを張るこ

❹nm（ナノメートル）
長さの単位。10^{-9}メートル（m）＝10億分の1メートル

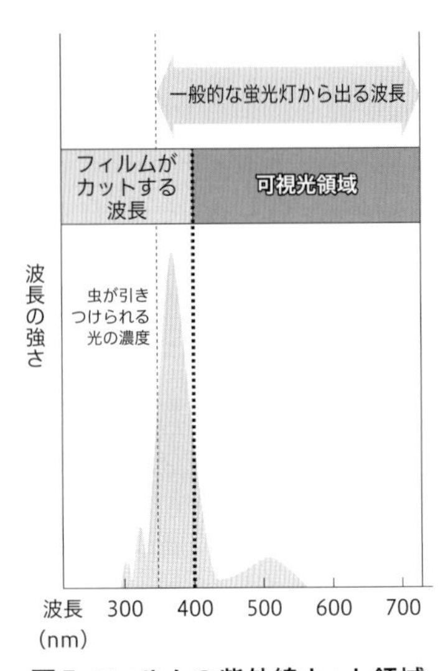

図5 フィルムの紫外線カット領域
近紫外線に寄ってくる虫に対して、その光の波長を含んだ紫外線領域をカットし、虫を寄せにくくする

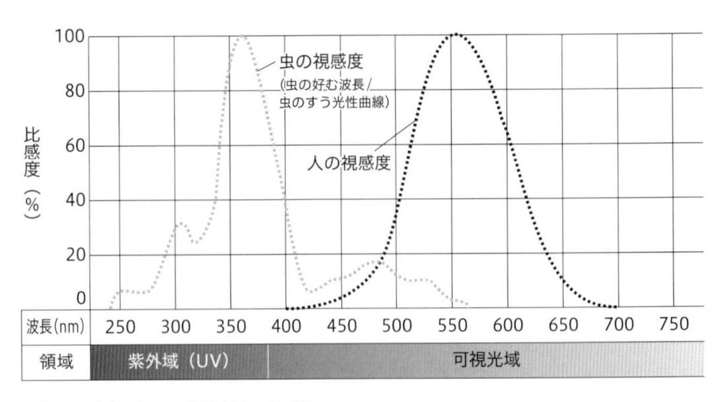

図4　虫と人の視感度の比較

とによって、野菜類の灰色かび病や菌核病の発生が抑制される。

ただし、このフィルムを使った施設では、花粉媒介用のミツバチも活動できなくなるので、イチゴ栽培などでは使用できない。また、イチゴやナスなどのアントシアニン色素によって着色する野菜は、近紫外線をカットすると発色が阻害される。使用にあたっては、作物ごとに注意が必要になる。

「黄色蛍光灯」による夜蛾（やが）類の行動制御

図6　ハウス内を照らす黄色蛍光灯
（写真提供：赤松富仁）

果樹園に飛来して果実を加害する吸蛾類(アケビコノハなど)に対して、黄色蛍光灯を点灯することにより被害を防止する技術が実用化されている（図6）。これは、夜行性の蛾が一定以上の明るさの光に遭遇することで複眼が明適応❺に切り替わり、活動が抑制されることを利用したものである。同じような黄色蛍光灯を使った行動抑制による防除は、キクやカーネーションでのオオタバコガ防除や、青シソでのハスモンヨトウ防除などにも活用されている。

❺夜行性の蛾の複眼は、昼間の状態では明適応、夜間は暗適応している。夜間、黄色蛍光灯の点灯による夜蛾の行動制御は、明適応状態では活動が鈍るという行動習性を利用した技術である。

熱を利用した病害虫防除

土壌の「太陽熱消毒」

太陽熱で土壌温度を高め、その熱で殺菌・殺虫をする方法。苗を育てる床土の消毒では、処理する床土をポリ袋に入れ、太陽の良く当たるビニールトンネル内に置き、ポリ袋内の土壌温度を高める（夏場は3週間程度でかなりの消毒効果がある）。

ハウス内の土壌は、生わら（20kg/10m^2）をすき込み、石灰窒素（12kg/10m^2）を入れて、たっぷり灌水した後にポリフィルムなどで全面マルチする。夏場に1カ月程度ハウスを閉鎖し、40℃以上の地温にして殺菌・殺虫する（図7）。

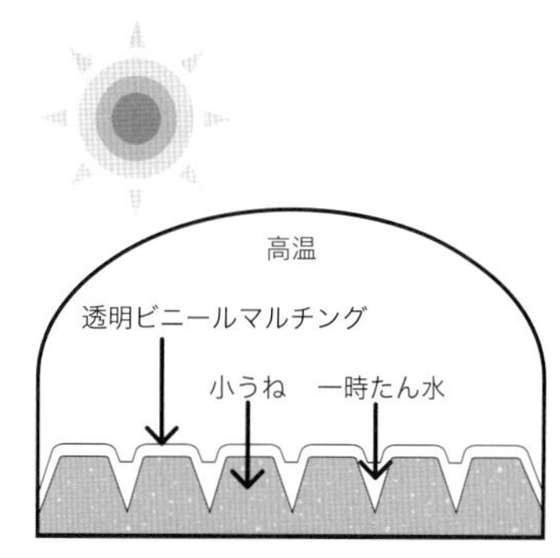

図7　太陽熱消毒の仕方（ハウスの例）

この方法の成否は、土壌内部の温度上昇をどれくらいまでできるかによる。連作障害を起こす病害虫のほとんどは60℃の温度で死滅するが、土壌の内部までは死滅しないので、消毒後に土を動かさないよう、ハウスでは消毒前に畝立てする方法がとられている。苗立枯れ病・青枯れ病などの土壌病害やネコブセンチュウに効果がある。

生物的防除

天敵を利用した害虫防除

図1　ナナホシテントウ
ナナホシテントウは、アブラムシを捕食する有益な土着天敵

図2　ヒメハナカメムシ
ナスの花の上でアザミウマの幼虫を食べるヒメハナカメムシ
（写真提供：赤松富仁）

❶IPM
農作物に有害な病害虫・雑草を利用可能なすべての技術（農薬も含む）を総合的に組み合わせて防除すること。

自然界でほかの生物を捕食あるいは寄生して死亡させる生物を天敵と呼び、この天敵によって害虫を駆除する方法がある。

例えば、捕食する有益な天敵として、アブラムシを食べるナナホシテントウ（図1）やヒラタアブの幼虫がいる。また、キャベツ、ハクサイ、ブロッコリー、レタスなど葉茎菜類葉を食べるヨトウムシ類やオオタバコガには、クモ類やゴミムシが有益な天敵であり、ナスなどの果菜類にはアブラムシ類、アザミウマ類、コナジラミ類、ハダニ類を食べるヒメハナカメムシ類（図2）やヒメテントウ類が有益な天敵となる。また、害虫の体内に寄生する有益天敵として、寄生バチ、寄生バエがいる。

天敵を活用した防除には、一般に販売されている市販天敵を利用する場合と、地域に生息する土着天敵を捕まえて利用する場合がある。近年、天敵を活用する防除には、IPM❶の広がりの中で大きく展開してきた。

市販天敵の活用例として、ハウス栽培での農薬抵抗性害虫の防除のために海外（オランダなど）から天敵を購入し、天敵の放飼が盛んに行われるようになってきたことが挙げられる。図3は、2006年（2005農薬年度）と2017年（2016農薬年度）での天敵昆虫製剤の出荷金額を比較したものである。出荷金額は約10年で2.7倍、特にアザミウマ類を摂食するスワルスキーカブリダニ（図4）の伸びが大きい。このダニは、2015年から露地栽培のナスにも使用が認められ、多くの産地で「天敵生物農薬」として利用されている。化学農薬では対応しきれないアザミウマ類に極めて有効で、しかも安全な防除であることが増加の要因といえる。

自然界は、もともと「食うか食われるか」の関係を基盤に成り立っており、作物に害を与える害虫にも土着の天敵が存在する。土着天敵の活用として高知県での取り組みがある。

高知県では一時、トマトの黄化葉巻病などを引き起こすタバココナジラミの蔓延に有効な市販天敵がおらず頭を抱えていた。しかし、この害虫にもクロヒョウタンカスミカメという土着天敵が出現した。土着天敵の有効性に気付いた農家は天敵を捕まえる捕虫器を開発し、ハウス内に放飼している。遊休温室ハウスを「天敵温存ハウス」として土着天敵を飼育し、圃場へ入れたいときに自在に入れられる工夫も生まれた。市販天敵とも組み合わせて土着天敵の活用が広まり、殺虫剤ゼロという農家もある。コナジラミ類やアザミウマ類を食べるクロヒョウタンカスミカメやタバコカスミカメ、アブラムシ類の捕食が高いヒメカメノコテントウを活用する農家が多い。

バンカープランツの利用

バンカーとは「銀行」の意味で、バンカープランツとは、天敵を増やして温存する作物・植物のことである。バンカープランツを設置することで害虫の発生を事前に抑えることができる。

各地に広がっているのは、露地栽培のナスなどの周囲にソルゴーを植え、壁を作る方法（図5）である。飼料作物のソルゴーで、ヒメハナカメムシ、クサカゲロウなどの土着天敵が増え、ミナミキイロアザミウマやハダニ、アブラムシなどの害虫を食べてくれる。

ハウス栽培のナスやピーマンのアブラムシ対策にはムギ類を植え、ムギ類に付くムギクビレアブラムシをエサにして、天敵コレマンアブラバチを維持する方法が注目されている。

生物農薬の利用

病害虫の天敵微生物を活用した「生物農薬」の新剤が登場している。下記にその例を紹介する。

◆殺虫剤ーBT剤　BTとは、細菌の一種バチルス・チューリンゲンシス❷の略称。BT剤は、BT菌のもつ殺虫性結晶タンパク質を活用したもの。BT剤が散布された葉を食べたコナガやアオムシなどチョウ目害虫の腸内で、結晶タンパク質がアルカリ性消化液で分解されて毒素化し、腸内の細胞組織を破壊する。害虫は神経がマヒして摂食を停止し、衰弱して死に至る。

◆殺虫剤ー昆虫病原性センチュウ剤　1gに250万匹含まれているという微小天敵センチュウ剤（5℃の冷蔵保存が必要）。この天敵センチュウが、野菜のハスモンヨトウや果樹のモモシンクイガの幼虫などの体内に侵入すると、共生細菌を放出して、害虫は敗血症を起こして死亡する。

◆殺菌剤　病害防除に使われている細菌には、バチルス・ズブチリスがある。病原菌を直接攻撃する力はないが、病原菌と植物の表面で住む場所の奪い合いをし、病原菌から植物を守る。現在、日本では、野菜等の灰色かび病やうどんこ病の防除剤等として使用されている。このほか病害防除に使われている糸状菌には、イネの育苗時に病害を引き起こす病原菌に対して拮抗作用を示す、トリコデルマ・アトロビリデやタラロマイセス・フラバスなどがある。

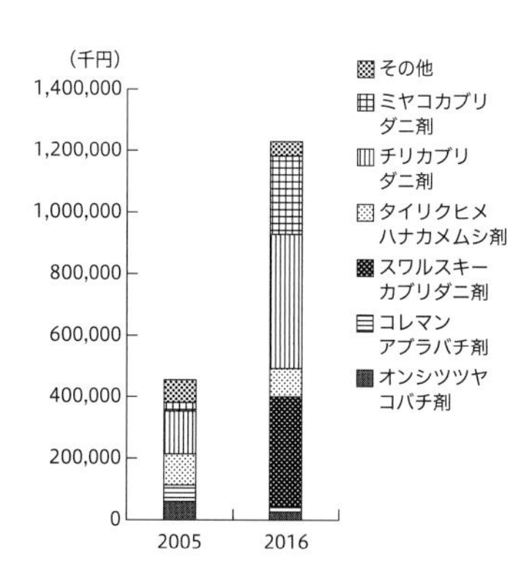

図3　2005農薬年度と2016農薬年度における天敵昆虫・ダニ類製剤の出荷金額
（日本植物防疫協会，2006,2017）

図4　スワルスキーカブリダニ
アザミウマ類に極めて有効な市販天敵
（写真提供：高知県）

図5　ナスのソルゴー障壁栽培
（写真提供：京都乙訓農業改良普及センター）
写真右端の縦列がソルゴー

❷日本では枯草菌（こそうきん）と呼ばれる糸状菌の微生物。人間や動物に対する病原性はない。

耕種的防除

抵抗性品種の利用

耕種的防除は品種選びから始まる。

病気の防除の耕種的方法として、病原菌に抵抗性を示す品種の利用は、導入が容易で防除効果も高い。

抵抗性品種についての研究により、毎年さまざまな病気に対する抵抗性品種が登録されている。例を挙げれば、野菜の品種名に「CR」❶や「YR」❷などの表記があるものは、特定の病気に対する抵抗性があることを意味する。

害虫の防除にも耐虫性品種の利用がある。トマトやミニトマトでは、ネコブセンチュウなどへの抵抗性品種が育成されて、広く栽培されている。

❶CRは根こぶ病抵抗性。根こぶ病は英名ではClubroot（クラブルート）といい、これに抵抗性（Resistance）があるので、Clubroot Resistanceの頭文字をとった表記。

❷YRは萎黄病（いおうびょう）抵抗性。萎黄病は英名ではYellowsといい、これに抵抗性（Resistance）があるので、Yellows Resistanceの頭文字をとった表記。

抵抗性台木の利用

抵抗性台木の利用は広く普及しており、主な果菜類栽培面積の7割近くで接木栽培が行われている（図1）。果菜別の接木の割合は、スイカ94％、キュウリ93％、ナス79％、トマト58％となっている（2009年調査）。現在食卓にのぼっているキュウリのほとんどは接ぎ木したキュウリであるといえる。

キュウリやスイカなどのウリ科作物に発生するツル割れ病は農薬では完全には防除できないが、カボチャやユウガオなどを台木として接ぎ木することで発病を抑制できる。

現在では、異なる抵抗性をもつ台木品種を「台木」及び「中間台木」として組み合あわせた「多段接ぎ木法」が開発されている。多段接ぎ木法（図2）は、「台木」に強度のナス半身萎凋（はんしんいちょう）病抵抗性、トマト褐色根腐（かっしょくねぐされびょう）病抵抗性及び中度の青枯病抵抗性を持つ品種、「中間台木」に強度の青枯病抵抗性品種を接いだ苗を利用した複合土壌病害防除技術で、通常行われている接ぎ木よりも高い発病抑制効果があることが実証されている。

図1　接ぎ木苗と保持具の例
（写真提供：タキイ種苗株式会社）

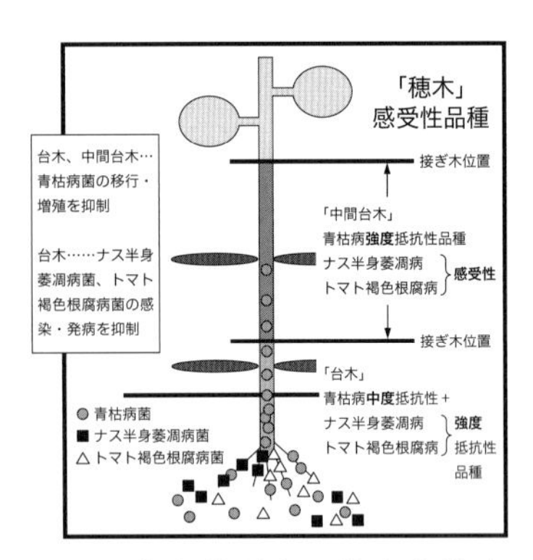

図2　多段接ぎ木の複合土壌病害抑制機構
（農研機構　多段接ぎ木法を用いたナス科果菜類の複合土壌病害の防除）

対抗植物の利用

病害虫への対抗植物（作物にとっては共栄植物）として、センチュウ害の抑制に効果を示すマリーゴールド（キク科）を利用する方法がある。

マリーゴールド（図3）は、根から分泌されるアルカロイドに殺センチュウ効果がある。ダイコンの表面に斑点状の被害を生じさせるキタネグサレセンチュウの防除のほか、トマト、ナス、ジャガイモ、豆類などでもセンチュウ対策として、混植や緑肥としてのすき込みが行われている。

図3　対抗植物マリーゴールド
（写真提供：PIXTA）

連作障害を回避するための輪作

畑作は、水田と違って輪作が基本になる。毎年同じ畑に同じ作物や同じ科の作物を続けて栽培すると、連作障害が発生して生育不良になり、収量・品質が低下しやすい。

連作障害の主な原因には次の3つがある。

◆土壌伝染性の菌の侵入　アブラナ科野菜に発生する糸状菌による根こぶ病や、センチュウ類による根の食害痕から菌が侵入して被害を与えるウリ科野菜のツル割れ病、ナス科野菜の青枯病がある。

◆忌地（いやち）物質❸の蓄積　作物の根が、ほかの植物の成長を抑えるために出す毒性物質（忌地物質）を連作土壌中に増やして、作物自身の生育に悪影響を与え、自家中毒を起こす。

❸作物自身が土壌中に放出し、ほかの植物の成長に干渉するジベレリンやフェノール酸などのさまざまな化学物質。

◆土壌中の養分バランスの崩れ　作物による肥料養分の吸収の片寄りのために、連作中に欠乏症が発生する。

連作障害は、障害の出やすい野菜と出にくい野菜（表1）があり、休耕期間を考えて作付け計画を立てることが大切である。

表1　連作障害の出やすい野菜と出にくい野菜

連作障害が出やすい野菜	エンドウ・ナス・スイカ	7年以上休栽
	ゴボウ・サトウダイコン	5～6年以上休栽
	エダマメ・トマト・ピーマン・サトイモ	3～4年以上休栽
	キュウリ・ジャガイモ・インゲン	2年休栽
連作障害が出にくい野菜	サツマイモ・カボチャ・ニンジン・タマネギ・ネギ・コマツナ・シュンギク・ニンニク・フキなど	

輪作の目的と方法

輪作の重要な機能は、土壌病害虫と土壌養分の制御である。輪作による土壌病害虫の発生の抑制は、土壌病原菌の生存期間に応じた宿主作物不在の効果と、抵抗性品種や対抗性植物による積極的な密度低減効果に分けられ、後者は輪作年数の短縮や効果の向上に有効な輪作の機能とみなすことができる。

野菜栽培では同じ畑でナス、トマトなどのナス科、キュウリ、メロンなどのウリ科野菜類など、同じ科の連続栽培は避ける。ハクサイ、キャベツなどの葉ものを栽培した後はトマトなどの果菜類を、その後はニンジンやイモなどの根菜類やエダマメなどマメ科作物を作るといった輪作栽培を心がけたい。

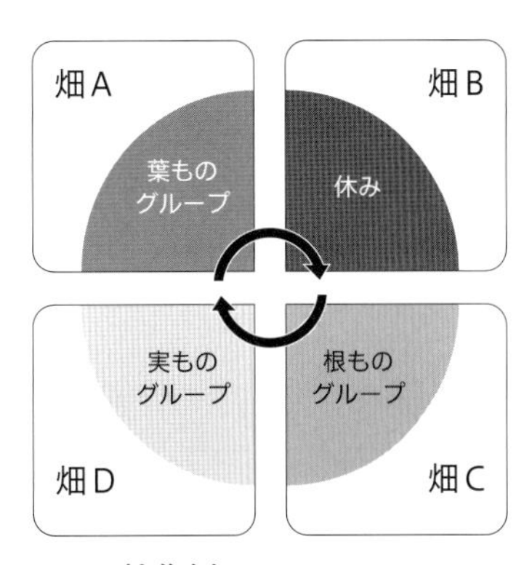

図4　輪作例

環境保全型の農薬選び

有機農産物に使える農薬

有機農業で生産される有機農産物は、無農薬・無化学肥料によって生産されたものだけなのかといえばそうではない。農林水産省が制定した有機農産物❶の日本農林規格（有機JAS）によれば、農薬や肥料として「化学的に合成された物質」の使用は認められていないが、「生物または天然物由来」のものは環境にやさしく、人や家畜にも毒性の少ない普通物❷として使用が認められている。

以下に「有機農産物に使える主な農薬」（表1）を紹介する。有機JASに認定される農産物を生産するには、どんな農薬が使えるかを表1で確認する。

「有機農産物」は登録認定機関の検査を受けて「有機認定事業者」になり、「有機JASマーク」（図1）の貼付を許されて、初めて「有機」や「オーガニック」の表示が可能になる。

❶有機農産物
化学的に合成された肥料及び農薬の使用を避けることを基本として、農業生産に由来する環境への負荷をできる限り低減した栽培管理方法を採用した圃場において、基準の例は下記のとおりである。

「有機農産物の日本農林規格」の基準に従って生産された農産物。
①周辺から使用禁止資材が飛来しまたは流入しないように必要な措置を講じていること
②播種または植え付け前２年以上化学肥料や化学合成農薬を使用しないこと
③組換えＤＮＡ技術の利用や放射線照射を行わないこと

❷普通物
「医薬用外毒物」や「医薬用外劇物」に指定されていない農薬

図1　有機JASマーク

表1　有機農産物に使える主な農薬
（有機JAS法より抜粋：2021年3月26日現在）

除虫菊乳剤
デリス乳剤・粉・粉剤
なたね油乳剤
マシン油エアゾル・乳剤
硫黄くん煙剤・粉剤
硫黄・銅水和剤
水和硫黄剤
石灰硫黄合剤
シイタケ菌糸体抽出物液剤
炭酸水素ナトリウム水溶剤
炭酸水素カリウム水溶剤
銅水和剤・粉剤
天敵等生物農薬及び生物農薬製剤
　天敵農薬（昆虫・ダニ・線虫）
　　オンシツツヤコバチ剤
　　スワルスキーカブリダニ剤
　微生物農薬（微生物）
　　BT剤
　　ボトキラー
　　ミルベクチン製剤
　　スピノサド製剤
混合生薬抽出物液剤
還元澱粉糖化物液剤
デンプン水和剤

天然物由来の農薬から生物農薬まで

◆天然無機物使用の農薬　天然の無機物である硫黄を使った農薬「石灰硫黄合剤」は、殺虫・殺菌作用をもち、強い硫黄臭のある強アルカリ性の古典的な農薬である（カイガラムシ類、ダ類、さび病、うどんこ病などに効く）。金属である銅の殺菌力を利用した銅水和剤（Zボルドー）や、硫黄・銅水和剤（園芸ボルドー）も適用病害が広い「多作用点接触活性剤❸」で、予防効果があり、連続散布しても耐性菌が生じにくい農薬である。また、「炭酸水素カリウム水溶剤」（図2）は主成分が洗口剤にも使われる安全なもので、高濃度のカリウムイオンがうどんこ病などの菌体内に浸透して死滅させ、植物体内にも肥料養分として吸収されて耐病性を高める「植物保健薬」❹である。

◆食品原料の「気門封鎖型薬剤」　デンプン水和剤やナタネ油乳剤などは気門封鎖型薬剤と呼ばれ、昆虫の気門（吸気口）を物理的にふさぎ窒息死させる薬剤で、ハダニ類、アブラムシ類、コナジラミ類などの極小害虫に速効性を発揮する。気門を封鎖する主原料（デンプン、ナタネ油、脂肪酸グリセルド、還元デンプン糖化糖❺）など食品由来なので安全で使用回数に制限がなく、抵抗性をもつ害虫が発生するおそれもない（図3）。

◆生物的防除資材としての生物農薬　生物農薬とは、「有害生物の防除に利用される、拮抗微生物、植物病原微生物、昆虫病原微生物、昆虫寄生性線虫、寄生虫あるいは捕食性昆虫などの生物的防除資材」（日本植物防疫協会『農薬用語辞典』）と定められており、農薬として微生物や昆虫などを生きた状態で製品化したものである。

　生物農薬として利用される生物から分類すると、天敵昆虫（捕食性昆虫、寄生性昆虫などで、捕食性ダニ類も含む）、天敵線虫（昆虫寄生性線虫、微生物捕食性線虫など）、微生物（細菌、糸状菌、ウイルス、原生動物など）があり、天敵昆虫や天敵線虫を有効成分とするものを天敵農薬、微生物を有効成分とするものを微生物農薬と呼ぶ場合もある。表1中の「天敵等生物農薬」として、天敵農薬ではオンシツツヤコバチ剤やスワルスキーカブリダニ剤などがあり、微生物農薬では、細菌である枯草菌を活かしたBT剤やボトキラー、また2012年のJAS法の見直しで新規に追加された、土壌放線菌を培養・抽出した殺ダニ・殺虫剤のミルベクチン製剤、土壌放線菌由来の殺虫剤であるスピノサド製剤がある。このほかにも、微生物由来の新農薬が加わり、ウイルス剤が病害の予防にも使われるようになった。

図2　殺菌剤/カリ肥料「カリグリーン」

❸多作用点接触活性剤
病害虫の生命維持機能を阻害する作用点（攻撃点）が多い農薬（→p.141〈選択性農薬の増加も原因〉の項参照）

❹植物保健薬
病害虫を殺す農薬の役割と、植物の栄養を補う役割を合わせもつ薬

図3　気門封鎖型デンプン水和剤「粘着くん」
（写真提供：住友化学株式会社）

❺還元デンプン糖化糖
水あめを還元して作られる甘味料。具体的には水あめに水素を加えて変化させたもので、以下の特徴がある。
　砂糖よりもカロリーが低く、ダイエット食品やシュガーレス菓子に適している。高温にも強く、調理や加工に向いている。保存性が高く、食品の日持ちをよくする。体内でほとんど消化されず、カロリーが発生しない。

「減農薬」は天然物由来農薬の活用で

安心・安全な農産物を求める消費者の声の高まりや、生産者の農作業の安全性を求める声、人工的に合成された化合物を自然環境にこれ以上投与・蓄積させたくないという声に応え、「環境保全」の観点から、有機農産物に使える農薬としてはもちろん、環境保全農業で利用する農薬としても、天然物由来農薬・生物農薬への期待が非常に高まっている。

残留農薬と1日当たり摂取許容量（ADI）

農薬を使用した結果、収穫された農産物に残留した農薬を残留農薬という。

作物に散布された農薬は、本来の役割を果たすと収穫時期までにはそのほとんどが分解するが、収穫時期までに完全には失われなかったり、収穫後の農薬使用により微量ではあるが作物体内に残留したりする場合がある。この残留農薬が人や環境に悪影響を及ぼさないように、各種の基準が法律で定められている（表2）。

一つは、厚生労働省が食品衛生法に基づいて設定している「残留農薬基準」である。さまざまな毒性試験の結果から、個々の農薬が農産物ごとに決められていて、この基準が守られている農作物は、摂取量から計算される農薬摂取量が、その農薬を一生涯にわたって毎日摂取し続けたとしても、危害を及ぼさないとみなせる体重1kg当たりの許容1日摂取量（ADI：acceptable daily intake）に50を乗じた値（大人の体重を50kgとして）よりも小さくなるように設定されている。

表2　農薬残留に関するの各種基準

農薬登録保留基準値 （環境省ホームページ）	農薬利用に伴う被害防止の観点から、農薬取締法に基づき環境大臣が定める基準。この基準に該当する農薬は登録が保留される。	
	作物残留性に係わる登録保留基準	農作物等への農薬残留が原因となり、人畜に被害が生じることを防止するための基準。
	土壌残留性に係わる登録保留基準	土壌への農薬残留により農作物等が汚染され、それが原因となって人畜に被害が生じることを防止するための基準。
	水産動植物に対する毒性に係わる登録保留基準	水産動植物に被害が生じることを防止するための基準。
	水質汚濁性に係わる登録保留基準	公共用水域の水質汚濁が原因となり、人畜に被害が生じることを防止するための基準。
残留農薬基準値 （公益財団法人　日本食品化学研究振興財団ホームページ）	農産物を食べた人の健康が損なわれないよう、食品衛生法に基づき定められた農作物中の残留農薬の基準値。この規格に合わない食品の製造、加工、販売、使用はしてはならない。	
環境基準 （環境省ホームページ）	人の健康の保護及び生活環境の保全のうえで維持されることが望ましい基準。	

もう一つは、環境省が農薬取締法に基づいて設定している「農薬登録保留基準」である。農薬の残留などによる人や環境への影響を考慮して定められた、作物及び土壌への農薬残留、水産動植物への毒性、水質の汚濁基準で、この基準を満たさない農薬は登録できないことになっている。

環境省は、「環境基本法」に基づいて、大気の汚染、水質の汚濁、土壌の汚染及び騒音に係わる環境上の条件について、「人の健康の保護及び生活環境の保全のうえで維持されることが望ましい基準」を定めている。

特定農薬における天敵の取り扱い

2002年12月の農薬取締法改正により、登録のない農薬の製造、販売及び使用が禁止された。この禁止に伴って、農作物の防除に使う薬剤や天敵で安全性が明らかなものまで過剰に規制されることのないように、創設された制度が「特定農薬」(通称「特定防除資材❻」)である。農林水産大臣及び環境大臣が指定する農薬で、現在、天敵、エチレン、次亜塩素酸水、重曹及び食酢の5種類が特定農薬に定められている。

特定農薬として指定する天敵は、昆虫綱及びクモ綱に属する動物(人畜に有害な毒素を産生するものを除く)であって、使用場所と同一の都道府県内(離島にあっては、当該離島内)で採取された「土着天敵」に限られる。

❻農林水産省による特定農薬(特定防除資材)として指定された天敵の留意事項について
(2014年3月28日)

1土着天敵の使用について

(1) 法令に基づく遵守事項
土着天敵は、告示に基づき、当該土着天敵を採取した場所と同一の都道府県内において使用すること。

(2) そのほかの留意事項
土着天敵の使用にあたっては、使用場所、使用年月日及び使用数量等を記録すること。

2土着天敵の増殖について

法令に基づく遵守事項

(1) 土着天敵を増殖する者(専ら自己の使用のため増殖する者は除く)は、法第10条の規定に基づき、帳簿を備え付け、これに増殖を行う規模等(土着天敵の名称、増殖数量等)を記載し、少なくとも3年間保存すること。

(2) 土着天敵を増殖する者は、増殖した土着天敵の数量若しくはその効果に関して虚偽の宣伝をし、または誤解の生じるおそれのある名称を用いないこと。

(3) 土着天敵の増殖を行う場所は、告示に基づき、当該土着天敵を採取した場所と同一の都道府県内に限ること。

酵素パワーで生分解性プラスチック製品の分解を加速 農研機構農業環境研究部門

農業で使用するマルチフィルムは、畑の表面を被覆することで水分、地温、肥料の保持、雑草や病害虫の防除などに役立つ資材だが、使用後の回収に手間がかかる。また、正しく廃棄しないと環境を汚染する原因となることがある。

一方で生分解性農業用マルチフィルムは、微生物の働きによって二酸化炭素と水に分解される資材で、使用後はそのまま土に鋤き込むため回収の手間がかからない。

生分解性農業用マルチフィルムは、栽培期間中に破損しないように耐久性が高められている。このため土に鋤き込んでも使用者の望むタイミングで分解させることが難しい。

農研機構は、イネの葉や籾に常在する酵母菌シュードザイマ・アンタークティカが、生分解性プラスチックを分解する酵素を分泌することを発見し、その分解酵素をPaEと名付けた。また、PaEが生分解性農業用マルチフィルムの素材のひとつであるポリブチレンサクシネートアジペート（PBSA）やポリブチレンサクシネート（PBS）、ポリ乳酸を分解することも発見している。

最近の生分解性農業用マルチフィルムには、分解が遅いポリブチレンアジペートテレフタレート（PBAT）を主成分とする製品や、PBATよりさらに分解が遅いポリ乳酸（PLA）を添加した製品が増えているが、PaEが上記PBATを分解することもわかった。

PBSA、PBS、PBATそれぞれの素材で作られたフィルムをPaE溶液に浸漬すると、フィルムは表面から分解がはじまり、数時間以内にPBSA>PBS>PBATの順で薄くなった。これらの生分解性プラスチック素材を混合した市販の生分解性農業用マルチフィルムにおいても、PaE溶液に浸すことで分解された。畑の畝に張った市販の生分解性農業用マルチフィルムの表面にPaE溶液を散布することで、翌日にはフィルムの強度低下が確認された。また、畑に鋤き込んだ後すぐに、土の中や表面から目視で回収できたフィルム断片は、酵素処理をしなかった場合に比べて、大きな断片が減り、総重量も減少した。これにより生産現場においても、酵素処理によってフィルムの分解が加速されることが判明した。

マルチフィルムは、酵素を散布処理した翌日には強度が下がり、壊れやすくなるため、土の中へ鋤き込み、分解を促す処理が容易となる。これにより、使用者が望むタイミングで生分解性プラスチックの分解を促進させ、処理労力を画期的に低減することが期待できる。

（農研機構プレスリリースを再編集）

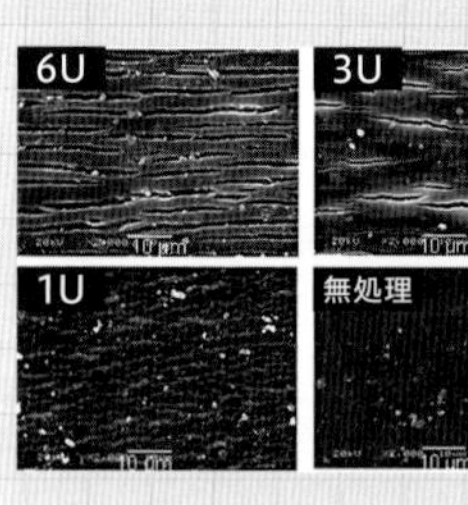

図2　散布処理翌日（24時間後）のマルチフィルム表面

散布処理に使用したPaEの濃度（ユニットUで表示）が高いほどマルチフィルム表面にミクロレベルで亀裂が生じている。ユニット（U）は酵素の力価を示す。生分解性プラスチックPBSAエマルジョンの660nmにおける吸光度を1下げる酵素の量が1Uとなる。3Uは3倍量、6Uは6倍量に相当する。（農研機構提供）

図1　PaE散布処理後の比較

市販の生分解性マルチフィルム（黒）を、野菜を栽培せずに2カ月展張した後に、PaE散布処理を行った。（白い着色が認められる部分、幅0.5m）、処理翌日に目視で確認できる亀裂が発生した。（農研機構提供）

5

栽培分野(2)

主な作物の栽培の基本

［穀類］※
イ　ネ

［葉茎菜類］
キャベツ
タマネギ
ネギ
ホウレンソウ
レタス

［果菜類］
カボチャ
キュウリ
スイートコーン
トマト
ナ　ス

［根菜類］
ダイコン
ニンジン

［いも類］※
サツマイモ
ジャガイモ

［豆類］※
ソラマメ

［果実的野菜］
イチゴ

［果実類］
果樹全般

［花き］

［畜産］

分類の表記について

分類の名称は、農林水産省の『作物統計調査における調査対象品目の指定野菜及び準ずる野菜』による分類。ただし、※は、農林水産省の『作物分類』による分類。

イネ

穀類

作物の基本情報

穀類・イネ科

原産地	中国南部長江流域
主な生産地	新潟県、北海道、秋田県、山形県、宮城県（2021年産）
収穫量	756万3000t（2021年産）

［環境適性］

適温	発芽30～34℃、生育25～30℃
土壌	水持ちのよい平らな土壌、pH6.0～6.5
光	強い光を好む
水	移植から収穫まで多くの水を灌漑する

表1　水稲作10a当たり直接労働時間の推移（全国平均）

（単位：時間/10a）

	1970年	2012年	削減率
育苗	7.4	3.2	▲57%
耕起整地	11.4	3.5	▲69%
田植	23.2	3.2	▲86%
除草	13	1.4	▲89%
管理（※）	10.8	6.4	▲41%
刈り取り脱穀	35.5	3.2	▲91%
その他	16.5	3.6	▲78%

（農林水産省「農業機械をめぐる状況」平成26年より）

❶イネの生育ステージを主稈（しゅとう）（親茎）の葉の枚数で表したもの。

イネ移植栽培（田植え機栽培）

イネづくりに必要な作業を順に追ってみると、種まき・育苗から始まり、本田の耕起・代かき、田植え、追肥、除草、中干し、病害虫の防除を経て収穫となる（図1）。現在のイネづくりにとって機械は欠かせないものとなっており、ほぼすべての工程に係わっている。

トラクタ・田植機・コンバインなどの作業機械の登場は、イネづくりの作業労働の軽減化を図るうえで画期的であった。トラクタは田んぼの土つくり（耕起・代かき）で活躍する機械で、耕起作業では田んぼの耕盤を平らに仕上げることに使用される。また、水を入れた状態で行う代かきでは、土を軟らかく平らにすることで苗を植えやすくし、生育ムラをなくす。

次の工程で活躍するのが田植機である。苗を移植する機械だが、必要な量の苗をツメでかき取りながら、平らに代かきされた軟らかい田面に植え付ける。

田んぼに植えた苗が育ち、やがて出穂して登熟が進み、最後に実った米の収穫作業を行う機械がコンバインである。コンバインは、それまで手作業で1つ1つ進めていたイネの刈り取り・脱穀・選別調整・わらの散布の工程を、刈り取りながら一挙に行うことができる。

作業機械の開発による労働時間の削減は大きく、田植え関連の作業だけを見ても育苗で57％、田植えで86%、刈り取り脱穀においては91％もの労働時間削減率（1970年と2012年との比較）である（表1）。

田植え機のテスト機が開発されたのが1962（昭和37）年だが、昭和40年代中頃には、箱育苗－田植え機－バインダー（自脱コンバイン）という、田植機移植機械化体系ができあがった。

田植え機がもたらしたのは、人の手で植えていた苗を単に機械が植えるという変化だけではなかった。それまで苗代と呼ばれる専用の圃場で葉齢❶6～7葉になるまでイネの苗（成苗）を手で育てていたが、田植え機が導入されてからは、幅30cm

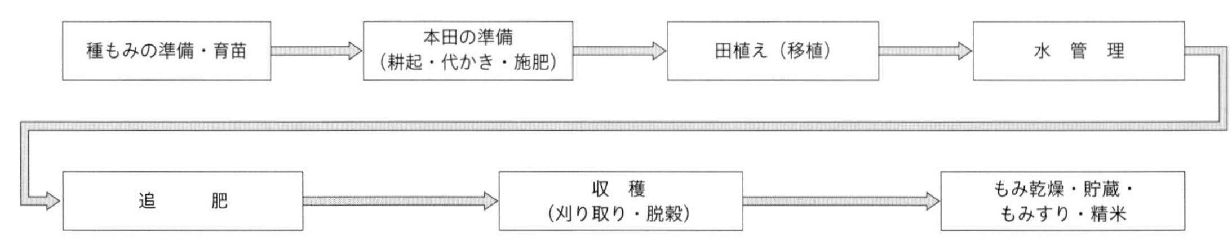

図1　水稲田植え機栽培の作業体系

×長さ60cm×深さ3cmの育苗箱で葉齢2.0～2.4葉程度の小さな苗（稚苗）を育て、それを田植機で植えるという大きな変化をもたらしたのである。

開発当初は稚苗利用で始まったが、その後、同じ育苗箱を利用し播種量を減らして葉齢を進めた中苗（葉齢3.5～4.5葉程度）、さらには成苗（葉齢5.5葉以上）を利用する技術も開発された。さらに複数のポットが集まった育苗箱で育てるポット成苗も生まれている（図2）。一方で、播種量を増やして密播苗を育て、田植え機には少量かき取りさせることで、使用する苗箱の数を減らすことができる省力とコスト削減技術（「蜜播苗移植」〈葉齢2.0～2.3葉〉）も開発されている。

田植え機は、容易に株間を調節することができ、株当たりの苗数も調節できる。手植えのときに比べ、田植え機栽培は、圃場の地力や栽培する品種、栽培面積の違いなどに合った栽培が可能になった。

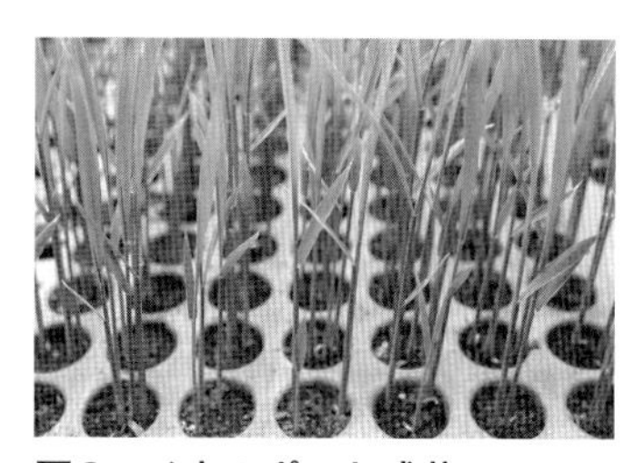

図2　イネのポット成苗

（写真提供：PIXTA）

イネの直播栽培

イネの直播栽培は、種子を水田に直接播種する方法であり、全水稲作付面積約146万haの約2.4％＝約3.5万ha（2020年）で行われている。そのうち畑状態の本田に播種する乾田直播が約1.5万ha、残りが湛水状態の本田に播種する湛水直播種である。

育苗や田植えが不要になるため、通常の移植栽培に比べて労働時間で約2割、10a当たり生産コストで約1割の削減ができるといわれている。また、出穂期・成熟期が稚苗移植より1～2週間程度遅れることから、移植栽培と組み合わせることにより作業ピークを分散することができ、野菜などの他作物との複合もやりやすくなる。

乾田直播の栽培方法　「耕起乾田直播」の栽培は、耕起、砕土、均平、施肥、播種、覆土などを畑状態で行い、出芽してから2葉ないし3葉まで生育したら、その後湛水する。大型の作業機で効率良く作業を進められるので経営規模拡大に有効だが、代かきをしないため漏水防止の効果がなく、減水深（水田に水を貯めた際に、1日に水が減る量。1日2cm程度が適切）が大きくなり、肥料分が流失するなどの理由によりイネの生育に悪影響が出ることがある。また、耕起から播種時期の降雨は作業の精度と能率、出芽の良否に影響を及ぼす場合もある。乾田直播には、播種前に耕さない「不耕起乾田直播」もある。播種時期の雨に左右されず、種籾を土中に点播する方法、条播する方法、播種部分のみ耕起砕土する部分耕播種など、いろいろなやり方で取り組まれている。さらには、圃場の漏水対策、田面の均平化、前作の残渣の始末、確実な除草などの問題を改善する方法として、冬期に代かきした水田に不耕起播種機❷で播種する「冬

❷不耕起播種機とは、播種作業時に、圃場を耕うんせずに播種・施肥・鎮圧を同時に行う機械（図3）。

図3　不耕起V溝直播機

（写真提供：愛知県）

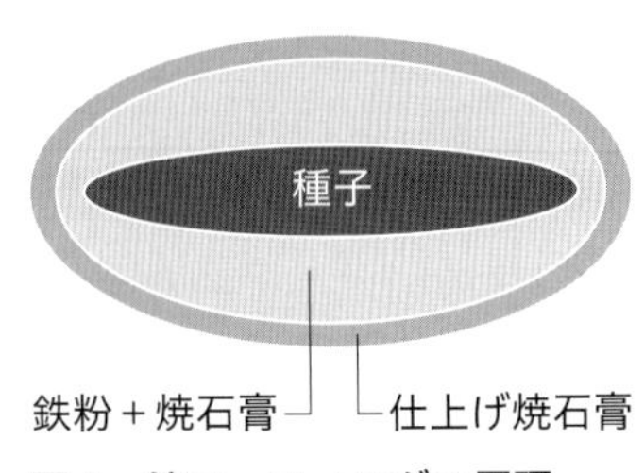

図4　鉄コーティングの原理
（資料：クボタホームページ「鉄コーティング」とは）

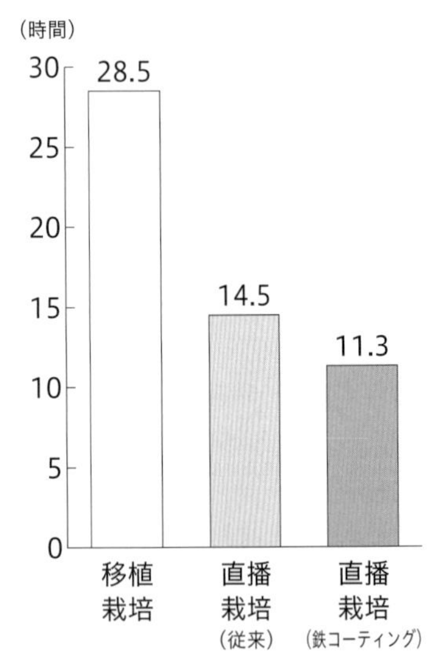

図5　10a当たり栽培別労働時間
鉄コーティング種子は播種、施肥、除草剤散布の作業を一度に行うこともできる
（資料：全国農業システム化研究会）

図6　スクミリンゴガイ（ジャンボタニシ）　（写真提供：PIXTA）

❸過酸化カルシウムが水と反応して、酸素を発生させる。

❹筆とは、一区切りの田畑・宅地を占める語。土地の単位で、土地登記等のうえで一個の土地とされているもの。

期代かき乾田直播」方式が行われている。忙しい春には耕耘作業が省略できる。

湛水直播の栽培方法　播種前に入水して代かきを行った水田に、田植えをする代わりに種籾を直接播く栽培で、播種方式によって「散播」「条播」「点播」に分けられる。メリットは、乾田直播と異なり、播種作業で天候の影響を受けにくく、降雨があっても、雨がやめば作業を早期に実施することが可能である。減水深が大きいなど乾田直播を導入するには難しい圃場であっても適用できる。ただ、湛水条件では出芽が阻害されるため、湛水条件で酸素を発生して苗立ちを良くするために、過酸化カルシウムの種子被覆❸と、播種後の落水管理などが行われている。また、鳥による食害も受けるため、鉄コーティング種子（図4）などの工夫も生まれている。暖地ではスクミリンゴガイ（ジャンボタニシ）（図6）による食害を回避するため、播種前に石灰窒素を散布する方法もある。

作況指数と収量構成要素

毎年、作柄の進捗具合に合わせて農林水産省から9月と10月の各月15日現在の作況指数の速報値が公表されており、最終的には12月にその年の作況指数が確定する。この「作況指数」は、田10a当たりの平年収穫量（平年値）を100とし、その年の収穫量を示す指数をいう。平年収穫量は、水稲の栽培を開始する以前に、その年の気象推移や被害発生状況を平年並みになるとみなしたうえで、最近の栽培技術の進歩などを考慮した実収量を基に策定された「その年に予想される10a当たりの収量」と定義されている。作柄の良否（作況指数）は、不良（94以下）、やや不良（95～98）、平年並み（99～101）、やや良（102～105）、良（106以上）の5区分に分かれており、数値が100を上回るほど豊作、下回るほど不作を意味する。

さて、イネの収穫前の9月や10月にどうしてその年の収量を予想できるのだろうか。

農林水産省による「水稲収穫量調査」は、全国で1万筆❹もの作況標本筆を設定しての実測調査が年5回行われる。そのときの調査結果を基に、9月と10月、そして12月に、その時点での作況指数が出されるのである。この調査で実測されるのが、「1㎡当たり株数」、「1株当たり穂数」、「1穂当たりモミ数」、つまり1㎡当たりのモミ数である。

イネの収量（収穫量）は、穂数、1穂モミ数、登熟歩合、千粒重の4つの要素から成り立ち、これらを収量構成要素という。「水稲収穫量調査」によってモミ数がわかるので、登熟歩合と千粒重を掛けることで、収穫前でも収量を予想できる。

下記は収量を求める際に使用される式で、農林水産省の作況調査やその年の収量の需要解析などに使われる。

1㎡当たりの収量＝
1㎡当たりの株数×1株当たりの穂数×
1穂当たりのモミ数×登熟歩合×千粒重

個々の要素を見ていくと、穂数は1㎡当たりの収穫できる穂の本数、1穂モミ数は一つの穂に実るモミの数、登熟歩合は全モミ数に対する成熟したモミ（出荷できる玄米）の割合、千粒重は玄米1000粒当たりの重さである。上記の式からは、1㎡当たりで収穫できた玄米の量（g）を求めることができる。一般にイネは10a当たりの収量で表記されることが多いので、上記の式の値に1000をかけたものがその値となる。ちなみに2021年産の水稲の全国平均収量は535kgであった。

水田除草・病害虫防除

イネづくりにおける雑草・病害虫の防除について、実際の現場では薬剤による防除が大きな役割を担っている。事実、薬剤の使用によって農家の作業の負担は軽くなった。しかし、耐性をもつ雑草・病害虫が出始めており（→p.141〈農薬に強い病害虫の発生〉の項参照）、新たな問題も発生している。近年では、除草剤だけに頼らない除草法や、カメムシ被害を防ぐ畦の雑草の刈り方や刈る時期の工夫❺など、化学農薬だけに頼らない複数の方法を組み合わせた、総合的な防除に対する関心が高まっている。

品種の選択

米の消費の減少が止まらない状況において、これまで主食用米を中心とした品種の栽培が大きく変わろうとしている。以前から栽培されている醸造用米やもち米の品種のほか、現在では、粉食として利用する米粉パンや米粉麺に向く品種など、加工用品種も育成されている。また、家畜の飼料として生産するための飼料用米品種や、刈り取った茎葉と、モミごとサイレージ（WCS❻）にして利用する飼料用イネ品種も育種され、それぞれの経営のねらいに合わせた品種の選択が可能になってきた。また、地球温暖化のなかで大きな問題となっている登熟期の異常高温による品質低下（「白未熟粒」など）に対して、耐性をもつ品種も育成されている。

◆主食用品種　全国の品種別作付け割合を見ると、良食味をね

図7　アイガモの水田放飼
（写真提供：PIXTA）

❺水田除草では、アイガモやコイなどを水田に放飼して雑草を減らす方法や、圃場内をチェーンなどを引いて除草する方法など考案されている。カメムシ対策としては、畔草刈りを出穂2～3週間前と出穂期に徹底する（滋賀県）ことや、高刈り（草刈りの高さ10cm程度）を継続することで、カメムシの発生源となるイネ科の雑草の植被率（単位面積当たりにおいて植生が地表面を占める面積の割合）を減らし、イネ科以外の雑草の植被率が高い状態を維持する。

❻（WCS）とは、穂と茎葉を丸ごと刈り取り、乳酸発酵させた粗飼料（ホールクロップサイレージ：Whole Crop Silage）のことをいう（→p.207欄外❺参照）。

表2　令和2年度うるち米（醸造用米、もち米を除く）の品種別作付割合上位20品種

（単位：%）

順位	品種名	作付割合	主要産地
1	コシヒカリ	33.7	新潟、茨城、栃木
2	ひとめぼれ	9.1	宮城、岩手、福島
3	ヒノヒカリ	8.3	熊本、大分、鹿児島
4	あきたこまち	6.8	秋田、茨城、岩手
5	ななつぼし	3.4	北海道
6	はえぬき	2.8	山形
7	まっしぐら	2.5	青森
8	キヌヒカリ	1.9	滋賀、兵庫、京都
9	きぬむすめ	1.6	島根、岡山、鳥取
10	ゆめぴりか	1.6	北海道
上位10品種計		71.7	
11	あさひの夢	1.5	栃木、群馬
12	こしいぶき	1.4	新潟
13	つや姫	1.2	山形、宮城、島根
14	夢つくし	1.0	福岡
15	ふさこがね	0.9	千葉
16	あいちのかおり	0.9	愛知、静岡
17	天のつぶ	0.8	福島
18	あきさかり	0.7	広島、徳島、福井
19	彩のかがやき	0.7	埼玉
20	きらら397	0.7	北海道
上位20品種計		81.5	

注）ラウンドの関係で計と内訳が一致しない場合がある。

（資料：米穀機構「令和2年産水稲の品種別作付動向について」）

表3　加工用米

●米粉用に適する品種（米粉パン用）	
ほしのこ	北海道での栽培にむく粉質米品種　※1
ゆめふわり	低アミロース あきたこまち熟期　※2
こなだもん	ヒノヒカリ熟期　※1
ミズホチカラ	パンの膨らみ良好　※1
笑みたわわ	パンの膨らみ良好　※1
●米粉用に適する品種（米粉麺用）	
北瑞穂	北海道の栽培むき　※2
あみちゃんまい	ひとめぼれ熟期　※2
越のかおり	コシヒカリ熟期　※2
ふくのこ	ヒノヒカリ熟期　※2

※１は米粉の損傷デンプン（傷ついたデンプン。膨張率に関与）が少なく、パン用にむく
※２は低アミロース（デンプン成分の一種）品種で、もち米とうるち米の中間の米

らいとした品種が上位を占めている（表2）。1956年に命名登録されたコシヒカリは、1979年に作付面積1位になってから常にトップを維持し、現在でも30%以上の作付面積を誇る。以下、ひとめぼれ、ヒノヒカリ、あきたこまち、ななつぼしと続くが、いずれもコシヒカリの血をひく品種で、良食味の良さを活かしながら、その土地にあった新品種として育成されている。

◆加工用品種　粉砕して米粉パンの原料として期待されているのが、西日本ではミズホチカラや笑みたわわ、東日本ではゆめふわりなどの品種。米粉麺用には、あみちゃんまい、越のかおり、ふくのこなどの品種がある（表3）。

◆高温耐性品種　表4は、各地域区分の高温登熟性を調査した品種をまとめたものである（北海道を除く）。

飼料用米・飼料用イネ栽培

米価の下落や休耕田の増加、若い人の米離れなど厳しい状況にあるイネだが、その解決策として期待されているのが飼料用米・飼料用イネで、それぞれに専用品種が育成されている。

飼料用米は、水田を活用してできる飼料用のコメで、10a当たり1t近い収量ができる超多収が特長である。2020年産の飼料用米の作付面積は全国で7.1万ha、生産量としては38万tの収量があった。

飼料用イネは牛のエサ用として栽培される。イネを丸ごと刈り取って一つの塊（ロール）にし、ラップをして発酵させサイレージ（❻WCS参照）にして牛に与える。いずれも収量に応じた直接支払交付金が助成（→p.30「農業・農村の多面的機能と支援策」参照）されている。

表4　全国の水稲高温登熟性標準品種

地域区分	生態型	高温登熟性				
		弱	やや弱	中	やや強	強
寒冷地北部・中部	極早生・早生	駒の舞 初星		むつほまれ あきたこまち	ふ系227号 里のうた こころまち	ふさおとめ
	中生	ササニシキ		ひとめぼれ はえぬき	みねはるか	
	晩生・極晩生			コシヒカリ	つや姫	笑みの絆
寒冷地南部	極早生・早生	初星		あきたこまち ひとめぼれ	ハナエチゼン	
	中生	ともほなみ	コシヒカリ			笑みの絆
	晩生・極晩生	祭り晴		日本晴 みずほの輝き	あきさかり	
温暖地東部	極早生・早生	初星 あかね空		あきたこまち コシヒカリ	とちぎの里	ふさおとめ 笑みの絆
	中生	彩のかがやき さとじまん		日本晴	なつほのか	
	晩生・極晩生	葵の風 ヒノヒカリ		シンレイ	コガネマサリ	
温暖地西部	極早生・早生		キヌヒカリ	あきたこまち ひとめぼれ コシヒカリ	ハナエチゼン つや姫	ふさおとめ
	中生	祭り晴		日本晴		
	晩生・極晩生	葵の風 ヒノヒカリ			コガネマサリ	
暖地	極早生・早生	初星 祭り晴	黄金晴	日本晴	みねはるか	なつほのか
	中生	ヒノヒカリ	シンレイ	にこまる	コガネマサリ	おてんとそだち
	晩生・極晩生	あきさやか	たちはるか		ニシヒカリ	

（農研機構「北海道を除く全国の水稲高温登熟性標準品種の選定」より）

キャベツ

葉茎菜類

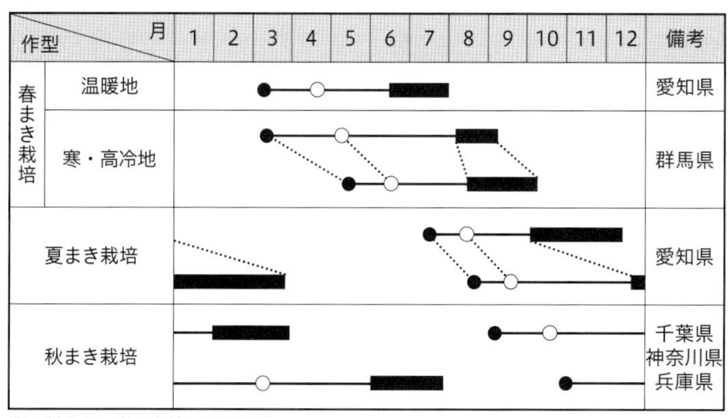

作物の基本情報

葉茎菜類・アブラナ科

原産地	ヨーロッパの地中海・大西洋沿岸
主な生産地	群馬県、愛知県、千葉県、茨城県、長野県（2021年産）
収穫量	148万5000 t（2021年産）

［環境適性］

適温	発芽15～30℃、生育15～25℃
土壌	排水のよい土壌、pH6.0～7.0
光	比較的強い光を好む
水	乾燥で小球、過湿で裂球の原因となる

［主な病害虫］

病気	苗立枯病、黒腐病、べと病、菌核病、軟腐病など
害虫	アブラムシ類、コナガ、ヨトウガ、オオタバコガ、ハイマダラメイガなど

主産地及び作型の特徴

キャベツは産地のリレー方式によって周年で栽培が行われている野菜で、出荷時期によって、春キャベツ、夏秋キャベツ、冬キャベツに分けられている。中でも大きな割合を占めているのが2大産地の愛知県と群馬県で、東京・大阪の市場共に、7～10月の夏秋キャベツの時期には群馬県産が、11～4月の冬キャベツの時期には愛知県産が流通している。4～6月の春キャベツの時期になると、東京の市場では千葉県産・神奈川県産が出回り、大阪の市場では兵庫県産や茨城県産のほか、この時期にも愛知県産が占める割合が大きい。

キャベツは比較的涼しい気候を好むので、春まき栽培の夏季には群馬の高冷地が栽培に向き、夏まき栽培の冬季には愛知県の比較的温暖な気候が適地となる。

春まき栽培　播種時期は3～5月で、収穫時期は6～10月の作型。収穫が連続するように、順番に播種していく。気温が次第に高くなっていく季節の栽培なので、主産地は冷涼な地域である。早春まきでは育苗が低温のため、育苗時にトンネルをかけるなどの保温が必要になる。また5～6月の初夏まきでは、雨除けハウス育苗が望ましい。収穫時期が病害虫の多い夏の盛りにあたるため、耐病性品種を選ぶ。

夏まき栽培　播種時期は7～8月で、収穫時期は10～3月の作型。主に秋から冬にかけて収穫する。キャベツ栽培では基本となる作型で、年間でもっとも栽培面積が多い作型である。この作型は冬に向かう栽培のため、ほかの作型に比べ比較的病害虫の発生が少なく、栽培しやすいのが特徴。育苗期から生育初

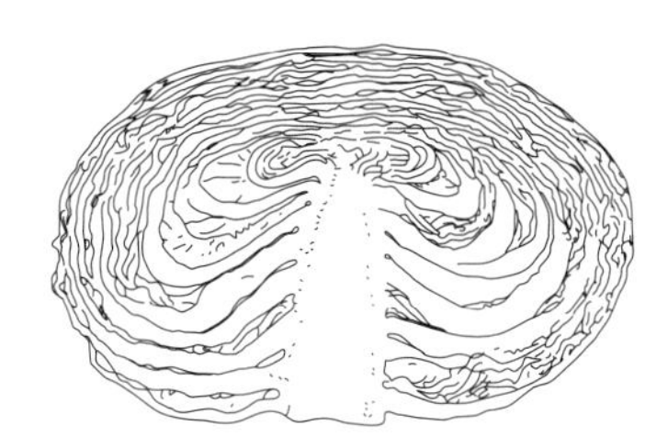

充実型

肥大型

図1　球の型と結球の様子

（資料：実教出版『野菜』）

期に適正防除を行えば、後半の病害虫の発生は少ない。しかし、根こぶ病の発生が心配される圃場では土壌消毒のほか、石灰による酸度矯正（最適pHは6.0～6.5）や、萎黄病が心配される圃場では抵抗性品種の選定が必要になる。また、日照が短くなる作型なので、圃場は日当たりが良く排水性の良い場所を選ぶようにする。

この作型では、早いものは年内に収穫することができる。ただし、1～2月の厳寒期に収穫するものは、寒害でキャベツが凍るために発生する腐敗病が問題になる。また、この作型の初期に播種した場合では、育苗期から生育初期にかけてコナガやヨトウムシを中心にした害虫が多発するほか、根こぶ病の発生も心配される。

冷涼地・中間地では年内に収穫を行うが、寒害を受けにくい暖地では越冬どりが可能である。

秋まき栽培　播種時期は9月と11月で、収穫時期は2～3月と6～7月の作型。この作型には収穫時期によって、年内定植と翌年2月下旬から3月に定植する2つがある。

キャベツは、一定以上に育った苗が低温に一定期間遭遇すると花芽を分化し、その後の高温・長日でとう立ち、開花する性質がある。花芽分化の遅い品種でも、冬季に生育が進みすぎるととう立ちを起こすことがある。低温に感応しない大きさで越冬させ、翌春に結球させるためには、低温感応性の鈍い品種を選択する。花芽を分化してとう立ちする早さは品種によって異なるので、栽培地域に適した品種を使用し、適期に播種することが重要になる。

野菜の性質と栽培のポイント

キャベツは、結球の仕方で充実型と肥大型に分けられ、この性質は品種によって異なる（p.165図1）。充実型は外側の葉が抱合して緩い葉球を作り、その後内側の葉が成長して葉球が充実していくタイプである。肥大型では、すべての結球葉が抱合して小さな葉球を作り、その後1枚1枚が肥大していく。一般に充実型は偏球形の晩生品種で、冬キャベツに多く見られる。肥大型は球形の早生品種で春キャベツに多い。

栽培のポイントは以下のような点である。

①土のpHは弱酸性から中性が適している。5.5以下になると根こぶ病が発生しやすくなるので、石灰を施して調整する。

②結球開始時期までに、結球葉に同化養分を送る外葉が大きく育つほど大きい球ができるため、生育期間の短い夏まき栽培は基肥を主体とし、生育期間の長い秋まき栽培は追肥に重点を置いて、充実した外葉形成をめざす。

③結球時に乾燥すると葉球の締まりが悪く、小球となるので灌水を行う。逆に過湿は地上部の変色や裂球❶の原因となるので、排水を良くする。

注目技術　フェロモンで害虫抑制

害虫（コナガ）抑制方法として、性フェロモン剤の「コナガコン」利用することで、農薬の散布回数を減らすことができる。

コナガコンは、細長いチューブあるいは特殊なテープの中に性フェロモンが封入されており、コナガの雌のフェロモンが徐々に放出されて交尾行動に影響を与え、コナガの幼虫密度を抑制する効果がある。このほか、捕獲型トラップと併用するフェロモン剤もあり、フェロモンルアー（メイガの性フェロモンでメイガの雄成虫を誘引し、粘着シートで捕獲）やフェロディンSL（ハスモンヨトウの雌成虫が放出する性フェロモンを製剤化した製品で、ハスモンヨトウの雄成虫を大量に誘引・捕殺）などがある。

作物に直接散布しないため、農薬残留などの問題も発生しない。ただし、コナガコンのフェロモンの成分は、空気中に飛散する成分で風で移動するため、捕殺型も含めて地域的な広がりをもって取り組む必要があり、3ha以上の農地で使用することが勧められている。

❶キャベツは球の内側で次々と葉が育つため、雨などで球の中の葉が一気に育ち、球が裂ける障害。

タマネギ

葉茎菜類

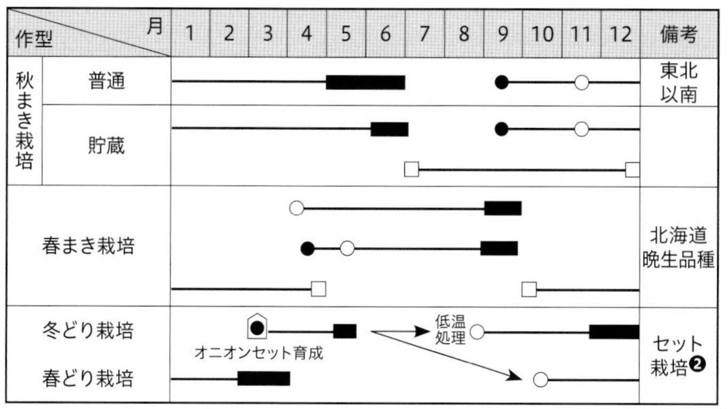

●：種まき　○：定植　⌂：ハウス　■：収穫　□：貯蔵

作物の基本情報

葉茎菜類・ヒガンバナ科

原産地	インド北西部、中央アジア南西部
主な生産地	北海道、佐賀県、兵庫県、長崎県、愛知県（2021年産）
収穫量	109万6000t（2021年産）

［環境適性］

適温	発芽15～20℃、生育20～25℃（地上部）、15～20℃（球肥大）
土壌	砂質土、砂壌土、pH5.5～6.5
光	長日・高温により結球を開始
水	浅根性で乾燥に弱い

［主な病害虫］

病気	べと病、黒斑病、軟腐病、白絹病など
害虫	シロイチモジヨトウ、ネギアザミウマ、ネギハモグリバエなど

主産地及び作型の特徴

タマネギは北海道、佐賀県及び兵庫県の順に出荷量上位3道県で、全国の出荷量の約8割を占めている。

最大の産地、北海道のタマネギは8～4月にかけて全国的に出回っており、特に東京市場ではその期間に出回るタマネギのほとんどが北海道産である。中心となっている作型は春まき栽培で、8～9月に収穫が行われ、10月以降は貯蔵されたものが出荷される❶。北海道以外の東北～温暖地では秋まき栽培が中心である。

第2の産地、佐賀県産のものが多く出回るのは4月頃からで、8月頃まで出荷が続く。東京の市場では、ちょうど北海道産と佐賀県産が入れ替わるような形となる。

兵庫県産のタマネギは大阪市場に多く出回っており、6～9月は最も多くの割合を占めている。兵庫県は北海道のような長期貯蔵ものに加え、4～5月に収穫する早生品種の栽培も行うことで、年間通しての出荷が可能となっている。

また、今までは収穫できなかった時期をねらって栽培する「セット栽培」という方法❷がある。

秋まき栽培　普通栽培は暖地・温暖地・寒冷地で中生・晩生種を使った栽培。9月中旬に播種、5～6月に収穫の作型。このほか極早生種（日長11.5時間以下で肥大）を使用すると2～4月収穫。早生種（日長12時間程度で肥大）で4～5月収穫。中晩生種（日長13.5時間程度で肥大）で6～7月収穫となる。

春まき栽培　冷涼地、特に北海道が中心で3月中旬～4月中旬に播種、4月上旬～5月中旬に定植、9月収穫の作型。長日性品種（晩生品種：日長14～14.5時間で肥大）を用いる。

冬どり栽培（オニオンセット）　中間地・暖地の3月上旬播種、

❶収穫した球は休眠状態となっており、低温・乾燥条件下で萌芽を抑えることで長期貯蔵が可能である。北海道・兵庫県ではこの性質を利用して長期出荷をなっている。

❷日長と温度条件がそろえば球が肥大する性質を利用し、苗の代わりに小球（オニオンセット）を養成して植え付ける方法。冬どりと春どりがあり、品種は極早生品種を利用する。

表1 肥大を開始する温度と日長

	日長(時間)	温度(℃)	主な品種
極早生	11〜11.5	15以下	濱の宝
早生	12	15以下	貝塚早生
中生	13	15以下	泉州黄
中晩生	13.5	15	もみじ3号
晩生	14.25	20	北もみじ2000

(資料:農文協「現代農業2014年5月号」より)

栽培のポイント

①幼苗期は生育が遅いので、育苗して畑に定植する。早まきして一定の大きさになった苗が、一定期間低温に遭うととう立ち・分球を起こしやすいので、種まき時期に注意する。定植する苗は、25〜30cmの長さで6〜7mmの太さが良苗の目安である。

②秋まき栽培の場合、定植が遅れると寒さで根付けず、成長が遅れる。早すぎると成長が進み、その後に低温に遭うと花芽ができるので春先にとう立ちしやすい。品種の早晩生にあわせて播種時期を決める。

③葉で作られた同化養分を球に転流し球を肥大させるが、葉が倒伏すると同化養分の転流も終わる。畑全体の80%以上のタマネギが倒伏した頃が収穫適期である。

5月中にセット球を収穫・貯蔵し、低温処理して8月下旬に定植、11月下旬〜12月に収穫する作型。セット球定植前の低温処理は萌芽を揃え、その後の生育を促進する効果があり、セット球は乾燥したままで予冷庫等を使って2週間以上の低温(15℃以下)にあてる。

春どり栽培(オニオンセット) 冬どりと同様にセット球を収穫・貯蔵し、それを10月に定植して2〜3月に収穫する作型。

野菜の性質と栽培のポイント

タマネギの球の肥大は、日長と温度の2つの条件が揃わないと肥大が始まらない(表1)。晩生になるほど肥大開始の日長が長くなり、肥大に必要な温度も高くなってくる。

タマネギは、ある一定の大きさに達した苗が、10℃以下の低温に一定期間遭遇すると生長点が花芽に分化する「緑植物感応型」の野菜である。一定の大きさに達した苗はその後、長日・高温下で花茎が伸びてとう立ちしてしまう。とう立ちさせないためには、播種時期と品種選び、苗の大きさが重要になる。苗の大きさは、小さな株の状態で越冬させて、気温が高まる春に大きく育てることにより、とう立ちを防ぐことができる。

注目技術 産地で工夫された植え付け道具と植え付け深さ

その1

タマネギの産地では、2条の植え溝を切って植え穴をつける道具(兵庫県淡路では「引っぱりずき」と呼ばれている)を考案し、利用している。これにより、一定の間隔での定植がやりやすくなる。

その2

植え付けの深さは大変重要で、図のBの深さまで土に埋めるようにする(Bの位置は葉鞘部の約二分の一の部分)。葉鞘部と葉身の境目(C)の深さに植えて分げつ部分が埋まると翌春の生育が著しく悪くなったり、枯れてしまったりする。また、Aのように浅く植えすぎると、霜柱や凍結で苗が浮き上がることがある(図2)。

図1 引っぱりずき

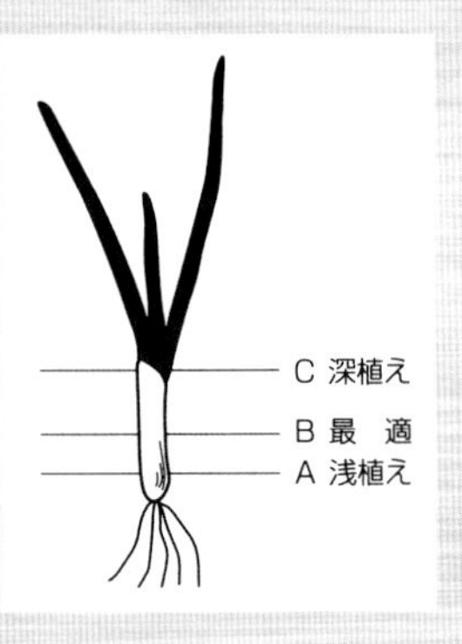

図2 タマネギの植え付け深さ

(資料:農文協『新野菜つくりの実際 根茎菜』より)

ネギ

葉茎菜類

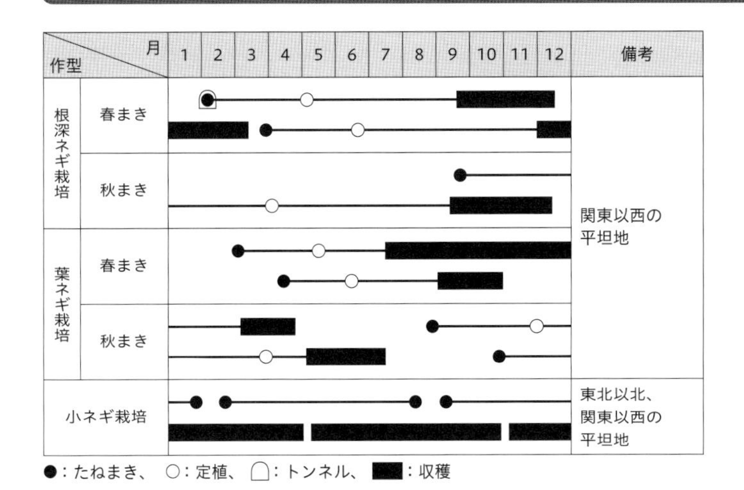

作物の基本情報

葉茎菜類・ヒガンバナ科

原産地	中国西部・中央アジア
主な生産地	埼玉県、千葉県、茨城県、北海道、群馬県（2021年産）
収穫量	44万400t（2021年産）
［環境適性］	
適温	発芽15～20℃ （最低温度1～4℃） 生育15～20℃
土壌	好適pH6.0～6.5 根深ネギは土層が深く排水の良い壌土を好む
光	比較的弱い光にも耐える
水	乾燥には比較的強いが、過湿にはきわめて弱い
［主な病害虫］	
病気	さび病、べと病、黒腐菌核病
害虫	アブラムシ類、ネギアザミウマ、ネギハモグリバエ

主産地及び作型の特徴

産地の出荷量で見ると、埼玉県、千葉県、茨城県の3県が突出して多く、北海道、群馬県が続く。

ネギは大きく分けて、土寄せによって軟白した葉鞘部を食べる「根深ネギ」と、緑の葉身部分を食べる「葉ネギ」があり、東日本では「根深ネギ」、西日本は「葉ネギ」が好まれる。そのほか、薬味やサラダ用として栽培される「小ネギ」がある。

作型として、春まきと秋まきが一般的である。春まきは、育苗期間が短いことが特徴である。播種適期は一般に3月中下旬である。極端な早播き以外は花芽分化、とう立ちのおそれはないが、播種期が遅れるにつれて病害虫の発生が多くなる（p.170〈野菜の性質と栽培のポイント〉の項参照）。

秋まきは、9月中旬を目標に播種をする。適期の播種は病害虫、特にウイルス病に強く健康な苗を得やすい。播種期が遅れると寒害を受けやすく、早すぎると翌春とう立ち株が多くなる。

ネギの品種は500以上あり、群として大別すると、夏ネギ型の加賀群、冬ネギ型の九条群、両者の間の千住群に大別される。

加賀群　冬に地上部が枯れて休眠するため耐寒性が強く、越冬率が高い品種群。北海道や東北、北陸など寒い地域で栽培。分げつが少なく、葉身・葉鞘が太いのが特徴。根深ネギとして寒冷地の栽培に適する。

千住群　越冬性や低温下の伸長・肥大等の変異性に富む。葉身の色で黒柄（濃緑）、合柄（緑）、赤柄（淡緑）などの品種に分けられている。黒柄には耐暑性がある。越冬性もあるが低温での伸長性は低く、分げつは少ない。赤柄はその真逆の性質をもち、黒柄と赤柄の中間型が合柄である。さらに黒柄と合柄の中間型が合黒となる。市販されている根深ネギのほとんどがこの千住群の品種である。

九条群　青ネギ、葉ネギとも呼ばれ、低温・高温に強く、休眠せず年間を通して栽培される。京都が発祥地で、現在は西日本に多く栽培されている。分げつ数が多くて葉が細く、葉鞘は短いが葉身は長く、柔らかで辛味が少ない。

表1　ネギの品種群と特徴　（JAかほくより引用）

品種群	代表品種	分けつ数	休眠	用途	類似品種
加賀群	下仁田	少(1)	強	根深	下仁田(長形)
	加賀	少(1～2)	強	根深	金沢太、松本一本
	岩槻	中(5～6)	強	葉(夏)	会津太
	坊主不知	多(5～15)	弱	根深	坊主不知
千住群	千住黒柄	少(1～2)	中	根深	元蔵、吉倉、羽緑一本太
	千住合黒	少(1～2)	中	根深	金長、ホワイトタワー、ホワイトツリー
	千住合柄	中(1～3)	中	根深	石倉、清滝、ホワイトスター／タイガー
	千住赤柄	中(2～4)	弱	根深	王喜
九条群	越津	中(3～4)	弱	葉・根深	越津合柄
	九条太	中(4～5)	弱	葉・根深	紺ネギ、新九条、小春、小夏
	九条細	多(5～10)	弱	葉	浅黄、奴、浅黄系九条
その他	櫓ネギ※1	中(3～5)	強	葉(夏)	やぐらネギ
	晩ネギ※2	中(2～6)	強	根深	越谷太

※1　櫓（やぐら）ネギ　とう立ちした先端にネギ坊主ができる一般的なネギとは違い、珠芽（むかご）ができる。放置すると、さらにその上に珠芽ができて櫓（やぐら）の様な形となる。

※2　晩ネギ　晩生でとう立ちの遅いネギ

野菜の性質と栽培のポイント

ネギは、ある一定の大きさ（葉鞘径5～7mm以上）に達した株が一定期間の低温（10℃以下）に遭遇することで花芽形成し、その後、高温と長日条件でとう立ちする性質（緑植物感応型）の野菜である。そのため、一般的に9～10月播種の秋まき栽培では低温期間が長いため、翌年3～4月にとう立ちする可能性がある。とう立ちをさせないためには、マルチ・トンネル被覆をしてトンネル内を20℃以上に保ち、脱春化作用（→p.115〈植物の環境の変化に対する適応力〉の項参照）によってとう立ちを回避する。

図1　ネギ坊主

（写真提供：PIXTA）

注目技術　とう立ちしない品種

とう立ちさせないためには、ネギ坊主（図1）が出ないネギを栽培するという選択もある。千葉県で古くから栽培されてきた「坊主不知（ぼうずしらず）」という伝統野菜がある。従来はその特徴を活かし、ほかのネギがとう立ちして出荷できなくなる5月から7月の間、市場の大半を占めていた。現在では晩ネギや夏どりネギの作期の拡大に伴い、5月上旬から6月上旬が出荷期間となっている。品種は、五月姫などが種苗登録され（千葉農業総合研究所育成）、宿根ネギとして種苗業者から市販されている。

「坊主不知」ネギは生育旺盛で栽培しやすく、1株から8～10本に分げつするので多収性である。上手に輪作に組み入れれば興味のわく野菜となるかもしれない。

ホウレンソウ

葉茎菜類

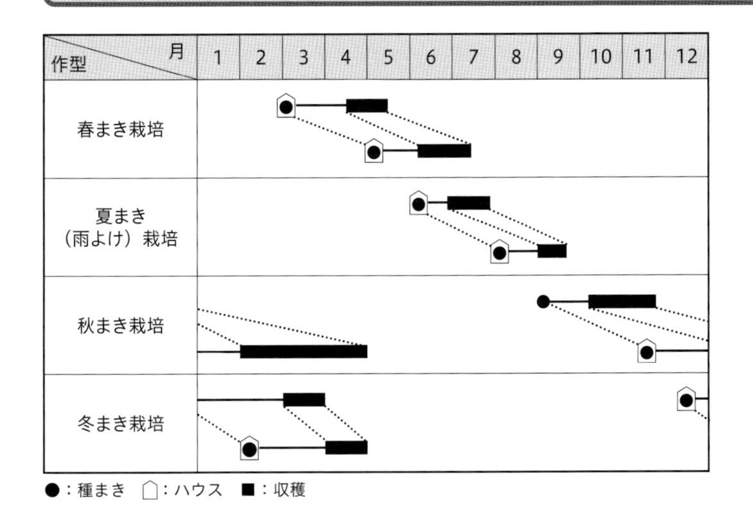

●：種まき　⌂：ハウス　■：収穫

作物の基本情報

葉茎菜類・ヒユ科

原産地	イラン（西南アジア）
主な生産地	埼玉県、群馬県、千葉県、茨城県、宮崎県（2021年産）
収穫量	21万500t（2021年産）

［環境適性］

適温	発芽15～20℃ （最低温度1～4℃） 生育15～20℃
土壌	好適 pH6.5～7.0
光	長日・低温で花芽分化し、長日・高温でとう立ち
水	湿害に極めて弱い

［主な病害虫］

病気	苗立ち枯れ病、べと病、萎凋（いちょう）病、炭疽病
害虫	アブラムシ類、コナダニ類、ハスモンヨトウ

主産地及び作型の特徴

保存期間が短く鮮度が大切になる野菜で、それを象徴するように主要な産地も東京近郊に集中している。東京の市場流通を見ると、1年を通じて群馬県・茨城県からの出荷があり、10～5月には千葉県産・埼玉県産が、6～10月には栃木県産も出回る。大阪の市場では、4～11月に岐阜県産、11～4月に徳島県産の割合が高い。群馬県・茨城県で周年出荷が可能なのは、高冷地での夏まき栽培も組み合わせ、県内でリレー栽培ができるからである。埼玉県・群馬県の上位2県は、秋まき・冬まき栽培がメインとなっていたが、夏まき栽培方法の改善により周年栽培が多くなってきた（p.173注目技術を参照）。

ホウレンソウの各作型では、品種の日長に対する反応性（感光性❶）が大きなポイントとなる。ホウレンソウは大きく東洋種と西洋種に分かれ、その特徴は表1のとおりである。近年は、東洋種と西洋種を交配させた味も良く、栽培しやすいF_1品種（→p.117〈固定種と交配種〉の項参照）が使われることが多い。春まき栽培では生育期が長日になるため、日長に鈍感な西洋種やF_1品種が適している。逆に生育期が短日条件に向かう秋まき栽培では、日長に敏感だが味が良い東洋種の栽培に向いている。

ホウレンソウ栽培では、栽培地の気象条件や被覆資材の利用により、多様な作型が成立している。周年供給するための連続栽培や高冷地の気象条件を活用した作型、さらに輪作体系中の短期作目としての栽培が見られる。一般的には季節性に基づいた分け方に従って作型を分類する。

春まき栽培　3～5月に播種、4～6月に収穫する作型。温暖地では3月、寒冷地では4月から露地栽培ができる。後半の生

表1　東洋種と西洋種の特徴

	東洋種	西洋種
栽培	秋まき	春まき
	難	易
味	良	劣

❶日の長さによって花芽の分化やとう立ちが起こるなど、日の長さに対する植物の反応をいう。

育が早いので適期収穫が重要となる。5月まきでは日照時間の長い夏至を経過するため、とう立ちしにくい晩抽(ばんちゅう)性品種を選定するのに加えて、被覆資材の利用によって病害を回避して安定生産を確保する。

夏まき栽培　6～8月播種、7～9月に収穫する作型。温暖地の6～7月まきは播種が梅雨期にあたるため、作物に直接降雨があたらないように天井部分に透明フィルムを張ったり、雨よけハウスによって病害を回避する。梅雨期以降は高温・乾燥期になるため、灌水や遮光によって初期生育を安定させる。寒地・寒冷地では気温が低いため栽培しやすいが、温暖地同様、雨への対策として雨よけハウスが必要になる。

秋まき栽培　9～11月に播種、10～3月に収穫する作型。この作型はホウレンソウの生態に適していて、最も栽培しやすい。温暖地では10月中旬までの播種で年内収穫ができる。温暖地の露地では11月上旬までの播種が可能である。寒冷地では雨よけハウスで10月まで播種できる。

冬まき栽培　12～2月播種で、3～4月に収穫する作型。温暖地ではハウスまたはトンネル栽培となり、厳寒期には保温に重点を置き、気温が上昇する時期には換気に配慮する。

秋まき栽培や冬まき栽培で彼岸を過ぎてから収穫する場合は、日長が長くなりとう立ちが問題になるので、晩抽性品種を栽培する。高温・乾燥・肥料切れなどは、とう立ちを促進するので注意が必要である。

野菜の性質と栽培のポイント

①栽培に適した土壌

ホウレンソウは酸性土壌に弱い野菜で、好適pHは6.5～7.0である。発芽後、本葉2～3枚で生育が停滞し、葉が黄化する場合は土が強酸性であることが多い。あらかじめ石灰質肥料を10a当たり100kg程度と、完熟堆肥などの有機質を十分に施して深耕しておく。

②発芽率の向上方法

ホウレンソウの種子は硬い種皮に包まれている。種皮は内部を保護しているが、25℃以上の高温と水分が多い条件だと、発芽を抑制する役割も果たす。発芽率を高めるには、吸水しにくい種子を一昼夜水に浸してからまくとよい。吸水して発芽しやすいよう種に処理を施した種子（プライミング種子❷）も販売されている。

❷種子に一定の水分を吸水させ、発芽の準備をスタートさせた状態で生育を一時止めた種子

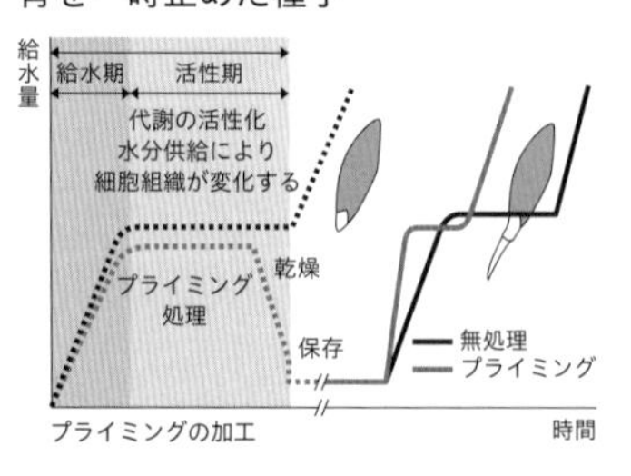

（資料：タキイ最前線web『タキイの種子加工技術』）

③糖度を高める栽培方法

ホウレンソウでは、鮮度や色つやなどの外観が良いこと、ビタミンや糖含量が豊富なこと、食味や安全性が重視される。一般に、野菜は低温により糖を蓄積するので、寒い冬には甘味が増加する。寒冷地の秋まきハウス栽培では、収穫期の一カ月くらい前からハウスの側窓を開放して外気にあてることにより、糖度を高める寒じめ栽培が行われる。また、ビタミンCの含有量は季節により違いがあり、冬の収穫物の含量が夏の収穫物の3～4倍になることもある。

④有害成分を減らす方法

ホウレンソウはほかの野菜に比べてシュウ酸❸と硝酸を多く含み、これらを多量に摂取すると人体に有害になることもあるため、これらの成分が低含量であることが望まれる。シュウ酸と硝酸を低減させるために栽培上考慮する点は、(1)排水の良い畑を選び、低水分の管理を行う、(2)アンモニア態窒素❹の多い肥料を用い、全体として窒素成分を減らすことである。

❸シュウ酸は多量に摂取するとカルシウムと結びついて、難溶性のシュウ酸カルシウムとなり結石の原因になる。シュウ酸は水に溶けやすいため、茹でることで成分を減らすことができる。3分茹でると70～80%除去できるといわれている。

❹アンモニア態窒素で栽培した場合、硝酸態窒素で栽培した場合に比べて、植物体の有機酸の含有量が低下することが報告されている。またホウレンソウは硝酸態窒素を溜めやすく、窒素過多になると病害が出やすくなるので注意が必要となる。

注目技術　夏場・冬場の種まきは溝底播種で

夏場に品質の良いホウレンソウを作れるのは高冷地だけ、とあきらめていないだろうか。確かにホウレンソウは暑さに弱く、25℃を超えると急激に発芽率が落ちてしまう。そんな夏場でも発芽をそろえる方法として注目されているのが、溝底播種という方法だ。溝底播種は名前のとおり播種床に深さ3～4cmの溝を作り、その溝底に種をまく。溝にすることで表面積が増え、土から熱が逃げやすくなり地温を下げることができると同時に、湿度も保つことができるので、発芽に適した環境にすることができる。また、この方法は、冬場にもべたがけ（作物に直接被覆資材をかけること）することで効果を発揮する。昼は溝底の地温が溝上より低くなるが、夜になると昼に溝上で暖められた熱がべたがけ下で放出され暖かくなる。適度な湿度も保つので、順調な発芽、初期成育が可能となる。夏・冬の厳しい季節の中でも発芽・成育可能な環境を作る、ちょっとした工夫である。

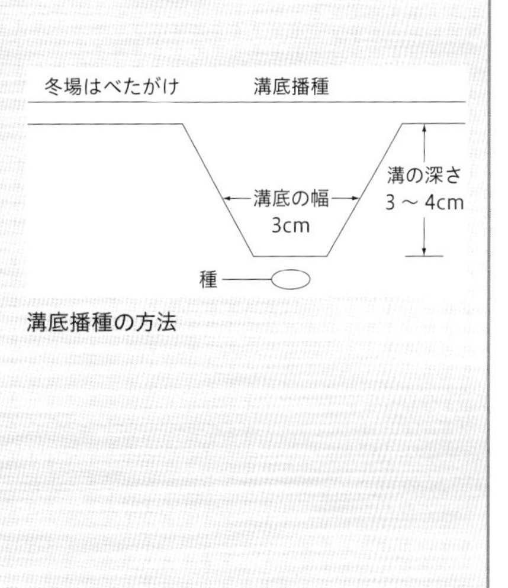

溝底播種の方法

レタス

葉茎菜類

作物の基本情報

葉茎菜類・キク科アキノノゲシ属

原産地	地中海沿岸から西アジア原産
主な生産地	長野県、茨城県、群馬県、長崎県、兵庫県（2021年産）
収穫量	54万6400t（2021年産）

［環境適性］

適温	発芽15～20℃ （最低温度4℃） 生育18～23℃
土壌	好適pH6.0～6.5 土壌適応性は広い
光	好光性種子。生育は弱光線を好み、半日陰で育つ
水	乾燥には強いが、多湿では湿害が出る

［主な病害虫］

病気	灰色カビ病、菌核病、べと病、根腐れ病、腐敗病
害虫	アブラムシ類、オオタバコガ、ネグサレセンチュウ

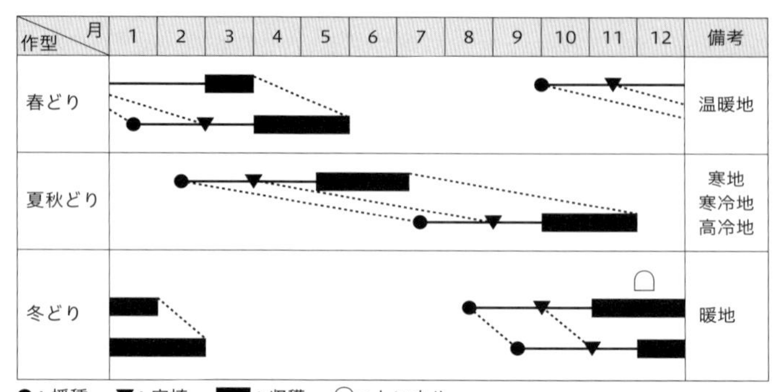

●：播種、▼：定植、■：収穫、⌒：トンネル

図1　レタスの高冷地栽培
（写真提供：PIXTA）

主産地及び作型の特徴

レタスは生育適温とされる18～23℃の気温の地帯を産地が移動し、一年を通した周年栽培が行われている。

春どり（関東、中京地帯）、夏秋どり（中部高冷地、東北、北海道）、冬どり（関西、西南暖地）といった収穫期によって産地が分布し、温度を背景とするこのような適地を移動しながらの周年生産が確立している。収穫量が最も多いのは長野県で国内生産の36％、次いで茨城県が15％、群馬県が8％と続く。出荷量が1位の長野県で主な生産地は川上村、塩尻市、南牧村であるが、特に川上村は年間平均気温が8℃前後の標高1000m以上の農地が多く、高冷地の利を活かした栽培が行われている。長野県では8月頃が出荷のピークとなり、全出荷量の24％が集中している。

春どり栽培　10月～1月中旬播種、3～5月収穫の作型。早春の栽培は暖地でのトンネル栽培となり、4月中旬以降は露地栽培となる。

表1　レタスの種類と特徴　　（『改訂　新野菜　葉菜Ⅰ』レタスの項より　小松和彦　長野県野菜花き試験場）

種類（タイプ）	特徴
玉レタス（結球）	丸く結球した一般的なレタス。品種には「ステディ」や「ツララ」「グランディ」などあるが、店頭で表記されることは少ない。
サラダ菜（半結球）	ゆるやかな結球性のレタス。葉は光沢のある濃い緑色をしていて、やや厚めで柔らかく、ソフトな歯ごたえ。
ロメインレタス（半結球）	ギリシャのコス島原産であることから「コスレタス」ともいい、葉が厚めでパリッとした食感。葉が縦に立って半結球しているため、和名では「立ちちしゃ」と呼ぶ。
サニーレタス（非結球）	葉が縮れていて葉先が濃い赤紫色をしているのが特徴。品種には「レッドファイヤー」や「レッドファルダー」などあるが、店頭で表記されることは少ない。
グリーンカール（非結球）	「グリーンリーフ」とも呼ばれ、全体が緑色で形は「サニーレタス」に似ている。葉先がカールしているのが特徴。
フリルレタス（非結球）	葉先がフリルのように細かく波打っているのが特徴。葉は厚めで歯ざわりがよく、味は玉レタスに似ている。
ブーケレタス（非結球）	葉がふんわりとしていて見た目がブーケのようなレタス。水耕栽培で生産されるため、土が付かず扱いやすく、季節に影響されず年間を通して流通。
サンチュ（非結球）	「包み菜」ともいい、焼き肉を巻いて食べる葉として有名。収穫は株ごとではなく、外側から葉を1枚ずつかき取るため、和名では「かきちしゃ」とも呼ばれる。
茎レタス	長い茎と上部についた若い葉を食べるレタス。「セルタス」「ステムレタス」「アスパラガスレタス」などとも呼ばれる。「山くらげ」は、この茎レタスの茎を縦に細く裂いて乾燥させたもの。
エンダイブ	見た目が葉レタスのようだが「チコリ」の仲間。葉先が細かく縮れ、玉レタスよりも硬くシャキシャキした歯ごたえ。和名を「キクヂシャ」といい、ほろ苦さがあるため別名「ニガヂシャ」ともいわれる。

夏秋どり栽培　2月中旬～7月中旬播種、収穫時期が5月～12月までの長期間となるが、6月～10月までに収穫期を迎える作期を指す場合が多い作型。さらに収穫期により5月～7月、10月～12月のほか、7月～9月の高温時に栽培される本州中部の高冷地や東北・北海道の冷涼地を適地として、短期間で収穫期を迎える最も栽培面積が多い作型に分けられる。

冬どり栽培　8月中旬～9月中旬播種、11月～2月収穫の作型。この作型は、球が肥大する時期が低温なので、12月以降はトンネルをかけて栽培する。

野菜の性質と栽培のポイント

種子は高温で休眠性をもち、発芽には光を必要とする好光性種子である。発芽適温は15～20℃、生育適温は18～23℃と冷涼を好む野菜である。現在栽培されているレタスは、一属一種に区分されている。この中には、結球する玉レタス、半結球のサラダ菜、結球しないリーフレタスの仲間のグリーンカールやサンチュ、葉のほかに茎を食用にする茎レタスなど、いくつかのタイプの品種がある（表1）。根は細かく、浅く張るので、乾燥や過湿に注意が必要である。アブラナ科のほかの葉茎菜類と異なり、高温・長日条件で花芽分化・とう立ちが進むため、適度な生育温度の環境下で花芽分化をさせず栽培することがポイントとなる。

高温期を通して栽培する夏秋どり栽培　生育期間が春から夏にかけては高温・長日になる環境のため、とう立ちしやすい。このような高温時期には、生育適温である18～23℃の気温の低い環境地である寒地・寒冷地、高冷地で栽培することでとう立ちを防ぐ。こうした作型が夏秋どり栽培である。

低温期に収穫する冬どり・春どり栽培　レタスの種は25℃以上になると休眠して発芽しにくくなるため、秋に種をまく冬どり・春どり栽培の作型では、種を水に浸けて吸水させた後、低温で2～3日冷やして休眠打破を行ってから播種を行う。また、冬・春どり栽培の作型は低温期の栽培となるため、トンネルがけやべたがけなどで保温をしたり、1月以降の厳寒期での収穫には、無加温ハウス栽培❶を行うなどの方法がとられている。

❶パイプハウスの中で内カーテンを使って保温し、燃料を使用せずに作物を栽培する方法。

（写真提供：PIXTA）

玉レタス

サラダ菜

グリーンカール

茎レタス

注目技術　MA貯蔵によるレタスの鮮度保持技術

レタス生産は近年、天候により出荷量が左右される状況が増加している。露地で栽培されるレタスの安定出荷を実現するために、収穫物の品質を保持しながら冷蔵貯蔵する目的から開発されてきたのが「MA貯蔵」である。

この方法は、ガス透過性がある梱包材（プラスチックフィルム）で野菜や果物を包み、「低酸素状態・高二酸化炭素の状態」にして長期保存する技術で、Modified Atmosphere Storageの頭文字を取ってMA梱包貯蔵という。その効果は次のように報告されている（兵庫県北部農業技術センター）。

▼早期収穫レタス（収穫適期7日前）では、0℃のMA貯蔵により40日間貯蔵が可能である。40日間の冷蔵貯蔵後、簡易包装において10℃で10日、15℃で7日程度、販売が可能な鮮度を維持できる。

▼適期収穫レタスでは、0℃のMA貯蔵により20日間貯蔵が可能である。20日間の冷蔵貯蔵後、簡易包装に置いて10℃で7日、15℃で5日程度、販売が可能な鮮度を維持できる。

カボチャ

果菜類

作物の基本情報

果菜類・ウリ科

原産地	西洋カボチャは南米の高原地帯、ニホンカボチャはメキシコ南部から南米北部、ペポカボチャはメキシコ北部と北米
主な生産地	北海道、鹿児島県、長野県、茨城県、長崎県（2021年産）
収穫量	17万4300t（2021年産）

［環境適性］

適温	発芽25～30℃ （最低温度10℃） 生育17～20℃ ウリ科の中では比較的低温
土壌	好適pH5.6～6.8　土壌適応性は広く、連作が可能
光	強い光と日照を好む。光飽和点4万5000ルクス
水	乾燥には強いが、過湿は病気の原因となる

［主な病害虫］

病気	うどんこ病、疫病、つる枯れ病、炭疽病
害虫	ウリハムシ、カボチャミバエ、ネコブセンチュウ

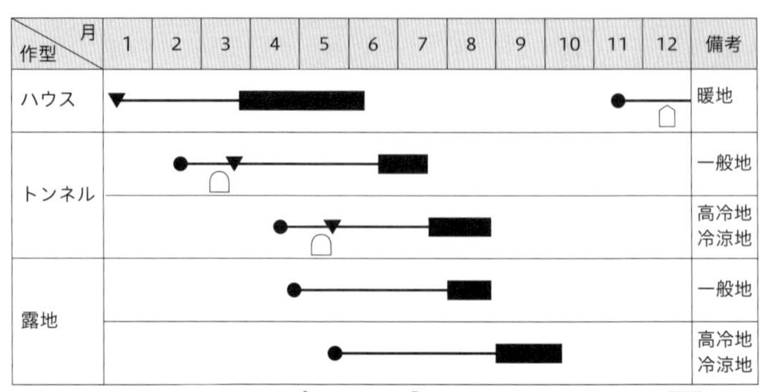

主産地及び作型の特徴

カボチャの生育適温は17～20℃で、ウリ科作物の中では比較的低温でも作りやすい野菜である。光飽和点は4万5000ルクスと高く、光不足になると茎葉の徒長、着果不良、品質低下を起こす。4～5月に播種、移植する露地栽培が一般的であるが、ハウスやトンネルを利用した作型も行われている。

ハウス栽培　暖地で11～1月に播種し、加温して3月末から収穫する作型。この作型には、全栽培期間を保温・加温する促成栽培と、栽培期間の前半を保温・加温する半促成栽培とがある。施設内の温度管理が重要で、温度が30℃以上にならないよう加温・換気に注意する。

トンネル栽培　一般地では2月中旬に播種して育苗し、3月中下旬にトンネル内に定植して6月中旬～7月中旬に収穫する作型。高冷地・冷涼地では4月中旬に播種して育苗し、5月中旬にトンネル内に定植して7月中旬～8月収穫。生育中、トンネル内の温度が30℃以上にならないよう換気をし、定植後一カ月ほどしてツルの先がトンネルからはみ出すようになったら、トンネルフィルムを除く。

露地栽培　一般地の場合は4月中旬に播種して、7月下旬から収穫する。高冷地・冷涼地では5月中旬に播種して8月～9月に収穫する。

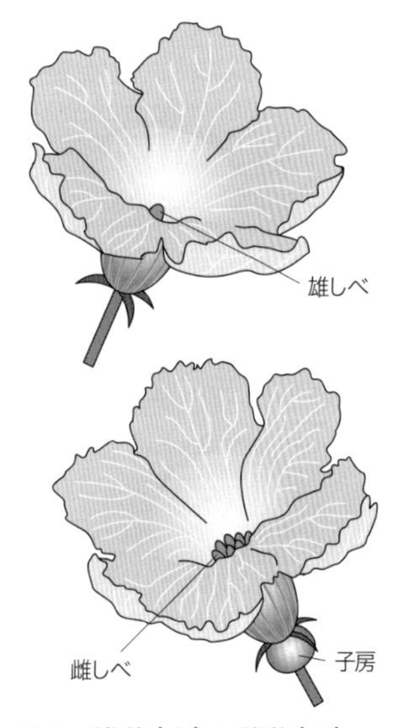

図1　雄花（上）と雌花（下）

野菜の性質と栽培のポイント

着果習性　カボチャは雌雄異花性（しゆういかせい）（図1）で、雌雄同株（しゆうどうしゅ）❶の野菜である。着果習性は種や品種によって異なり、温度・日長・栄養状態・育苗条件などによっても変動する。短日・低温条件下では雌花の着生を早め、反対に長日・高温の条件下では雌花

❶雌花と雄花が同一株に咲く植物。対する言葉として「雌雄異株（しゆういしゅ）」があり、雌花と雄花が別々の株に咲く植物をいう。

の着生が遅くなる。一般的には雌花は9節前後に着生して開花する。その後、おおむね4～5節おきに雌花が着生する。雌花以外の節には雄花が着生する。生育気温はウリ科の中でも低温を好む野菜で、30℃を超えると花や果実に生理障害が起こる。

生理障害を防ぐ換気の方法　カボチャは目では確認できないが、本葉5枚目が生育したときにはすでに16節くらいまでの花芽分化が行われている（図2）。例えばこのとき、気温が30℃を超えると、1番果（9節目）の落下や2番果（13～14節目）の充実不良を起こす。ハウスやトンネルを利用する作型では限られた空間で生育するため、気温の変化が激しく高温になりやすい。そのため換気の方法が重要になる。トンネル栽培では、栽培初期に1ｍに1つの穴（10㎝程度）を開けて換気する。その後生育状況や気温の変化に合わせ、徐々に穴を大きくするとともに数も増やして換気を強めていく（図3）。ツルの先がトンネルからはみ出すようになったら、トンネルフィルムを除く。

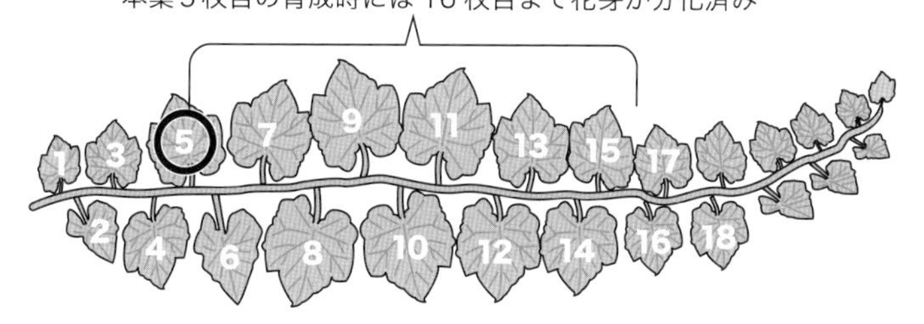

図2　カボチャの花芽分化

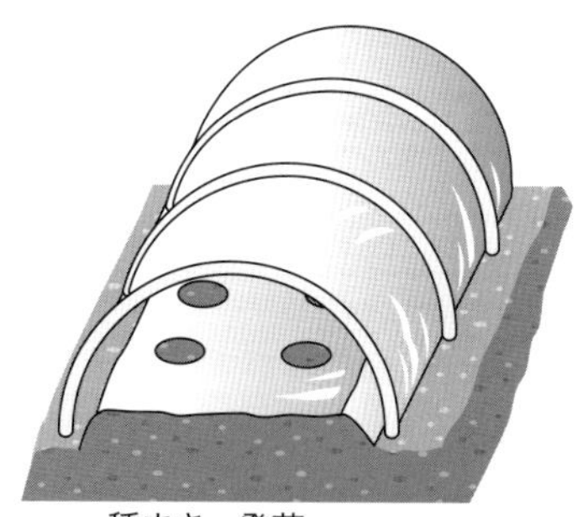

種まき～発芽

生育初期～中期

生育中期～後期

図3　トンネルの換気（穴開け）方法

注目技術　無加温ハウスによる初冬期出荷の抑制カボチャ栽培

山梨県では伝統料理「ほうとう」が日常的に食され、カボチャの消費量が多い。しかし、晩秋期から初冬期にかけて国内でカボチャを生産することは難しい。そこで、山梨県総合農業技術センターでは、11月中旬に収穫後、1～2週間追熟して甘味を増してから12月上旬に出荷することを目標とし、無加温ハウスを利用した抑制カボチャの棚（立体）栽培の試験を行った。

本葉が4～5枚になった苗を9月5日前後に定植。ツルは垂直方向に支柱を立て、それに沿って上部の立体棚まで伸ばし、棚面にはわせて水平方向に伸ばす。人工授粉して着果させた果実は11月上旬頃まで肥大が進み、11月中旬頃に収穫適期となった。

この栽培方法は、果樹地帯で使用されなくなったぶどう棚を再利用し、流通量の少ない初冬期に出荷可能な複合経営の新たな補完品目として期待される新しい技術である。

キュウリ

果菜類

作物の基本情報

果菜類・ウリ科

原産地	インドのヒマラヤ山麓
主な生産地	宮崎県、群馬県、埼玉県、福島県、千葉県（2021年産）
収穫量	55万1300t（2021年産）

［環境適性］

適温	発芽 25～30℃ 生育 23～28℃
土壌	通気性の良い土壌 土壌 pH6.0～6.5
光	強い光は不要。不足すると収量・品質が低下
水	乾燥に弱く、十分な土壌水分が必要

［主な病害虫］

病気	うどんこ病、べと病、炭そ病、ツル割れ病
害虫	ウリバエ、アブラムシ類、ハダニ類

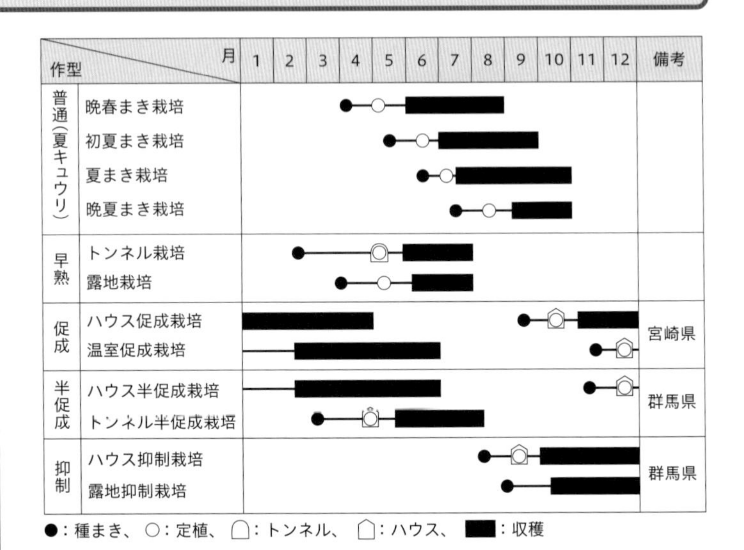

主産地及び作型の特徴

キュウリは作型ごとの連続したリレー出荷が行われている野菜だが、主要産地でそれぞれ異なる作付けを行っているのが特徴である。最大の産地である宮崎県は促成栽培が盛んで、11月頃から出回り始め、東京の市場には5月頃まで、大阪の市場には6月頃まで出荷される。群馬県（及び埼玉県）は年2作型の組み合わせが特徴で、半促成栽培ものが2月～7月末、抑制栽培ものが10～12月に出回っている。露地栽培及び夏秋キュウリの産地である福島県は、7～9月の盛夏期に東京・大阪への出荷が多い。

キュウリは品種により、果実の形やいぼの色（白いぼの華北型と黒いぼの華南型が代表的）が異なる。消費者の人気は、苦みが少なく果皮の緑も濃い華北型の方が高く、以前は露地で作られていたが、近年は施設栽培でも行われ、周年で出回るようになった。

普通栽培（夏キュウリ） 晩霜の心配がなくなってから、4～7月に播種・定植し、夏秋にかけて収穫する。この作型は、キュウリの旬にあたる夏秋の主な作型である。冷涼地の露地栽培・夏秋雨よけ栽培もこの作型に相当する。

早熟栽培 5月上旬～中旬定植のトンネル栽培。晩霜の心配がなくなるまでトンネル内で地這（じば）い栽培し、その後誘引する。

促成栽培 年内定植の加温施設栽培。長期間収穫し続けるため、草勢を維持するための灌水や施肥管理が重要になる。また気温の低い時期の栽培なので、ある程度の低温でも正常に育つ低温伸長性と、着果が安定している品種を使う必要がある。

半促成栽培 12～1月以降に定植する加温施設栽培。若苗を定植して初期の草勢を強めに管理し、側枝を発生しやすくする。収穫が始まる頃からは温度も上昇してくる。

抑制栽培 8～9月定植の栽培。この作型には、ハウス無加温栽培（→p.174「レタス」参照）と夏収穫後半を加温する施設栽培がある。この作型は播種時期が高温期になるため、アザミウマやアブラムシなどの害虫防除が重要になる。

野菜の性質と栽培のポイント

キュウリは雌雄異花・雌雄同株で、自然条件下では虫媒による他家受粉が行われるが、受粉しなくても結実する単為結果性がある。華北型・華南型の違いは雌花着花性の日長反応❶にもあり、日長反応性が鈍い華北型は、どの作型でも安定して雌花を確保できる。

昼夜の温度差を大きく　生育適温は日中25℃前後、夜間15℃前後。生育限界温度は5℃。また、平均気温が25℃を超える真夏には生育が阻害される。キュウリは昼夜の温度差が大きいと良く育つので、ハウスで育てる際は温度管理がポイントとなる。夜間は低めの温度が最適なので、変温管理❷では日没から温度を落とし始め、図1のような温度管理を行うと良い。

誘引・整枝で光と風を　キュウリの光合成能力が最大になる光飽和は5万ルクスといわれ（うす曇りの屋外の明るさ）、生育には光が多い環境が良い。しかし、栽培過程でツルが混み合い葉が重なるため、葉が受ける光が減るだけではなく風通しも悪くなる。その改善を図るためには誘引と整枝❸が欠かせない。整枝は下位節（5節まで）の側枝はすべて除去し、それより上から伸びる節位の側枝は2葉を残して摘芯を行う。

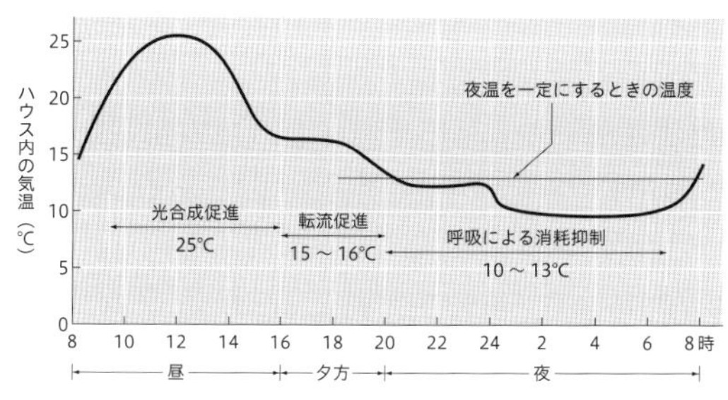

図1　キュウリの変温管理基準（資料：実教出版「野菜」）

❶8時間日長では雄花が開花するのは5節くらいまでで、その後は雌花の開花が続くが、16時間日長では15節くらいまで雄花の開花が続く。華北型に比べて日長反応性が高い華南型では、特にこの傾向が強い。

❷昼間は25℃、夕方は15℃前後、夜間は10～13℃が目安である。昼間に葉で生産され光合成産物を効率良く果実に転流させることができるとともに、夜間に低温とすることで呼吸による消耗を抑えることができる。

❸露地栽培では、親ヅルをネットにかけて巻きひげでネットを這い上がるようにする。施設栽培の場合は主茎を20～25節で摘芯する。

注目技術　新規就農者も呼び込む　伝統産地の「きゅうりタウン構想」

促成キュウリ栽培の伝統産地、徳島県海部地域での取り組みである。高齢化の進行と共に、生産農家数は1980年の101戸から2015年の29戸へ、栽培面積も1980年の23.3haから2015年の5haに減少。そんななかで海部地域3町とJAかいふ、徳島県を中心に地域の10年後を見据えた挑戦が、促成きゅうりの担い手確保にむけた「きゅうりタウン構想」（2015年から10年間）である。

導入した技術はキュウリの養液栽培である。新規就農者の育成を図るために、農家がもつ「匠の技」の「見える化」を農業支援センターが行い、地元企業からは資材や構造施設の支援がなされた。また養液栽培の試験研究に関しては大学などの協力を得るなど、地域のノウハウ・情報などをベースに展開された。

目標は、産地の栽培面積を10haに、10a当たりの収量を30tに、所得も栽培面積30aで690万円から1000万円。推進協議会のもとに、きゅうり生産部会、JA、企業、町、農業支援センター、大学から構成される構想推進チーム、いわゆる産官学連携による推進体制を整備した。

ファーストステージ3年間で、全国から移住就農者22名を受け入れ、13戸16名が新規就農した。新規就農者はいずれも目標とする単収20tに達しており、内1名は単収30tを超える。新規就農者による1ha規模の「次世代園芸団地」も誕生している。

（「きゅうり栽培の省力化と技術革新～徳島・海部地域「きゅうりタウン構想」の取り組み～」日本大学　宮部和幸、「促成キュウリを核とした地方創生をめざして」JAかいふ　濱﨑禎文　日本農民新聞2019年9月25日号より構成）

スイートコーン　果菜類

作物の基本情報

果菜類・イネ科

原産地	メキシコ高原と南米ボリビア
主な生産地	北海道、千葉県、茨城県、群馬県、山梨県（2021年産）
収穫量	21万8800トン（2021年産）

［環境適性］

適温	発芽25～30℃ 生育22～30℃前後
土壌	好適pH6.0～6.5 土壌適応性は広いが、通気、排水性が良いところ
光	光合成能力が高く、日射量が多いほど好ましい
水	乾燥に弱く、過湿にも弱い

［主な病害虫］

病気	苗立ち枯れ病、すす紋病、黒穂病
害虫	アブラムシ類、アワノメイガ

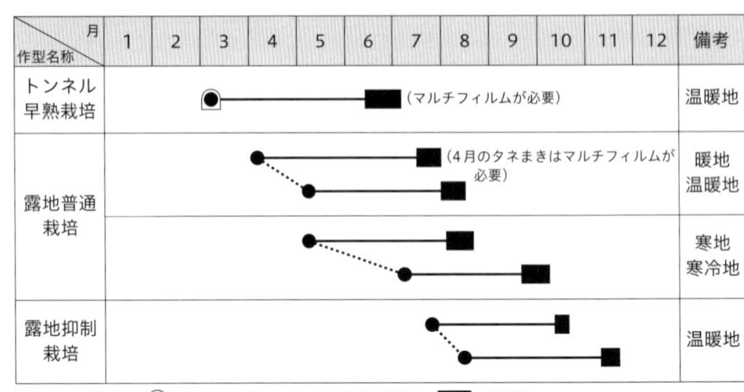

●：タネまき、⌒：トンネル、―：生育期間、■：収穫

主産地及び作型の特徴

スイートコーンの生産は北海道が第1位で、日本で収穫される量の35.3％を占めている。第2位が千葉県（7.5％）、第3位が茨城県（6.8％）と続く（2021年）。1973年には北海道で12.4万tの生産量があり、2021年には8万t強に減ってきたとはいえ、現在も最大の産地を維持している。

第1位の北海道は露地普通栽培の寒地・寒冷地の作型で、出荷は最盛期となる8月から始まり10月上旬まで続く。暖地・中間地ではハウス栽培、トンネル栽培、露地栽培を組み合わせた栽培が行われており、第2位の千葉県は6月中旬～7月中旬までが出荷の最盛期で、8月末には終わる。第3位の茨城県は5月に出荷が始まり、6～7月に最盛期を迎えて7月末には出荷が終わる。

播種は、最低地温が14℃以上になる頃を目安にする。一般露地のマルチ栽培では4月中旬頃、トンネル栽培では3月中旬頃になる。産地ごとに出荷時期を念頭に置き、地温の上昇を想定して播種時期を考え、作型を定める。

トンネル早熟栽培　温暖地で収穫期を早める場合の作型で、3月にトンネル内に播種をして6～7月に収穫。厳寒期の播種は2重トンネルをかけ、6月収穫。厳寒期を過ぎた2月下旬以降の播種は、1重トンネルをして6月中旬に収穫する。播種時期が早すぎると凍霜害の危険も大きいため注意が必要である。

露地普通栽培　スイートコーンの基本作型。暖地では3月下旬頃から、冷涼地では5月上旬からの播種になり、収穫時期は7月上旬～10月中旬である。生育には気候条件が最も適した作型なので、収量も高く栽培面積も多い。

露地抑制栽培　7～8月に播種をして、10～11月に収穫する作型。温暖地の秋の暖かい気候を利用し、遅い時期にずらして収穫する栽培。

このほかにも暖地では、1～2月に播種して5月上～中旬に収穫する作型があり、播種時期によってカーテンとトンネルを組み合わせて保温するハウス栽培もある。また、沖縄では越冬栽培が可能で、10月末に播種して12～4月に収穫される。

野菜の性質と栽培のポイント

発芽適温は25～30℃で、積算温度は160～180℃程度必要で、地温が14℃以下では発芽しない。現在、栽培される品種はスーパースイート系❶が中心となっており、スイート系の種子と比較すると含まれる糖含量が高い。しかし、デンプン含量は低く発芽力が弱くなる傾向がある。受粉は、風媒による他家受粉であるため、播種は受粉しやすいように1列より複数列にすると良い。また、キセニア現象（異なる品種が受粉すると、父系（花粉）の遺伝子の影響が現れる現象）による子実変異が出やすいため、違う品種を300m以内に播種しないようにする。

生育適温は22～30℃で、35℃以上では高温障害が起こるため、トンネル栽培では、換気に注意する。また、温度の日較差は10℃程度あると糖度が上がる。

スイートコーンは深根性の作物で、吸水力が強い。葉面積が大きいために多量の水分が必要で、特に雄穂開花期から収穫期にかけて乾燥させないように注意する。

栽培する目的として、ほかの野菜に被害を及ぼす病害がなく土壌中に残っている肥料分を吸収する力が強いため、長年の栽培で連作障害が発生した場合などに作付けを行う（クリーニングクロップ❷）作物として利用できる。

❶スイートコーンよりさらに甘味の強い（糖度17℃以上）品種。これらの高濃度品種は時間により甘味の低下が少なく、1週間程度糖度が保たれ、また生食できる品種もある。

❷養分吸収能力の高い作物で、休閑期に栽培され、収穫後圃場外に搬出することによって土壌中に過剰に蓄積された土壌養分を持ち出し、塩類障害等の軽減ができる作物。トウモロコシのほか、ソルゴー等のイネ科の作物が該当する。

注目技術　無除（むじょ）げつ栽培

トウモロコシ（スイートコーン）の無除げつ栽培とは、株元から伸びてくる分げつを除去しない栽培をいう。以前は、株元から出る分げつを除去した方が養分の分散が防げて、収穫する実が大きくなると考えられ、除げつすることが薦められていた。しかし、最近では株元からでる分げつを残す「無除げつ栽培」が奨励されている。その理由は、①栽培株から出た分げつを除去する手間が省ける。②株元に分げつがある方が根数が多くなり、倒状しにくくなる。③分げつが多い方が同化養分は多く作られて雌穂の肥大が促進され、2穂収穫できる株が増える。④スイートコーンでは、雌花の成熟が雄花より5日遅れるため、主稈の雄花が咲いた後に遅れて分げつの雄花が咲けば、雌穂からでる絹糸との受粉期間は長くなり、受精確率が高くなる。つまり、分げつが増加すると、それらの先端につく雄穂（雄花）が増えるため、花粉の飛散期間は広がり雌穂に実がムラなく付くようになる。

ただし、無除げつ栽培を行う場合、蒸散量に見合うだけの水分補給が不可欠で、乾燥時には灌水を行う。灌水ができない畑地に作付けするときは除げつ栽培にするとよい。

トマト

果菜類

作物の基本情報	
果菜類・ナス科	
原産地	南アメリカ、熱帯や亜熱帯のアンデス高原地帯
主な生産地	熊本県、北海道、愛知県、茨城県、千葉県（2021年産）
収穫量	72万5200t（2021年産）
［環境適性］	
適温	発芽 24 ～ 30℃、生育 20 ～ 25℃
土壌	有機質の多い土壌、pH6 ～ 7
光	強い光が必要
水	過湿に弱く、排水がよい方が適する
［主な病害虫］	
病気	葉カビ病、疫病、灰色カビ病
害虫	アブラムシ類、コナジラミ類、オオタバコガの幼虫

作型＼月	1	2	3	4	5	6	7	8	9	10	11	12
露地栽培												
早熟栽培（トンネル）												
普通栽培（夏秋雨よけ栽培）												
ハウス抑制栽培												
半促成栽培												
促成栽培												

●：種まき　○：定植　⌒：トンネル　⌂：ハウス　■：収穫　……：加温

❶トマトの色にはピンク系、赤系、黄色系、黒色系の4つがあるが、最も多く売られてのはピンク系である。ピンク系は果肉がやわらかく完熟出荷が難しかったが、皮が硬く完熟で流通できる品種「桃太郎」によりこの問題が解決された。

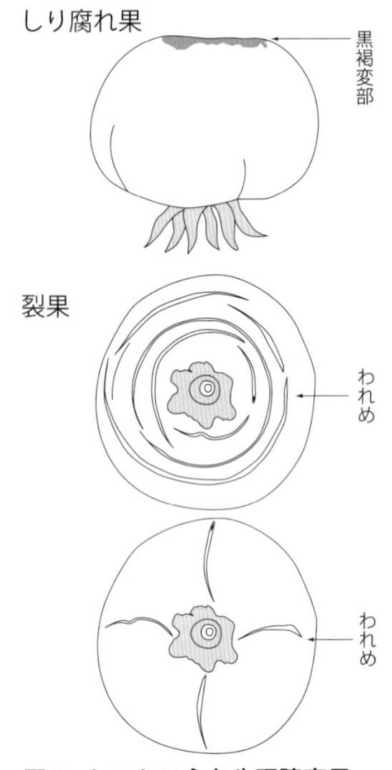

図1　トマトの主な生理障害果
（資料：実教出版「野菜」）

主産地及び作型の特徴

本来の旬（露地栽培での収穫時期）は夏だが、作型が多様化し、1年中トマトが手に入るようになった。東京・大阪の両方の市場で高い割合を占めているのが、熊本県と北海道の2大産地で、11～6月までは熊本県産、7～9月は北海道産が多く出回る。茨城県産が出回るのは主に東京の市場で、時期は5～10月である。北海道など一部の産地を除き、一つの県内（あるいはもっと小規模の地区内）で複数の作型を組み合わせて栽培しており、出荷期間が長期化している傾向にある。特に顕著なのが熊本県で、平坦地の「ハウス抑制」「半促成」「促成」による冬春トマトの産地（10～6月出荷）と、標高が400mを超える地域に夏秋のトマト産地（6～10月出荷）があり、県として周年供給がとれる体制となっている。なお、千葉県の冬春トマト（9～7月）、愛知県の冬春トマト（10～6月）も同様で、冬春トマトと組み合わせた供給体制を目指している。

なお、トマトの花芽形成には日長が影響せず、作型により使える品種が制限されないのも特徴である。現在の大玉トマトの品種は、市場流通の約半数を桃太郎❶シリーズが占めている。

各作型の違いは保温・加温方法の違いによるところが大きく、加温期間が長いほどより大型の施設・設備が必要となる。

早熟栽培　4～5月定植で、5～7月下旬収穫の作型。パイプハウスでの栽培が多い。播種～育苗期は温床での育苗になる。

普通栽培（夏秋雨よけ栽培）　4～6月無加温のハウスに定植、6～11月まで収穫する作型。主に冷涼地などの涼しい場所で栽培して夏越しする。この作型は、栽培期間中に梅雨・高温乾燥・

秋雨・秋冷期などを経過するため、しり腐れなどの生理障害や病害、さらにカメムシ類などの各種の害虫が発生しやすい。

抑制栽培　7～8月頃にハウスで定植し9月頃から収穫し始め、無加温では11月、加温では2月頃まで収穫する。露地の自然環境条件下での栽培に対して、これよりも遅く収穫して出荷する作型で、育苗と定植時期が高温期にあたり、苗の徒長や活着不良を起こしやすい。

半促成栽培　11～3月定植で、3～7月収穫の作型。

促成栽培　9～11月定植、11～3月までは加温し、12月から6月まで収穫する作型。播種～育苗が高温期にあたり、発芽不良や徒長苗になりやすい。また11～3月は低温期にあたるので、ハウスが密閉されて夜間に過湿になりやすく、病気が出やすい。

野菜の性格と栽培のポイント

トマトは日長に影響されずに花芽分化が起こる中日（中性）植物である。普通の栽培では、播種後25日から30日で花芽が分化し、本葉8～9枚目に第一花房を着生させる。以後、3葉ごとに第一花房と同じ方向に花房を付けながら生育を続ける。

トマトはナス科の一年生草本だが、生育環境が良ければ長期間にわたって生育し、次々と開花と結実を続ける。茎葉の伸長（栄養成長）と果実の肥大（生殖成長）が同時に進んでいくので、肥料を切らさないようにする。

種子の発芽適温は24～30℃で、発芽後約1カ月間は高温を好む。根張りを良くするため、第1花房の肥大開始までは水を抑える。果実の肥大期には、表土が湿っている状態を維持できるように灌水を行う。

トマトの生育は環境条件に影響されやすく、生理障害果が発生しやすい（図1）。

乾湿の変動が激しいと裂果❷が生じやすくなるので注意する。しり腐れ果は、石灰の欠乏により起こる代表的な生理障害❸である。着果した花房の周辺の葉を中心に、カルシウム資材を葉面散布するのが有効な対策である。

乾燥地帯が原産のトマトは梅雨時が苦手で、雨は裂果のほか、灰色カビ病❹や疫病❺の原因ともなる。病害を防ぐため、ビニールの下で栽培して過湿にならないようにする。またトマトの生育には強い光（3～5万ルクス）が必要で、これ以下では日照不足で軟弱徒長し、空洞果❻、すじ腐れ果❼の発生率が高まる。

トマトの根は発根力が強いため、深さ1メートル、幅3メートル程度の根域をもっている。しかし過湿には弱いため、排水性の悪い畑では対策として高畝とする。通気性、排水性、保水性の良い団粒構造の土壌であれば、土質や土性を選ばず栽培できる。

❷果皮に裂けめができる生理障害。露地栽培、雨よけ栽培、ハウス抑制栽培で多く見られ、梅雨期と秋雨期に起こりやすい。抵抗性品種の利用やマルチングの利用などで、土壌水分の変動を小さくする工夫が必要である。

❸石灰そのものがあっても窒素の過剰や高温、乾燥などによって根が弱っている場合、吸収が妨げられて起こることがある。有機質肥料を主体とした土づくりで、根張りをしっかりさせておくことも大切である。

❹果実や花、葉などに灰色のカビが生じる病気。発生すると収量が落ち、症状が激しいと枯死することもある。

❺湿ったような暗褐色の病斑が出る病気。葉や未熟な果実に発生しやすい。糸状菌による病気である。

❻空洞果：トマトの子室内の果肉部分とゼリー部分に隙間が生じ、形がいびつになったもの。

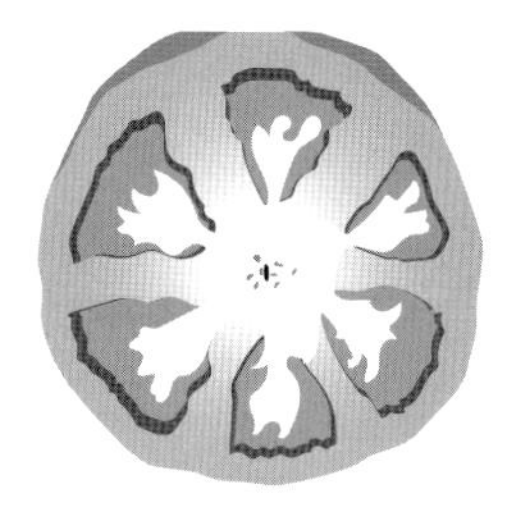

❼すじ腐れ果：果実表面に着色不良のある成熟果をすじ腐れ果と呼ぶ。

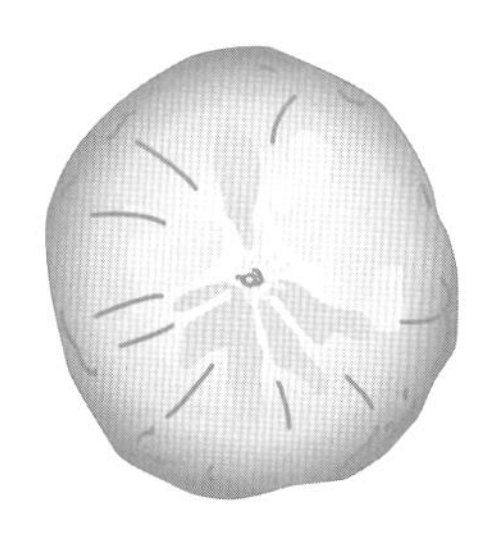

ナス

果菜類

作物の基本情報

果菜類・ナス科

原産地	インド東部
主な生産地	高知県、熊本県、群馬県、茨城県、福岡県（2021年産）
収穫量	29万7700 t（2021年産）

［環境適性］

適温	発芽25～30℃、 生育23～28℃（昼間） 13～18℃（夜間）
土壌	有機質に富む土壌、 好適pH6.0～6.5
光	強い光が必要
水	乾燥に弱く、果実の発育に水分が必要

［主な病害虫］

病気	半枯れ病、青枯れ病、半身萎凋病
害虫	アブラムシ類、ヨトウムシ類、ハダニ類

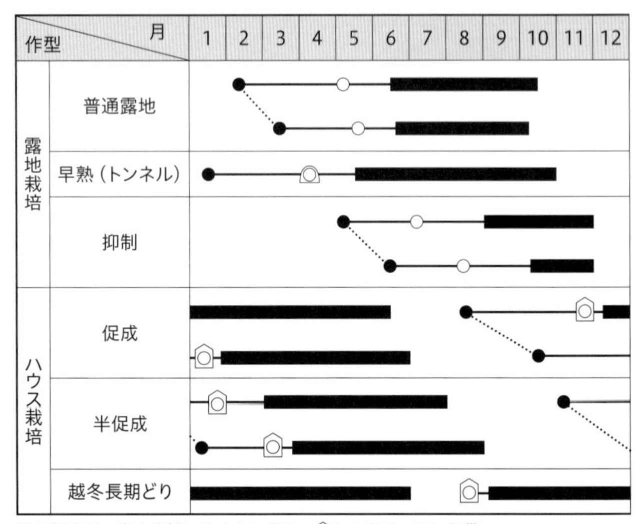

●：種まき　○：定植　⌒：トンネル　⌂：ハウス　■：収穫

主産地及び作型の特徴

ナスは高温性で栽培期間が長く、普通露地栽培でも3カ月以上収穫することができる。最大の産地である高知県ではハウスを利用した越冬長期どり栽培が行われており、露地物が出回る夏季を除いた10～6月は、全国の市場に出荷されている。熊本県・福岡県も同様の時期にハウス栽培を行っており、福岡県産は東京・大阪の両方の市場、熊本県産は大阪の市場を中心に出荷されている。

露地栽培ものが出回る7～9月には産地がばらつくが、東京の市場では群馬県・茨城県・栃木県と北関東産のナスが多くの割合を占めている。

花芽分化が日長に影響されないため、トマト同様に作型ごとの品種の制限は少ない。現在、市場に出回るほとんどのナスが長卵形だが、地域に根付いたさまざまな在来品種❶があり、近年では変わり種品種❷の人気も高い。

各作型の違いは同じナス科のトマト同様、保温・加温方法の違いによるところが大きく、加温期間が長いほど、より大型の施設・設備が必要となる。

普通栽培（露地早熟）　晩霜のおそれがなくなる5月頃が定植時期となり、6月中旬から収穫し始め、10月中旬で栽培を終了。

早熟栽培（トンネル）　厳冬期に育苗し定植は4月に行う。マルチとトンネルをして地温12℃以上となるようにする。

抑制栽培（露地）　5～6月に種まきし、9月頃から霜が降りるまで露地で栽培する作型。山梨県の露地ナス栽培には4月下旬

❶秋田県の「河辺長なす」岩手県の「南部長なす」宮崎県の「佐土原長なす」などの長ナス、九州地方の「久留米長」や「博多長」などの大長ナス、丸ナスの一種である京都の「賀茂なす」大阪泉州地域の「米ナス」などがある。

❷アメリカの品種を日本で改良した米ナス、縞模様が特徴のゼブラナスや日本の丸ナスに似たプロスペローザなどのイタリアンナスなど、さまざまな品種がある。

から5月上旬に定植する夏秋栽培と、6月下旬から7月上旬に定植する抑制栽培の2つの作型がある。

促成栽培　定植は11～1月に行われる。11～3月までは暖房による加温をして年内から収穫を開始、6月下旬で栽培終了。

半促成栽培　定植は1～2月に行われる。収穫は3月中旬から行い、7月中旬～8月で終了する作型。

野菜の性質と栽培のポイント

本来のナスは短日性植物だが、現在の栽培品種は日長とは無関係に花芽分化が起こる中日（中性）植物である。普通の栽培では、播種後30日前後、本葉3枚展開時に花芽分化し、本葉7～9枚目に第一花房を着生させる。播種後60～65日で1番花が開花する。

温度管理　ナスの生育適温は22～30℃で、17℃以下では生育がゆっくりとなる。霜には非常に弱く、マイナス1℃で凍死する。ハウス内の温度を昼間23～28℃を目安に換気し、夜間13～18℃に保つと生育が優れる。

種子の発芽適温は25～30℃だが、一定温度にするよりも16時間30℃の後に、8時間20℃の変温にする方が発芽が良くそろう。花粉の発芽適温は20～30℃で、開花前7～15日に15℃以下の低温や30℃以上の高温に遭うと、不稔花粉が生じて落花しやすい。

ナスの果皮は紫外線によって着色が促進する。光が不足すると着色が悪くなるので、栽培期間中は果実にも日があたるよう整枝・誘引、摘葉を適切に行う❸。

施肥管理　ナスの施肥を行う判断は、花の雌しべと雄しべの長さが指標となる。ナスの花は、肥料が効いている状態だと、雌しべが雄しべより長くなり（長花柱花）、反対に肥料不足になると、雌しべが雄しべより短くなる（短花柱花）（図2）。同じ長さになる一歩手前が、追肥のベストタイミングである。

図1　ナスの3本仕立て

❸主枝の1番花の下から出た側枝2本を伸ばし、3本仕立てとするのが基本である（図1）。側枝は果実収穫後に1～2葉を残して切り戻す。

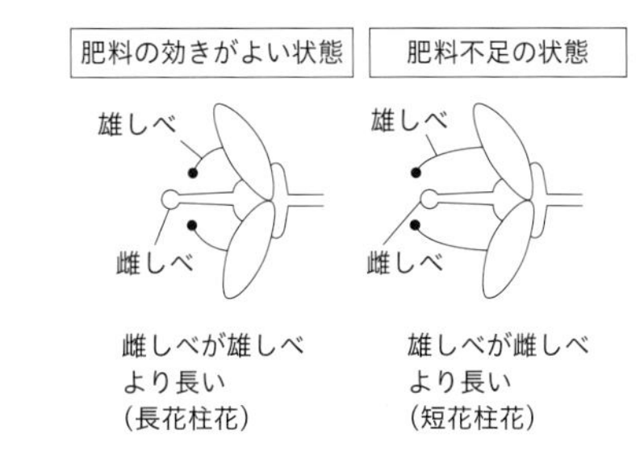

図2　ナスの花による肥料の診断

ダイコン

根菜類

作物の基本情報

根菜類・アブラナ科

原産地	地中海沿岸、西南アジアから東南アジア
主な生産地	千葉県、北海道、青森県、鹿児島県、神奈川県(2021年産)
収穫量	125万1000t（2021年産）
［環境適性］	
適温	発芽15～30℃ 生育15～20℃
土壌	耕土が深い土壌、pH6.0～7.0
光	種子は嫌光性、生育期は比較的強い光を好む
水	排水が良い方が適する
［主な病害虫］	
病気	モザイク病、黒腐病、軟腐病、黒斑細菌病
害虫	アブラムシ類、アオムシ、ヨトウムシ類

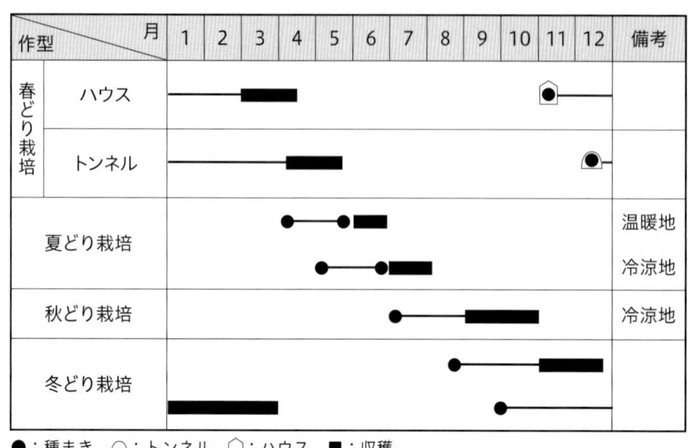

主産地及び作型の特徴

最も基本となる作型は秋どり栽培であるが、大産地である北海道では夏どり栽培が主体となっている。産地のリレー方式により1年を通して出回っている野菜で、東京都の卸売市場への入荷は、千葉県、北海道、青森県、神奈川県の4つの産地がほぼすべてを占めている。ダイコンは冷涼な気候を好む野菜なので、6～10月の初夏から秋にかけては、その気候を活かして北海道産・青森県産が多く出回っている。10～6月にかけては千葉県産・神奈川県産の冬どり、春どり栽培のダイコンが多く出荷されている。大阪の市場では北海道・青森県に加えて、8～11月に岩手県産が出回り、11～5月の出荷は長崎県産と徳島県産が多くを占めている。

作型には、品種の花芽分化の要因である温度が強く関わっている。ダイコンは低温に感応して花芽が分化する野菜なので、夏どり栽培用品種（みの早生など）は耐暑性が高い反面、低温での花芽分化・とう立ちが早い。それに対して、春どり栽培用品種（時無など）は低温に鈍感でとう立ちが遅く、耐寒性が強い。秋どり栽培用品種（練馬、宮重（みやしげ）など）はそれらの中間である。

統計上は、春ダイコン、夏ダイコン、秋冬ダイコンに区分され、秋冬が全体の7割を占め、春と夏が残りを分け合う。冬野菜の代表格とも評されているが、夏場は北海道や東北地方でも作られるため、1年を通して出回っている。

春どり栽培　10～11月に播種し、3～4月に収穫する作型で、当初、産地は冬季温暖な地域に限定されていた。しかし、被覆資材を利用したハウス・トンネル栽培の技術が確立し、産地も拡大した。厳寒期の冬から気温の上昇する春にかけての栽培のため、晩抽性で、耐寒性に優れた品種を選ぶ。

播種後は、ハウスやトンネルを密閉して高温を保ち、一斉に発芽を促し、花芽分化・とう立ちを防止する。生育の前半は30～35℃くらいのやや高めの温度管理とするが、高温障害に注意する。根部の肥大開始以降は20℃くらいの低めとする。また、ダイコンは比較的強い光を好むので、採光にも注意する。

夏どり栽培　温暖地では4～5月、冷涼地では5～6月に播種し、7～8月に収穫する。早まきすると早期のとう立ちが、遅まきすると病害虫の発生が多くなる。特に、ウイルス病・軟腐病（図1）・萎黄病などの発生が多い。また、生理障害❶も発生しやすい。

夏ダイコンは生育が早く、播種後40～50日くらいで収穫期になる。す入りが早いため、収穫期を逃さない。

秋どり栽培　7月初旬に播種、8月下旬～10月中旬どり。厳寒期に入る前に収穫する作型だが、生育期間の気温が高く、病害虫や生理障害が出やすいので栽培が難しい。冷涼地の栽培が中心となる。

冬どり栽培　8月下旬から10月上旬に播種し、年内に収穫する作型と、年内に7～8割くらい肥大させ、翌年1～3月に収穫する作型がある。生育後期から気温が低下して生育が悪くなるので、トンネル・マルチング・べたがけなどの保温方法が工夫されている。

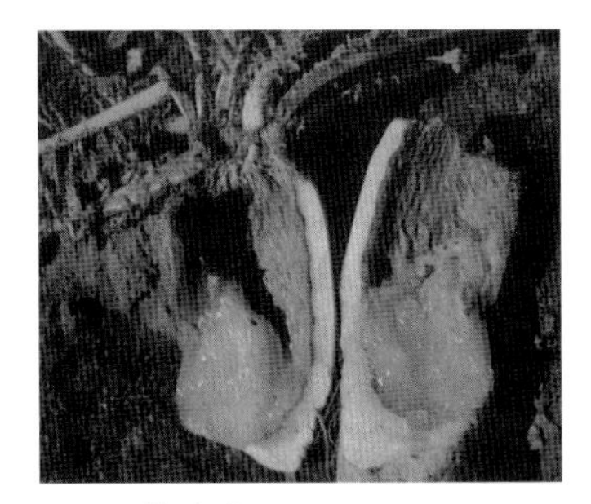

図1　軟腐病　（写真提供：金磯泰雄）

❶温度や土壌の化学性・物理性など環境要因が原因となって発症する障害のこと。病害や虫害など生物的原因での障害は含まない。

野菜の性質と栽培のポイント

ダイコンは種子感応型の野菜で、発芽直後から低温に感応して花芽分化が起こり、花芽分化後は高温長日条件でとう立ちが促進される。最も敏感な低温域は5～7℃前後だとみられている。低温に感応する敏感さには品種間差があり、春に播種する夏どり栽培用の晩抽性品種は、秋まき用品種に比べると低温に遭遇する長さが必要になるため、とう立ちしにくい。

栽培には下記のポイントに注意する。

①根が固い土や石にぶつかると変形したり、先が分かれたり（岐根）するので異物を取り除き、深く丁寧に畑を耕す。水はけの良い砂土などでは、畝立てはしなくてよいが、水はけの悪い土や下に固い土の層がある場合は10～20cmの高畝にするとよい。

②播種は1カ所につき4～5粒ずつ直まきする。間引きは本葉が出始めの頃、本葉が3～4枚の頃、本葉が6～7枚の頃の3回に分けて行う（図2）。3回目の間引きのときに、株元に土を寄せて苗を支える。

③ダイコンの根の肥大は、発芽した根（初生根）が変化して形成層を作り、本葉3～4葉の頃、初生根の皮層が剥離して肥大が進んでいく。ダイコンは収穫適期を過ぎるとす入り❷となるので、その前に収穫する。す入りのダイコンは葉柄もす入りとなるので、葉柄の断面で判断できる（図3）。

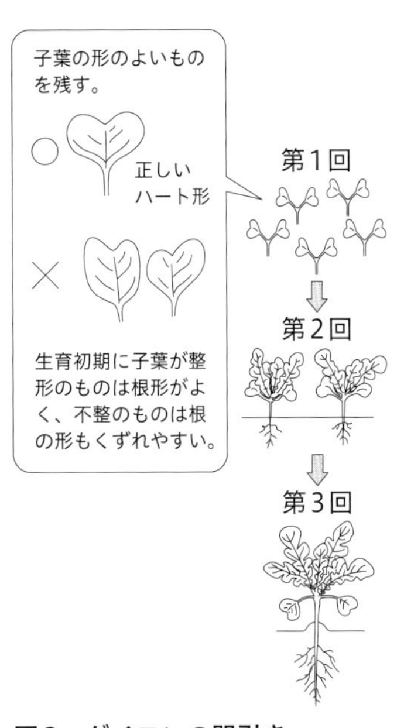

図2　ダイコンの間引き
（資料：実教出版『野菜』）

❷す入りは生育の後半に根部への同化養分の供給が追いつかず、細胞や組織が老化し空隙が生じる現象。生育後半の気温が高かったり、収穫が遅れて過熟になると発生する。

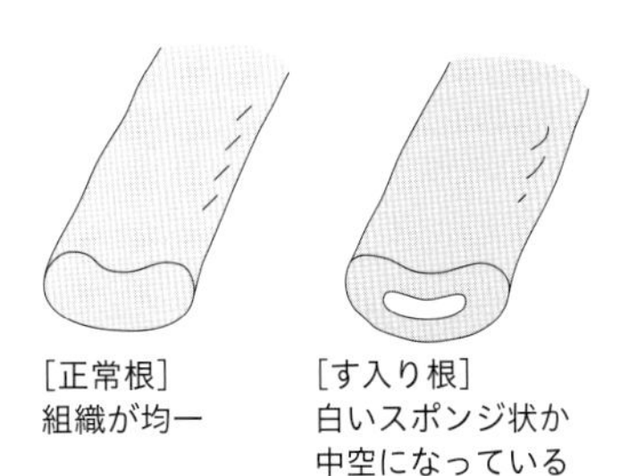

図3　葉柄の断面と根の状態

ニンジン

根菜類

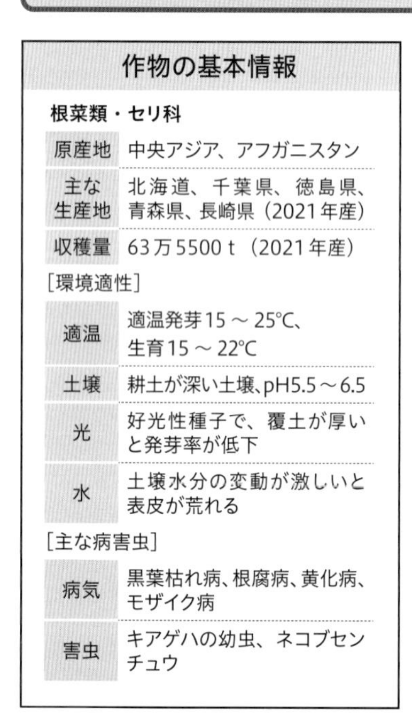

作物の基本情報

根菜類・セリ科

原産地	中央アジア、アフガニスタン
主な生産地	北海道、千葉県、徳島県、青森県、長崎県（2021年産）
収穫量	63万5500 t（2021年産）

［環境適性］

適温	適温発芽15～25℃、生育15～22℃
土壌	耕土が深い土壌、pH5.5～6.5
光	好光性種子で、覆土が厚いと発芽率が低下
水	土壌水分の変動が激しいと表皮が荒れる

［主な病害虫］

病気	黒葉枯れ病、根腐病、黄化病、モザイク病
害虫	キアゲハの幼虫、ネコブセンチュウ

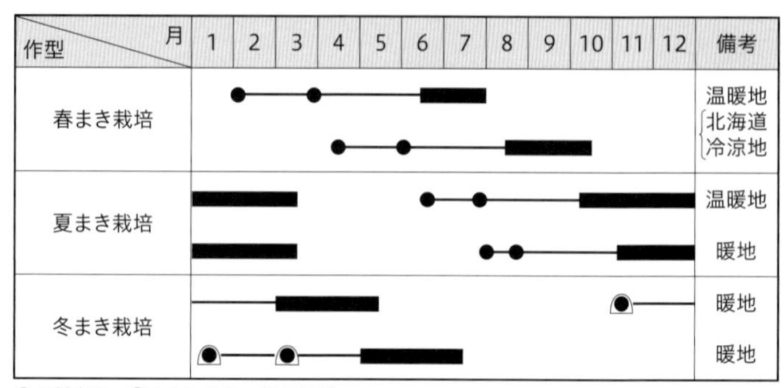

●：種まき　⌒：トンネル　■：収穫

主産地及び作型の特徴

上位3道県で全国の出荷量の約6割を占めているが（2021年産）、時期を絞って栽培する北海道・徳島県に対し、千葉県では長期どりを行っているのが特徴である。

東京市場・大阪市場共に、高温期を含めた7～11月に北海道産が、春先の3～5月に徳島県産が多く出回る。千葉県産は、11～7月と長期にわたり東京の市場で流通している。同様の時期に大阪の市場に出回るのが長崎県産である。

冷涼な気候を好む野菜なので、北海道では、一般の平坦地や暖地で難点となる栽培時の高温（春まき栽培の生育後期、夏まき栽培の種まき期）を避けることができるのが大きなメリットである。また、千葉県でこれだけ長期どりができるのは、冬まき栽培技術の発達によるところが大きく、トンネル栽培によって発芽と初期の生育を促進している。

春まき栽培　北海道や冷涼地での基本的な作型である。4月中～5月下旬に播種し、8～10月に収穫する。北海道では夏季が冷涼なため大きな障害もなく、栽培しやすくて収量が多い。温暖地では2～3月に播種し6～7月に収穫するが、盛夏期には軟腐病（図1）・白絹（しらきぬ）病・黒葉枯れ病などの発生が多くなる。また播種が遅くなると生育中期から高温期にあたり、根部の肥大・着色が悪く、病害の発生も多くなる。

品種はとう立ちが遅く、耐暑性・耐病性があり、生育の早いものを使う。雑草が盛んに繁茂してくる時期でもあり、穴あきフィルムを使った透明のマルチング栽培が多い。

収穫は高温期に行われるので、収穫が遅れるほどいたみや裂根が多く、表皮が硬くなる。収穫は早めに行い、収穫・調製は朝の涼しい内に終えるようにする。

夏まき栽培　耐暑性の強い幼苗期に夏を越し、秋の適温下で生育させるニンジンの栽培条件に最も適した作型である。6～7月に播種し、10月から翌年の3月頃まで収穫する。とう立ちのおそれがなく根部の肥大や品質は良いが、高温・乾燥期に播種するので、発芽の不ぞろいと初期生育の遅れに注意する。

品種は品質が優れ、多収性のものがよい。「金時」などの根が長くなる品種はこの作型で栽培される。

冬まき栽培　冬季温暖な地域で行われる作型で、11月中旬から12月に播種する。晩抽性で耐寒性のある品種を選ぶとともに、地域の播種期の限界を守ることが大切である。早まきする場合は、早期とう立ちのおそれがあるのでトンネル栽培とし、発芽と初期の生育を促進する。

野菜の性質と栽培のポイント

ニンジンは、植物体がある一定の大きさに達したところで、10℃以下の低温条件に置かれると花芽を分化し、その後の高温長日条件で花芽の発育と、とう立ちが促進される緑植物感応型の野菜である。低温感応性やとう立ちの早晩性には品種間差がある。一般に、東洋種はとう立ちが早く、西洋種は遅い。

栽培管理には下記のポイントに注意する。

①地温が低く土が乾いていると発芽が悪いので❶、播種後から出芽するまで地温上昇と水分調整を目的にしたマルチをするとよい。種は厚まきにして間引きを2～3回に分けて行い、本葉6～7枚時までに株間を12cm間隔にする。

②ニンジンの根形・根重は、温度及び土壌水分に影響される。ニンジンを特徴付けるオレンジ色はカロテンで、これも温度と土壌水分に大きく影響を受ける。

　カロテンの生成に適する温度は15～21℃で、13℃以下になるとカロテン生成が少なく、ニンジンの色が淡くなる。乾燥した畑で栽培したニンジンはカロテンの量は増えるが、根形・根重が小さくなるので、温度とのバランスを考えて土壌水分を調節する。

③乾燥後の雨など、土壌水分の急激な変化があると裂根（根が縦に割れる生理障害）が発生する。土壌水分の急変を避けるためにも、通気性の良い土づくりが肝心である。

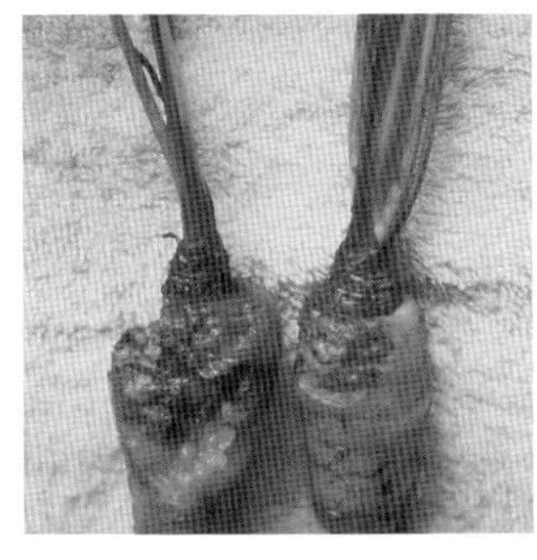

図1　軟腐病
（写真提供：長井雄治）

❶ニンジンの発芽率は約70％で、他の野菜に比べてやや低い。その理由として、採種のときに未熟種子が含まれやすい、種皮に発芽抑制物質が含まれている、種子の寿命が短く発芽力が低下しやすい、高温や低温・乾燥条件下で発芽しにくいなどが考えられる。

注目技術　発芽の安定は葉物との混播

ニンジンの発芽率が悪くて困ったという方は多いのではないだろうか。発芽率が悪いと、播種量を増やさなければならなくなり、間引きの手間も増えてしまう。そんなときには、葉物野菜と混ぜて播種すると発芽率が良くなる。やり方はニンジンの種にコマツナやカラシナなど、好みの葉物野菜の種を混ぜてまく。混ぜる割合は好みでよい。先に葉物が発芽するのだが、双葉が日陰を作り、根が土の水分を保持してくれるので、少し遅れてニンジンもよく発芽してくれる。

一緒にまいた葉物は、根ごと引き抜くとニンジンも一緒に動いてしまうため、ハサミや鎌で根元を切って収穫するとよい。間引き菜としても食べられるし、ニンジンの発芽も良くなる一挙両得の方法といえそうだ。

コマツナ、カラシナなどと混播したニンジン
（写真提供：小野寺幸絵）

サツマイモ　いも類

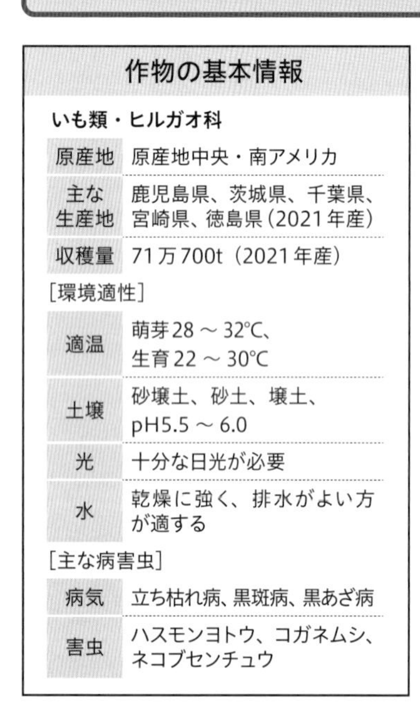

作物の基本情報

いも類・ヒルガオ科

原産地	原産地中央・南アメリカ
主な生産地	鹿児島県、茨城県、千葉県、宮崎県、徳島県（2021年産）
収穫量	71万700t（2021年産）

［環境適性］

適温	萌芽28～32℃、生育22～30℃
土壌	砂壌土、砂土、壌土、pH5.5～6.0
光	十分な日光が必要
水	乾燥に強く、排水がよい方が適する

［主な病害虫］

病気	立ち枯れ病、黒斑病、黒あざ病
害虫	ハスモンヨトウ、コガネムシ、ネコブセンチュウ

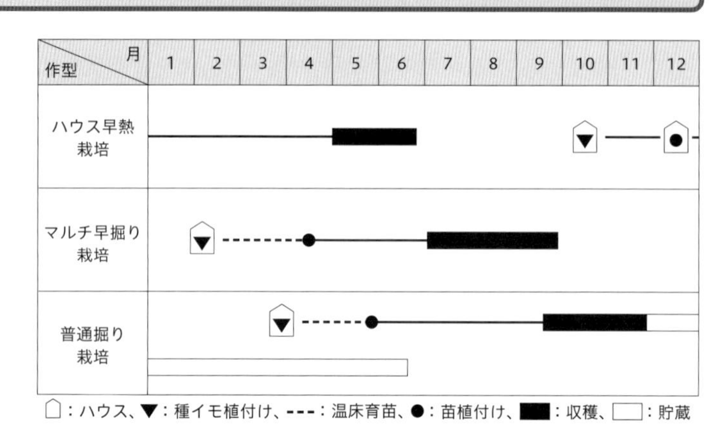

主産地及び作型の特徴

サツマイモの名前が示すとおり、最大の産地は鹿児島県であるが、醸造（芋焼酎）・デンプン原料としての生産が多いためで、東京都や大阪府の卸売市場では、第2の産地である茨城県産のものが青果用として出荷されている。そのほかに、東京の市場では千葉県産が、大阪の市場では徳島県産が多く出回っている。

年間を通じて同じ生産地から出荷されているが、これはダイコンやキャベツのように、時期と産地をずらした作型をリレーすることで実現される周年栽培ではなく、サツマイモの高い貯蔵性を活かしたものである。関東を例にとると、普通掘り栽培で収穫されたサツマイモは、貯蔵を行いながら6月頃まで出荷が続く。その後、収穫が始まるまでの端境期（6～8月）を目指して栽培されるのが早掘り栽培である。特に四国・九州では早めの収穫が可能なので、それを活かして6～7月は宮崎県の出荷が多くなっている。

ハウス早熟栽培　暖地で5月からの高値の時期に出荷を考える作型。育苗を始める時期は前年の10～12月なので、電熱線を利用して地温を確保し、ハウス内育苗を行う。ハウストンネル内に畝を立て、ポリマルチした後、12～2月上旬に植え付ける。4月になり、ハウス内の温度が30℃を超えないように換気し、4月下旬から収穫を始める。

マルチ早掘り栽培　7～9月に掘り上げる作型。地温を上げて芋の肥大を促進するため、ポリマルチする。育苗は2月上旬から始め、定植は遅霜も恐れがなくなる4月から行う。暖地に適した作型で、あらかじめ透明ポリマルチをして地温を上げておき、マルチに穴をあけて苗を植える

普通掘り栽培　10月以降に掘り上げ、その一部は貯蔵して6月まで出荷する作型。苗の植え付けは6月。地温の上昇、雑草防止のために畝に黒いポリマルチを敷く。

野菜の性質と栽培のポイント

栽培は種芋を床土に伏せ込み、出芽した茎葉が地上30cm（8～9節）以上に伸びた時期に採苗し、それを定植する。サツマイモは葉柄の基部から不定根を出し、その一部が芋（塊根）になる（図1、2）。

サツマイモ栽培では、"つるぼけ"とセンチュウ害への対策がポイントとなる。

つるぼけ　地上部の茎とツルばかりが生育して、土の中の芋が大きくならない現象。主な発生要因は、(1) 肥料（特に窒素成分）を与えすぎたり、前作の残留肥料が土壌中に残っている、(2) 伸びたツルから発生する不定根が根付くことで、株元の芋へ供給される養分が分散され、芋が大きくなれない、(3) 土壌の水分が多い、(4) 天候不順によって日照量が減少し、光合成量が不足する、等がある。各要因の対策として、(1) 基肥には窒素成分の肥料は控えめにするか、残留肥料が多いと思われる場合には施肥を行わない。また、追肥は葉が黄色くなるなどの症状がなければ基本的に行わない、(2) 不定根が根付かないように、ツルが伸びてきたら上に持ち上げてひっくり返す「ツル返し」❶を行う、(3) 排水性のある土壌にしたり、高畝にして排水性を高める、等の対処を行う。

センチュウ害　主に、土壌中のサツマイモネコブセンチュウ（図3）という寄生センチュウによって起こる。症状は芋の目（毛穴）が深くなって形状が乱れ、商品にならなくなる。サツマイモは連作障害が出にくい作物であるが、連作するとこのセンチュウが年々増加する。このセンチュウは土壌中を自ら移動することはまれで、主に土壌水の動きに伴って移動する。したがって傾斜畑の下部に被害が出やすい。対策として、抵抗性をもつ品種の活用が有効である❷。

また農薬の殺線虫剤施用のほか、作土層の温度を上げて土壌中の病原菌やセンチュウを死滅させ、密度を低下させる「土壌熱消毒」、殺菌効果のある肥料である石灰窒素の施用（100g/1m²）、米ぬかなどの有機物を施用して水を張り、土壌の還元を進めて土壌中の病原体の密度を下げる方法や、マリーゴールドなど対抗植物の利用もある。

栽培管理のポイント

①育苗は、種芋を床土に伏せ込んだ後の保温がポイント。床温度を下げないように灌水は晴れの日の午前中に行う。

②黒のマルチングを使用すると地温の確保ができ、芋の肥大が促進する。また、ツルが地面を覆うまでの間の雑草の防除、収穫時のツルはがし作業が容易にできる。

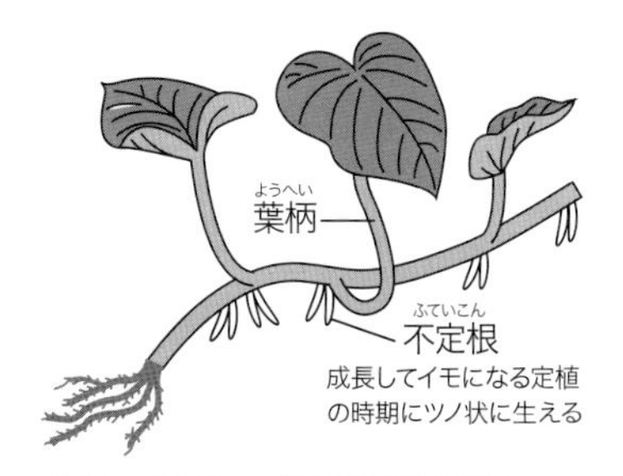

図1　サツマイモ苗の不定根

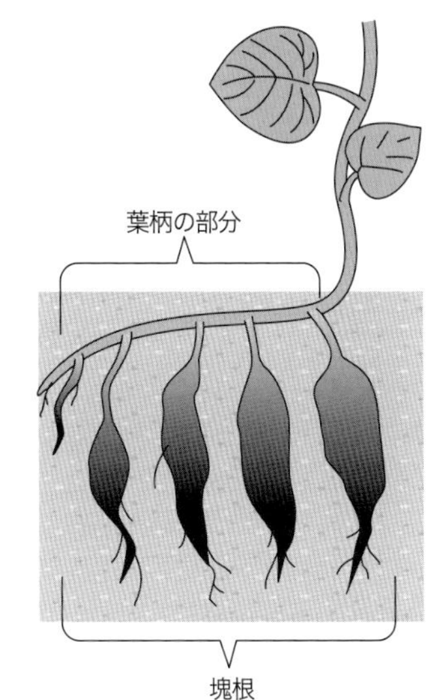

図2　サツマイモのつき方

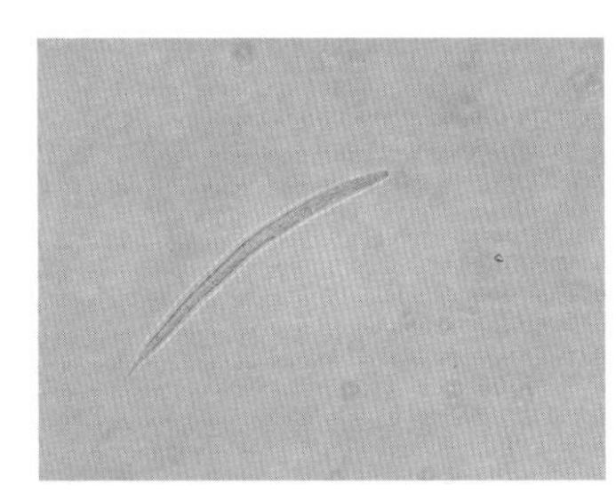

図3　サツマイモネコブセンチュウ
（写真提供：後藤逸男）

❶効果についての有無が確定しておらず、行わない農家も多くある。また現在の品種はツルの節から出る根が芋になることはないので、行わない場合が多い。

❷ネコブセンチュウに強い注目品種として、九州沖縄農業研究センターが育成した「べにはるか」がある。収量は青果用の主力品種「高系14号」と同程度であるが、大きさや形のそろいが良く、収穫直後から甘味が強いのが特徴である。

ジャガイモ　いも類

作物の基本情報

いも類・ナス科

原産地	アンデス高原地帯
主な生産地	北海道、鹿児島県、長崎県、茨城県、千葉県（2021年産）
収穫量	217万5000t（2021年産）

［環境適性］

適温	萌芽10～20℃（最低5℃）、生育15～23℃
土壌	砂壌土、壌土、pH5～6.5
光	十分な日光が必要
水	多湿に弱く、排水のよい方が適する

［主な病害虫］

病気	疫病、そうか病、軟腐病
害虫	ニジュウヤホシテントウ、ヨトウムシ類

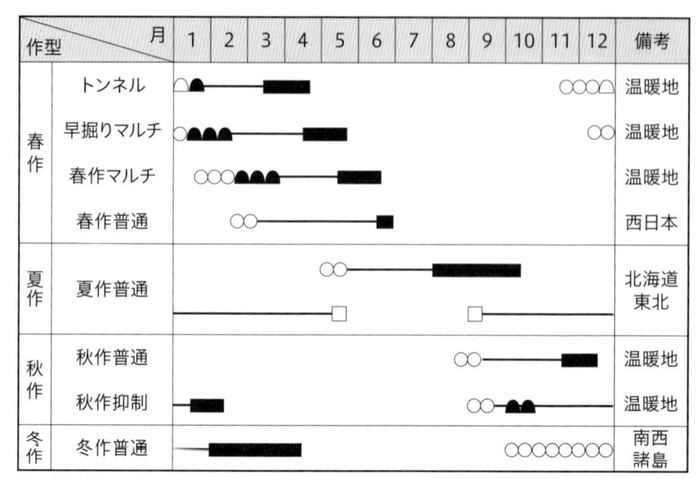

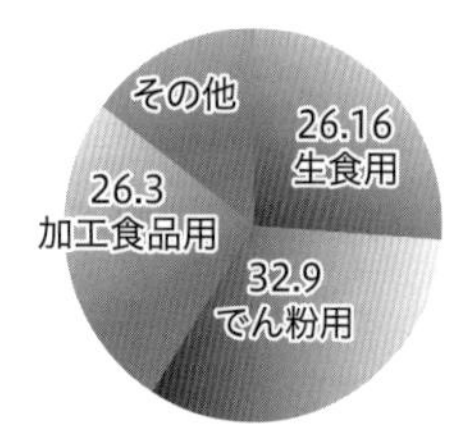

図1　ジャガイモの用途別消費量の割合（2021年概算）

表1　ジャガイモ主要品種の特性

品種名	早晩性	休眠	作型	デンプン含有量（%）	用途
男爵いも	早生	長	夏作	15	生食
メークイン	中生	中	夏作	15	生食
キタアカリ	早生	中	夏作	17	生食
コナフブキ	晩生	長	夏作	22	デンプン
トヨシロ	中生	長	夏作	14	加工
ニシユタカ	中晩生	短	秋作	13	生食
デジマ	中晩生	短	秋作	15	生食

主産地及び作型と特徴

全国の収穫量は217万5000t（2021年産）で、その用途別消費量の割合は図1のようになっている。

冷涼な気候を好むジャガイモは、関東などの暖地・一般地では、春一番に植え付けを行い初夏に収穫する「春作（春植え）」、秋に植え付けを行い冬に収穫する「秋作（秋植え）」が行われている。長崎県や鹿児島県といった温暖地では、春作と夏作の2回作付けが行われている。ジャガイモの最大の産地は北海道で「夏作」として栽培され、全国の収穫量の約8割を占める。8月から収穫が始まり、冷涼な気候を活かして貯蔵されたジャガイモは翌年5月まで出荷される。南西諸島では、温暖な気候を活かした「冬作」がある。

収穫量の多さで北海道産に続くのは、2位「鹿児島県」、3位「長崎県」（2021年産）である。

青果用の主要な品種は「男爵いも」「メークイン」が日本の2大品種である（表1）。

春作栽培　11～3月に植え付け、3～6月に収穫する作型。トンネル栽培・マルチ栽培・露地栽培も含めて作型が分化している。生育期間が短いため、資材で覆って保温して出芽や生育を促進させるとともに、収穫までの生育期間が短い早生種を用いる。

夏作栽培　4～5月に植え付け、8～10月に収穫する作型。北海道ではこの作型で栽培されている。

秋作栽培　8～9月に植え付け、11～2月に収穫する作型。日照が少なくなっていく短日条件下での栽培になるため、収量はやや低い。生育適温期間が短いため、早生種を用いる。

冬作栽培　霜害の心配のない、鹿児島県の島しょ部や沖縄県で多い作型で、適地が限られている。10～12月に植え付け、1～4月に収穫する。

野菜の性質と栽培のポイント

ジャガイモは栄養繁殖性（→p.119「栄養繁殖」参照）の野菜で、ウイルス病やそうか病など、種芋によって広がる病害が多いため、栽培する場合は検査に合格した健全な種芋を使う。

休眠の深さと早晩性

塊茎に休眠期間があるため、植付期や作型に適した齢（れい）（収穫期からの日数）の種芋を使うことが、肥培管理や収量を高める上で重要になる。適切な種芋の齢とは、植付け前に休眠が明けて芽が動き始めているが伸びすぎておらず、植付け後に速やかに充実した芽がそろって出芽することが目安になる。種芋の齢が若いと、出芽や初期の生育が遅れ、茎が太くて茎数が少なくなる。芋は大きくなるが数は少なく、収量が劣ることが多い。適切な種芋の齢は、図2の1～2茎期のものとされている。

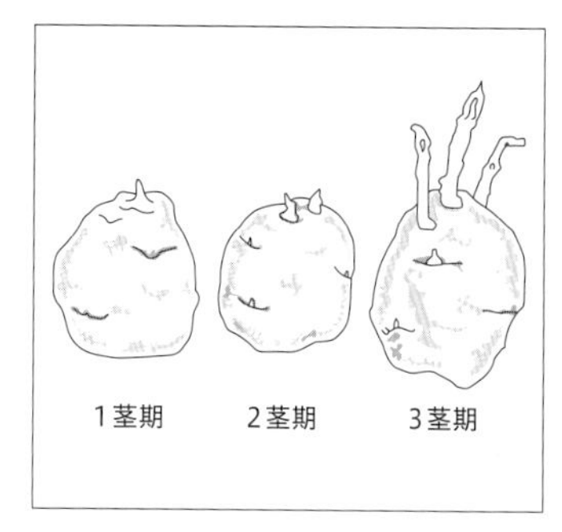

図2　種芋のほう芽
（出典　農文協「作物」より）

ジャガイモは表1にあるように、品種によって休眠の長さが異なる。休眠が長い品種ということは「芽を出しにくい」品種をさし、反対に休眠が短いということは「芽を出しやすい」品種をさす。休眠の長短は、品種の「早晩性」と併せて、その地域の気象に合わせた作型を考える重要なポイントになる。

例えば、栽培期間が短く、しかも低温に向かう栽培となる「秋作」では休眠が短く、収穫までの期間が短い「中晩生」品種（表1の「ニシユタカ」や「デジマ」など）が使われている。また、最も栽培面積の多い作型である「夏作」は、ジャガイモに適した気候であり、栽培期間も十分にとれて多収が求められるため、中生から中晩生の品種が利用されている。生食用では「男爵いも」や「メークイン」、「キタアカリ」など、ポテトフライなどの加工用には「ホッカイコガネ」や「トヨシロ」、デンプン用では「コナフブキ」や「紅丸」が栽培されている。

作型と品種の休眠性との関係は、暖地二期作の行われる地帯では特に重要となる。また、食品加工用では長期にわたって貯蔵する場合が多く、低温貯蔵による休眠は萌芽などによる塊茎の減耗防止には極めて有効であるが、貯蔵中にはジャガイモの糖含量を増加させて加工原料としての品質を低下させるなどの問題が指摘されている。

大規模産地での技術課題

大規模生産が行われている北海道では、定植はポテトプランター、収穫はポテトハーベスタという大型作業機が導入され、機械化・省力化が進んでいる。ここでは北海道の大規模産地における夏作栽培のポイントを紹介する。

種芋準備　重要な仕事として、目的に応じた種芋の調製がある。種芋の大きさ（重さ）がそろっていれば、定植前の種芋の調製作業がなくなるだけでなく、萌芽(ほうが)の芽かき作業も減らすことができる。一斉萌芽は大規模生産には特に重要で、芽の出る時期を早めたり、揃えたりするために種芋の浴光育芽は必須技術となっている。萌芽茎数に影響する種芋の齢は、浴光育芽期間中の積算気温によってある程度は制御できるので、すでに北海道のJAめむろでは、品種ごとに適正な積算気温を選定して、浴光育芽を行う取り組みが進められている。

図3　ポテトプランターによる定植作業　（写真提供：PIXTA）

定植　地温が10℃以上で乾燥している圃場であれば、植え付けができる。北海道では、4月下旬から5月中下旬にあたる。植え付けに使用する機械はポテトプランター（図3）で、株間30cm程度で畝幅は72cm～75cmで植える。

中耕・培土　萌芽後は、除草と土寄せの2つの効果を目的として中耕作業を行う。萌芽から3週間ほど経過したら、本培土(ほんばいど)❶（図4）という作業を行う。培土を行うことによって、ジャガイモの周囲の温度が、地上部の温度条件による影響を受けにくくなる。培土の高さは25cm程度が望ましいとされている。

❶培土とは土寄せのことで、芽が出て10日程度で畝の土を4～5cm盛り上げる半培土と、芽が出て20日程度で行う本培土（12cm+13cm）がある。

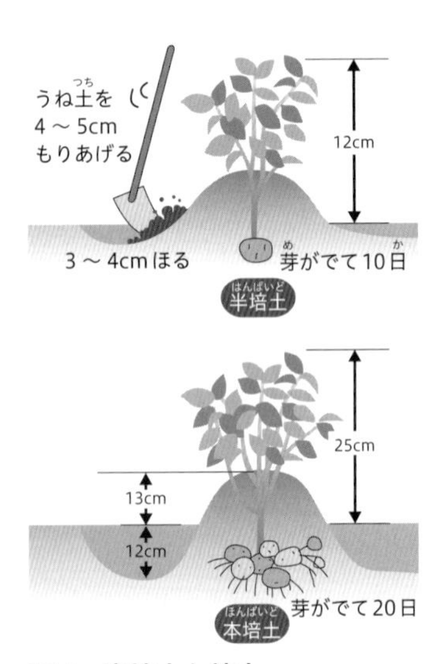

図4　半培土と培土
（農林水産省農産物たんけん隊『ジャガイモ「そだててみよう」』より）

収穫・貯蔵　ジャガイモは、枯凋期(こちょうき)❷を迎えると自然に茎葉の部分が枯れてくる。茎が枯れて10日ほど経過したら、収穫できる状態になり、ポテトハーベスタで収穫する。近年は、茎葉を早く枯らすために薬剤による処理を行う生産者が増えてきている。9～10月頃収穫され、その後倉庫で貯蔵しながら4月頃まで出荷される。

❷ジャガイモの茎葉部が枯れる時期

　傷や病気の有無、形などにより選別され、重さによって規格分けされたジャガイモは、鮮度を保ちながら休眠状態にして貯蔵する方法が一般的で、貯蔵庫の温度を5℃程度に保って貯蔵する。出荷して急に温度が上がると休眠から覚めて発芽してしまうため、貯蔵庫から出荷する間に少しずつ温度を上げて、発芽しないように外気温に慣らした後に出荷する。

野良芋対策　一般の畑雑草だけでなく、北海道では野良芋が大きな問題となっている。野良芋とは、収穫後に畑に残った塊茎が翌年に芽を出し雑草化することである。野良芋の発生は後作物の生育阻害や連作障害にもつながり、さらに各種病害虫の発生要因、ジャガイモの異品種混入の要因になる。野良芋が発生する原因として、これまでは冬季間、土壌深くまで畑に残ってしまった芋は凍結して死滅していたのだが、地球温暖化によって土壌の凍結深度が浅くなり、生き残ってしまうことがわかった。その防除対策として、土壌凍結深制御技術(どじょうとうけつしんせいぎょぎじゅつ)❸が開発されてきている。

❸トラクターにV羽根と呼ばれるブレードを付けて畑に積もった雪を割り広げ、土壌を一定間隔で露出させて寒気にさらし、谷部の土壌の露出した部分を十分な深さまで凍結させて、土中の芋を凍結腐敗させ枯死させる技術。

ソラマメ

豆類

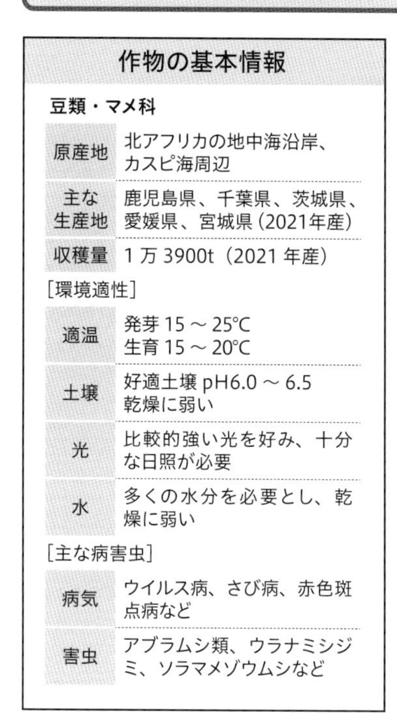

作物の基本情報

豆類・マメ科

原産地	北アフリカの地中海沿岸、カスピ海周辺
主な生産地	鹿児島県、千葉県、茨城県、愛媛県、宮城県（2021年産）
収穫量	1万3900t（2021年産）

［環境適性］

適温	発芽15～25℃ 生育15～20℃
土壌	好適土壌pH6.0～6.5 乾燥に弱い
光	比較的強い光を好み、十分な日照が必要
水	多くの水分を必要とし、乾燥に弱い

［主な病害虫］

病気	ウイルス病、さび病、赤色斑点病など
害虫	アブラムシ類、ウラナミシジミ、ソラマメゾウムシなど

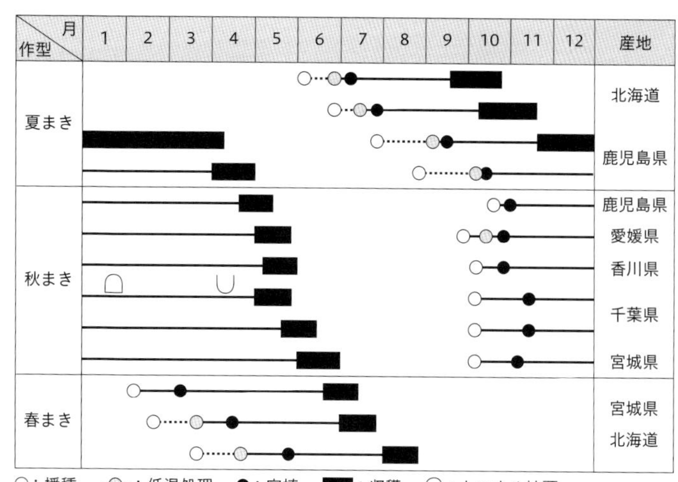

○：播種、‥◎‥：低温処理、●：定植、■：収穫、⋂：トンネル被覆、⋃：トンネル除去

主産地及び作型の特徴

ソラマメの主産地は鹿児島県、千葉県、茨城県で、この上位3県で全国生産量の半分近くを占める。

ソラマメの作型は、夏まき、秋まき、春まきの3つの作型に大別される。

夏まき栽培　年平均気温18℃前後の無霜地帯で、冬期の最低気温の月平均値が5℃以下にならない気候地域で栽培されている。夏まき冬どりは、晩秋から冬の温暖性を利用し、11月下旬～4月上旬に収穫する作型である。北海道では夏の冷涼な環境を活かして、6～7月に播種して、9月中旬～11月中旬に収穫する栽培も行われている。

秋まき栽培　年平均気温17℃以下の地帯で、春の適温期に開花結実させる、ソラマメ栽培の最も一般的な作型である。栽培地域は九州から東北まで広く分布している。この作型は低温処理した催芽種子を10～11月に播種し4～5月に収穫する栽培や、無処理種子を10～11月に播種し幼植物で越冬させて5月に収穫する栽培、トンネル被覆で冬期に保温する栽培など、栽培する地域の気象条件に合わせて、さまざまな方法で行われている。

春まき栽培　東北、北海道などの冷涼地や東北以南の高冷地で、晩春から夏の生育適温期を利用し、6～8月に収穫する作型。この作型では、秋まき春どり作型とは異なり、簡易ハウスで育苗し、移植後に低温感応させて開花結実させる栽培法をとっている。また、低温処理した催芽種子を4～5月に播種し、7～8月に収穫する栽培も行われている。

野菜の性質と栽培のポイント

生育適温は15～20℃で、比較的冷涼な気候を好む。幼苗期には耐寒性が強く、5葉期ではマイナス8℃に1時間ほど遭遇しても耐えられるが、10葉期になるとマイナス4℃でも寒害を受ける。耐暑性は劣り、20℃以上の高温になると生育が停滞する。

種子は一定の低温を経過しないと花芽分化しない種子感応型なので、夏まきの作型などでは自然条件下で低温感応しにくく開花が遅れるため、種子の低温処理が行われている。

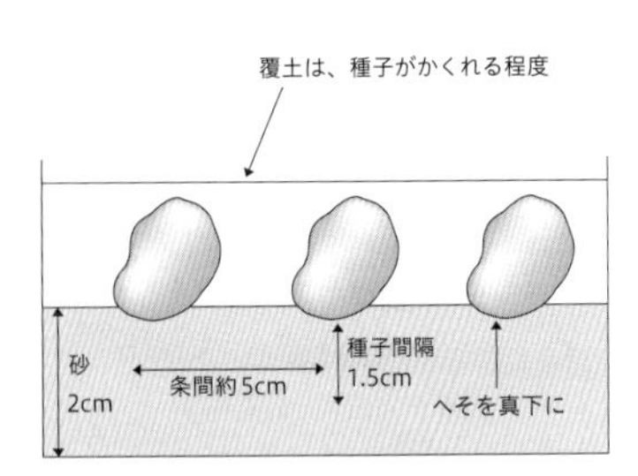

図1　ソラマメの播種法

発芽をそろえる種子の催芽処理

ソラマメの種子は種皮が固く、発芽の不揃いや腐敗などによる欠株を生じやすい。そこで播種前に行われるのが催芽処理である。

【催芽処理の方法】 育苗箱に消毒した粗目の砂を2cm程度敷き、条間5cm、種子間隔1.5cmで種子のへそ（通称オハグロと呼ばれる種子の種子の黒い筋）を下向きにして置き、種子が隠れる程度に覆土する（図1)。播種後、発芽を良好にするためには、塩化カルシウムの400倍液を灌水すると良い。催芽中は新聞紙をかぶせ、砂が乾いたら表面を濡らす程度灌水し、適度な湿度を維持する。3～4日程度で幼根が5mm程度に伸びたら水洗いをしてポリ袋に入れ、定植苗とする（図2)。

図2　催芽処理
（写真提供：三角洋造）

夏まき作型では種子の催芽処理＋低温処理

夏まきで10月中旬までに播種する作型では、低温処理を行う。低温処理の効果❶を得るためには、処理温度2～3℃で処理期間が最低でも20日程度必要となる。低温処理後は、急激な温度変化によって発芽障害が発生しないように1日程度は15～20℃の室で順化❷させてから、日中の高温時を避けて播種を行う。

❶低温処理により、①開花が早くなる。②開花節位が下がる。③草丈が低くなる。④分岐数が少なくなる。などの効果がある。

❷生物が環境の変化に適応していくこと。

定植は浅植えで

催芽種子を本圃に直接播種する場合は、スプーンなどで植え穴を開け、根が下に伸びるように種子を置いた後、種子が隠れる程度の覆土をして浅く植える。

誘引仕立ての方法

ソラマメの誘因仕立て法には2条U字仕立て法と1条L字仕立て法の2通りがある（図3)。

2条U字仕立て法は、畝の中央部分に株間40～50cmに播種し、本葉5枚程度で主枝を摘心する。本支柱への誘引は、種子の第1、第2節から発生した側枝を使用して4本仕立てとし、両側に60cm程度に振り分けて行う。

1条L字仕立て法は、畝の肩部に播種して、主枝を摘心した後の第1、第2節から発生した側枝を畝中央部まで誘導し、そこから上に立ちあげて誘引する仕立て法である(図4)。1条L字仕立て法は畝方向に一列に仕立てるので、側枝摘除作業をはじめ、しゃがみ姿勢や座位姿勢など楽な姿勢で栽培管理作業を

主枝7節ぐらいで摘心
株間 45～50cm
50～60cm
畝幅120～140cm
1条L字仕立て
株間 45～50cm
60～80cm
畝幅160～180cm
2条U字仕立て

図3　ソラマメの誘因仕立て法

行うことができる。

適花・摘莢

開花しても、すべての花が着莢し、収穫莢（以下、結莢）となるわけではない。結莢に養分を集中させる作業が摘花と摘莢である。節当たり1花あるいは1莢となるように、花・莢を摘除する。

病害虫対策

害虫としてはウイルス病を伝播するアブラムシが、枝が伸びた先端に付きやすい。シルバーマルチを使用することで防除したり、摘莢を兼ねて先端の芽を摘み取る作業を行う。

収穫適期の判断

開花から収穫までの日数は、おおむね60～70日である。外観から見た収穫適期は、上を向いて膨らんできた莢が水平から下向きになってきた頃が目安となる。また、莢を開けたときに中の子実の胎座部（へそ）が容易に離れ、へそ部分が黒変する前が良い（図5）。

図4　一条L字仕立ての初期育成
（写真提供：東郷弘之）

適熟

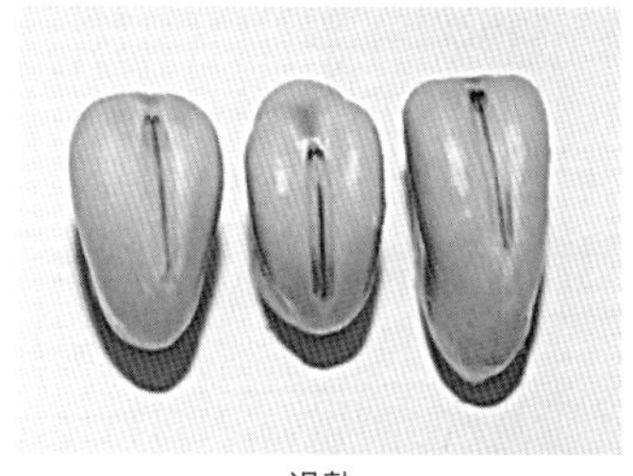

過熟

図5　ソラマメ子実による収穫適期の判断　（写真提供：児玉寿人）

注目技術　ソラマメの出荷予測技術

収穫適期を判断するためには、各節位の開花期、開花から収穫までの日数、各節位の収穫期を把握しなければならない。

開花節位と積算温度の関係（A）：播種から開花までの積算温度と開花節位には図6のような高い相関がある。

収穫時期と積算温度の関係（B）：開花から収穫までの日数は、1月開花の莢で100日、3月開花の莢で50日を要し、有効積算温度❹635℃（基準温度2.9℃）で収穫期に達する（図7）。

収穫予測：AとBとの相関式から、各節位の収穫期は開花から収穫までの有効積算温度から予測できる。この予測から着莢状況調査の結果を利用して、収穫期ごとの収穫莢数、収穫ピークを予測できる。さらに、各収穫時期の収穫莢数、1莢重を掛けることで、収穫量の予測が可能になる。　（鹿児島農試の成果から）

❹基準温度以下の温度は生育に寄与しないという考え方に基づき、生育に必要な最低温度（基準温度）以上の日の日平均温度を合計した値。

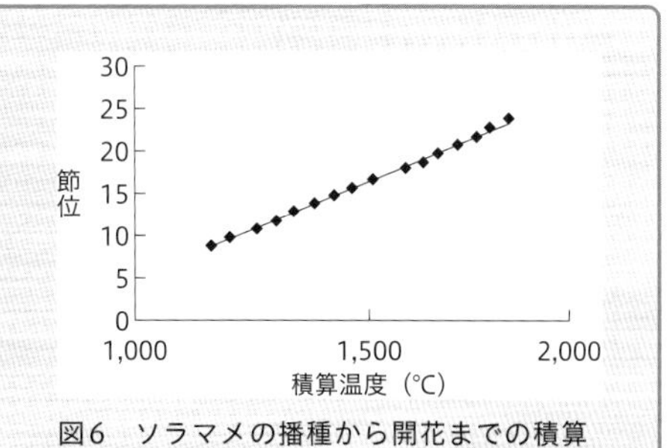

図6　ソラマメの播種から開花までの積算温度　（鹿児島農試1998）

図7　ソラマメの開花から収穫までの積算温度　（鹿児島農試1998）

イチゴ

果実的野菜

作物の基本情報

果実的野菜・バラ科

原産地	南北アメリカ
主な生産地	栃木県、福岡県、熊本県、愛知県、長崎県（2021年産）
収穫量	16万4800 t（2021年産）
［環境適性］	
適温	生育18～25℃（最低温度5℃、最高温度30℃）
土壌	好適土壌pH5.5～6.5、有機質に富んだ保水性・排水性のある土を好む
光	比較的弱光に耐える
水	根が浅く、乾燥に弱い
［主な病害虫］	
病気	うどんこ病、灰色かび病、萎黄病、炭そ病など
害虫	アブラムシ類、イチゴネアブラムシ、ハスモンヨトウ、ハダニ類など

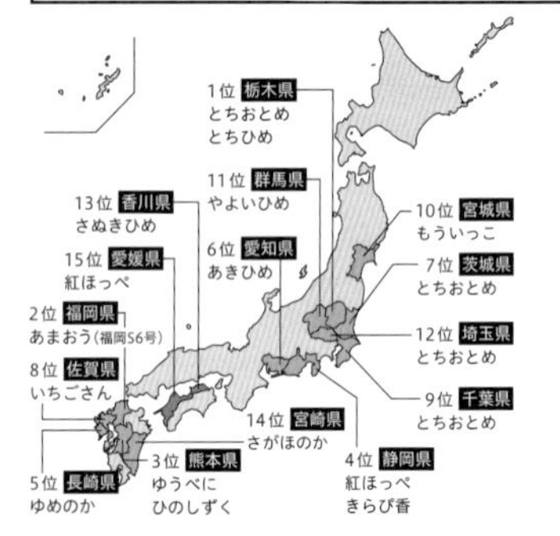

図1　国内で生産されている主なイチゴ（イチゴの収穫量上位15県）（農林水産省　aff（あふ）2019年12月号「いちごの品種、増加中！」より）

❶花や野菜など植物の新品種の創作を保護する権利を育成者権といい、商標権や著作権などと同じ知的財産権の一つである。その基盤となっているのが種苗（しゅびょう）法で、育成者権は、新たな品種を出願して品種登録されることによって付与され、法律で定められた期間、自らが登録品種を利用するほかに、第三者に登録品種を利用する権利を付与することができる。栃木県で1996年に育成され品種登録された「とちおとめ」の育成者権が2011年に失効し、現在では栃木県だけでなく、茨城県、埼玉県、千葉県で栽培されている。

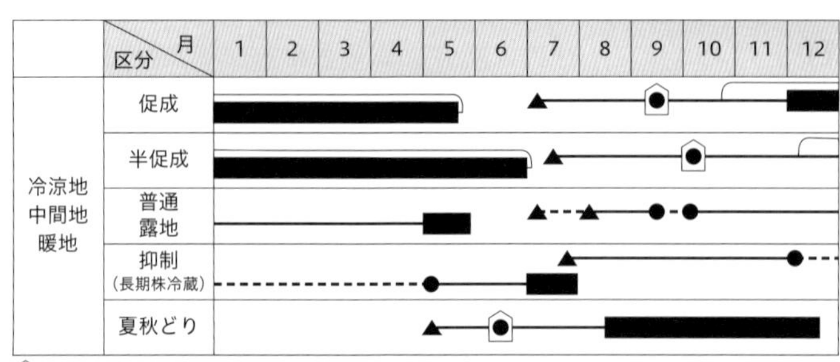

⌂：ハウス、▲：採苗、●：定植、⌒：ビニール被覆、
- - -：株冷蔵期間、■：収穫

主産地及び作型の特徴

2021年の全国生産量は16万4600tで生産量の多い県を見てみると、第1位が2万4400tの栃木県、第2位が1万6600tの福岡県、第3位は1万2100tの熊本県、そして愛知県、長崎県が続く。それぞれの産地に看板品種があり、栃木県には「とちおとめ」、福岡県には「あまおう」、熊本県には「ひのしずく」といったように県の特産品として栽培されている。ほかにも種苗法❶により他県には作付けを禁じている県オリジナル品種が開発されている（図1）。

通常露地栽培イチゴの旬は3～5月で、この時期は供給過剰となり相場は下がる。それに対して通常では収穫できない10～11月は供給が減ることから相場は高くなり、クリスマスケーキの需要が高まる12月は高値のピークとなる。つまり、供給が少ない10月～12月頃の出荷を目指して研究・開発された作型が促成栽培で、現在主流の作型として多くの農家で取り組まれている。

促成栽培　9月中旬に施設内で苗を定植し、低温、短日、遮光等の管理によって花芽分化を促進させた後、10月下旬から5月中旬までの長期間収穫する作型で、現在では最も主流の作型である。休眠の浅い品種を使用することが必要となる。

半促成栽培　晩生で休眠が深い品種を早く収穫するための作型。「山あげ」や「短期株冷蔵」というやり方で休眠打破を行う方法がある。また、電照して長日処理することで休眠を打破する、電照半促成栽培がある。半促成栽培は促成栽培の拡大により減少しており、現在では北関東と北陸・東北の一部で行われている。

露地栽培　自然条件下で栽培する作型。秋に定植し、越冬後3月にマルチを張り、5～6月に収穫。収穫期間は1カ月ほどと非常に短い。うどんこ病の発生が少ない。

抑制栽培　7～8月にランナーから採苗(さいびょう)し、花芽分化が起きる条件下で育苗した株を11月～翌4月頃まで長期間低温に遭わせる。気温が高くなってから冷蔵した苗を温かくなってから定植することで、定植後40～60日で収穫が始まる。露地イチゴの後、夏秋どりまでの間をつなぐ作型。ただ、現在では、夏秋イチゴが出回って優位性がなくなったため、生産がほとんど見られない。

夏秋どり　イチゴの需要は冬（クリスマス）と春が多いが、洋菓子店をはじめ通年の需要がある。そのためイチゴが流通しづらい夏秋期（7月～10月）に収穫する作型が開発。比較的冷涼な長野や北海道、東北地方で四季成り性品種を利用して普及している。温度と日長に反応して花芽を作る品種群を一季成り性品種、日長に関係なく花芽を作る品種群を四季成り性品種という。

野菜の性質と栽培ポイント

イチゴは、おおよそ8日に1枚の割合で新葉が展開し、年間20～30枚になる。葉が7～8枚できると、成長点に花が次々と作られ花房ができるが、花の大きさは花序の開花順序に従って小さくなる。一つの花には約30本の雄しべと200～400の雌しべがあり、ミツバチ等の昆虫によって受粉・受精する。

イチゴの果実は、花床が肥大、発達して果肉となったもので、そのような果実を偽果という。花床上の種子数（つまり雌しべが受粉・受精した数）が多いほど果実は大きく肥大する。受粉が部分的だといびつな形になったり、受粉が行われないと花床は肥大しない。昆虫が少ない場合には、習字の筆や梵天などを使用して人工受粉するとよい。

イチゴは夏の高温・長日条件下では栄養繁殖を行い、初秋から晩秋にかけて平均気温が25℃付近まで下がると、短くなった日長に反応して花芽を分化する短日植物である。25℃以上の高い温度では花芽分化は起こらず、温度が12～15℃以下となると日長にかかわらず花芽分化する。品種による差はあるが、15～25℃の範囲においてのみ短日条件化で花芽分化が起こる。

注目技術　花芽分化を促進させる技術

促成栽培は、戦前から行われていた。最も有名なのは静岡県で行われていた「石垣栽培」で、山腹の南斜面を利用し、盛土して石やコンクリートブロックを積み、太陽熱を蓄放熱させることでイチゴの生育と成熟を早める方法である。戦後になると、ビニールフィルムが普及し、平地でも促成栽培が可能となった。初期の主要品種は「福羽(ふくば)」で、12～3月前後まで収穫する短期どり促成栽培と呼ばれ、その後、「はるのか」や「宝交早生」という品種の登場により、11～5月頃までの半年間を同じ株から収穫する長期どり促成栽培が定着した。現在日本の90%以上がこの長期どり促成栽培といわれている。

促成栽培方法の確立は、育苗時の花芽分化の促進技術が大きく係わっている。イチゴが花芽分化するために必要な条件は、「日長（短日）」「温度（低温）」「窒素（低窒素）」の3つである。下記にその技術例を記す。

断根促成栽培　断根して窒素（栄養成長のための葉肥え）肥料の肥料効果を抑える。

山上げ促成栽培　高冷地の冷涼な気候で育苗する。

短日夜冷処理　8時間程度の短日処理と13℃程度の低温処理を夜のみ行う花芽分化の促進方法。具体的には苗をプレハブなどの倉庫にしまったり、ビニールハウスに遮光資材をかけたりして短日処理を行う。夜間の処理温度は、必要に応じ冷房などを用いて調整する。

低温暗黒処理　光を遮断したハウスや冷蔵庫など12℃前後の暗黒下という環境に苗を置くことで、日長と温度を制御して花芽分化を促進する方法である。

間欠冷蔵処理　一度冷蔵した苗を自然条件にもどす処理を複数回繰り返す方法で、13～15℃を維持した冷蔵庫内に苗を入れ、3～4日経過後の昼前に別の苗と入れ替える。こうした処理を2～3回繰り返すことで、短日夜冷処理と同じような効果を得られる。

果樹全般

果実類

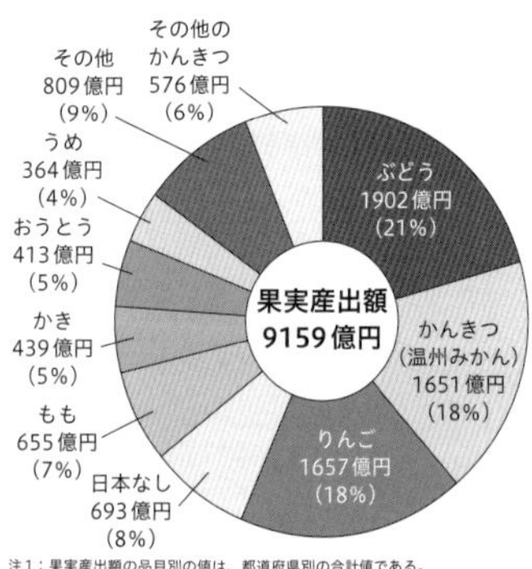

注1：果実産出額の品目別の値は、都道府県別の合計値である。
注2：その他のかんきつは、不知火(デコポン)、ゆず、はっさく、なつみかん、いよかん、ポンカン、ブンタン、清見、きんかん、日向夏、すだち、たんかん、かぼす、ネーブルオレンジの産出額の合計値である

図1　果実産出額の品目別割合
(資料：農林水産省『果樹をめぐる情勢』)

果実生産と産出額

2021年の日本の果実の産出額は約9159億円で、農業総産出額の1割程度を占めている。品目別では、ぶどう、かんきつ(温州みかん)、りんごの3品目で果実産出額の過半を占めている。以下、日本なし、もも、かきと続く(図1)。

果実の生産量は戦後大きく増加して1979年にピークに達した後、近年、栽培面積と共に、生産量は緩やかな減少傾向で推移している。これは、高齢化が急速に進み、栽培農家数が減少しているからである。

かんきつの栽培動向

日本のかんきつ類❶の生産量は、温州みかんが76万tとかんきつ類全体の約4分の3を占めている(2020年)。中晩柑❷の生産量も減少傾向で推移していたが、「伊予柑」や「八朔」などの生産が減少する一方で、糖度が高くて皮がむきやすいなどの理由で、「不知火❸」や「はるみ」、皮のむきやすさに加えて樹勢が強く、甘味をより強く感じる「肥の豊」や「せとか」「はるか」なども栽培が増えている(図2)。また、甘さ・美味しさだけでなく、近年ではかんきつ独特の香りや機能性物質にも目がむけられている。「ジャバラ❹」は花粉症に効果があるとして、一躍脚光を浴びたかんきつである。

❶かんきつ類とは、ミカン科・ミカン亜科のカンキツ属・キンカン属・カラタチ属に属する植物の総称である。統計に出てくる「みかん」は、かんきつ類の温州みかん(早生温州と普通温州)。

❷中晩柑とは、温州みかんの収穫期が終わった後の1～5月頃までに収穫される温州みかん以外のかんきつ類の総称。図1の「その他のかんきつ」にあたる。

❸不知火は登録商標「デコポン」で知られており、果柄部の突起が特徴である。「肥の豊」は、不知火を親に育成された品種で、形もよく似ている。

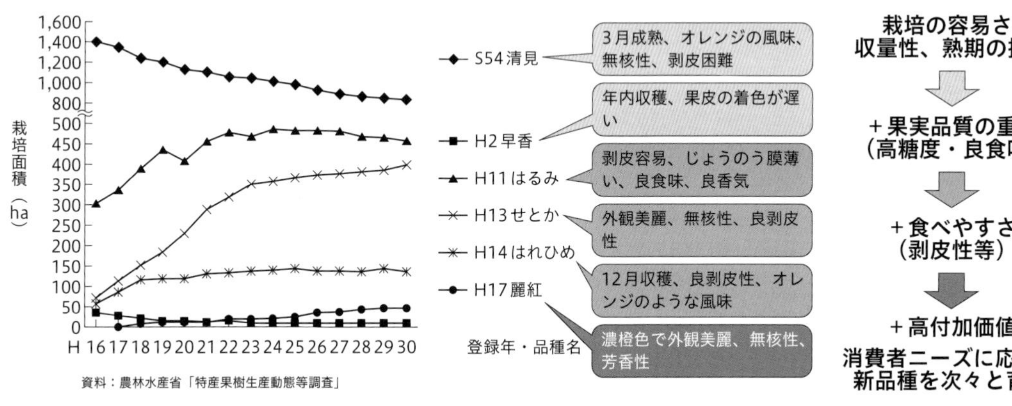

図2　かんきつ栽培品種の移り変わり
(「果樹をめぐる情勢」 農林水産省　令和4年8月より)

ぶどう・なし・ももの栽培動向

以前はぶどうというと、デラウェア、キャンベルアーリーといった品種が主力であったが、年々作付けが減り続けている。近年では、大粒で良食味の巨峰を中心として、品種が多様化している傾向にある。最近、黄緑色の果皮をもつシャインマスカットが、種もなく皮ごと食べられるぶどうとして人気を呼んでいる。また、日本のワイン醸造の広がりを支える栽培も盛んになっており（表1）、白ワイン用のシャルドネ、赤ワイン用のメルローなどの欧州種だけでなく、甲斐ノワール、ヤマ・ソーヴィニヨン、ビジュ・ノワールなどの日本生まれのワイン用品種も栽培されている。

お盆に食べられるナシの登場

日本なしの主産地は千葉県・茨城県・栃木県であるが、気候の適応性が広く、北海道南部から九州まで栽培されているのもナシの特徴である。本来の旬は8月下旬から9月下旬頃までだが、早生品種の幸水の登場によりお盆の時期にも食べられるようになった(図3)。また現在最も多く栽培される品種でもある。

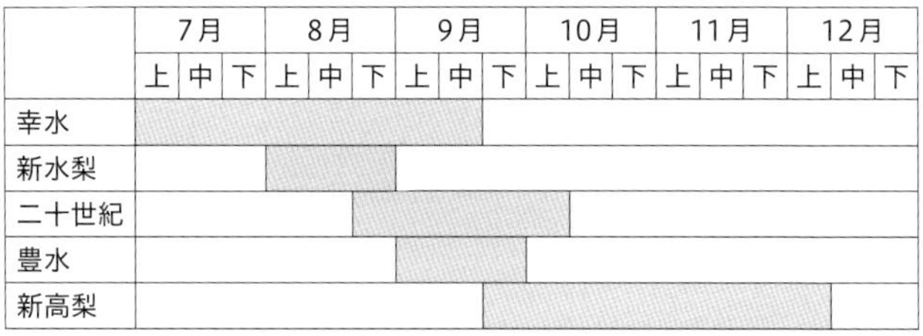

	7月			8月			9月			10月			11月			12月		
	上	中	下	上	中	下	上	中	下	上	中	下	上	中	下	上	中	下
幸水																		
新水梨																		
二十世紀																		
豊水																		
新高梨																		

図3　日本なしの品種別旬の時期

白色の生食用品種が大半に

ももは、昭和初期には岡山県・香川県など温暖地帯で栽培されていたが、近年では山梨県・福島県・長野県をはじめとした冷涼地帯での栽培が多くなっている。ほかの果樹に比べて栽培品種の変化が著しく、現在では「白鳳（はくほう）」や「白桃（はくとう）」から育成された「あかつき」、「川中島白桃」「清水白桃」などの白肉の生食用品種が大半を占めている。また、品種ごとの収穫期間は10日間ほどと短く、早生・中生・晩生が次々と品種を変えて店頭に並ぶ。

❹江戸時代から和歌山県北部の山村で栽培されてきた品種で、花粉症（アレルギー）を抑制する機能がある。これは香酸かんきつ果実の中で、ジャバラに特異的に多く含まれる成分「ナリルチン」によるものである可能性が高いとされている。

表1　ワインに使われている主なぶどう品種

区分	品種	色
日本固有の主要ぶどう品種	マスカット・ベーリーA	赤
	ブラック・クイーン	赤
	ヤマブドウ	赤
	甲州	白
日本で栽培されている主要ワイン専用品種	カベルネ・ソーヴィニヨン	赤
	メルロー	赤
	ピノ・ノワール	赤
	ツヴァイゲルトレーベ	赤
	セイベル13053	赤
	シャルドネ	白
	ケルナー	白
	セイベル9110	白
	ミュラー・トゥルガウ	白
	リースリング	白
	セミヨン	白
近年、日本で交配されたワイン用主要品種	甲斐ノワール	赤
	清見	赤
	ヤマ・ソーヴィニヨン	赤
	サントリー・ノワール	赤
	リースリング・リオン	白
	リースリング・フォルテ	白
	信濃リースリング	白
	甲斐ブラン	白

（「日本ワインの基礎知識」日本ワイナリー協会ホームページより）

花き

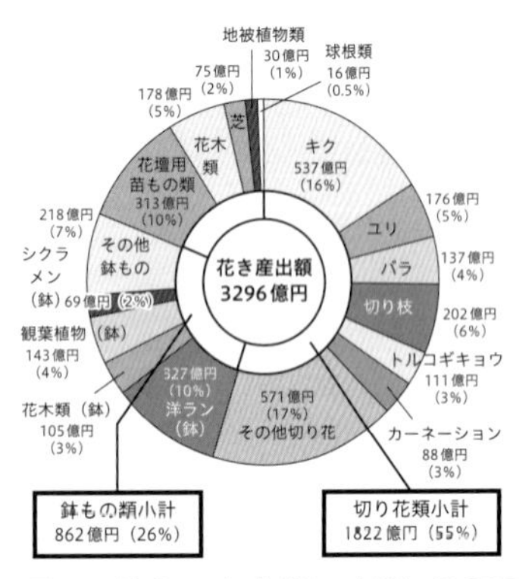

図1　花きの産出額の内訳（2020年）
（資料：農林水産省「生産農業所得統計」、「花木等生産状況調査」）

表1　切り花の国内出荷量・輸入量の推移（億本）

	S60	H2	H7	H12	H17	H22	H27	H28	H29
国内出荷量	42.5	53.2	55.8	55.9	50.2	43.5	38.7	37.8	37.0
輸入量	1.2	3.6	6.6	8.3	10.4	13.2	12.7	13.1	13.4
計	43.7	56.7	62.4	64.2	60.7	56.7	51.4	50.9	50.4
切花輸入割合（数量ベース）	3%	6%	11%	13%	17%	23%	25%	26%	27%

（資料：農林水産省「花き生産出荷統計」、「植物検疫統計」）

表2　切り花の主要品目別輸入割合・輸入量（2017年）

品目	輸入品の割合	輸入量（億本）	主な輸入国					
			1位	割合	2位	割合	3位	割合
カーネーション	60%	3.67	コロンビア	69%	中国	20%	エクアドル	7%
キク	18%	3.35	マレーシア	58%	ベトナム	22%	中国	16%
バラ	20%	0.63	ケニア	40%	インド	18%	エチオピア	11%
ユリ	4%	0.06	韓国	87%	ベトナム	6%	台湾	5%

（資料：農林水産省「花き生産出荷統計」、「植物検疫統計」）

花きとは何か

「花き」とは、「花きの振興に関する法律」（平成27年施行）で、「観賞の用に供される植物をいう」と定義されている。具体的には、切り花類（キク、バラ、カーネーション等切り花、ヤシの葉等切り葉、サクラ等切り枝）、鉢もの類（シクラメン、ラン、観葉植物、盆栽等）、花木類（ツツジ等庭木に使われる木本性植物で緑化木を含む）、球根類（チューリップ、ユリ等）、花壇用苗もの類（パンジー、ペチュニア等）、芝類（造園用等養成されているもの）、地被植物類（ササ、蔓類等地面や壁面の被覆に供するもの）をいう。

図1は、産出額の内訳を示したものである。産出額1位がキク（葬儀や供花）、2位が洋ラン（鉢、お祝い用）、3位が生け花用の切り枝で、以下、ユリ（装飾用）、ブライダルや記念日に利用されるバラやトルコギキョウなどが続く。

花き産業の問題は、花の需要に季節的変動が大きいことで、切り花では彼岸、盆、暮れ、正月など、鉢ものでは春の花壇や12月のクリスマス需要など、季節により需要の落差が大きい。

花きの輸入

国内生産による花き産出額が3296億円。そのうちの約6割は切り花類で、鉢もの類、花壇用苗もの類が続く。花きの輸入額は453億円で、国内生産は約9割、輸入が約1割である（2020年金額ベース）。

花きの品種改良によって日持ちや品質が向上した結果、コロンビアやマレーシア、中国をはじめとする輸入品の割合が増えつつある。表1に、切り花の国内出荷量と輸入量の推移を示したが、年々輸入量が増えており、国内生産量に対する割合でみると、1985年に比べると2017年には9倍になっている。表2は、切り花の主要品目について輸入を見たものである。母の日などに使われるカーネーションは60%、仏花としての需要のあるキクも18%が輸入品で占められている。

電照栽培によるキク花芽分化制御技術

キクは「夏ギク」、「夏秋ギク」、「秋ギク」、「寒ギク」の4つの品種群に分類され、それぞれに多くの品種が育成されている。

キクは一般に、日長がある長さ（限界日長❶）よりも短い場合に花芽形成が促進される「短日植物」である。夏秋ギクの場合には、限界日長は晩成品種では16時間程度、早生品種では17時間以上で、最も日長が長い夏至であっても花芽形成が起こり、花芽分化を始めてしまう（表3）。そこで開発されたのが「電照栽培」（図2）である。夜間に電照することで日長時間を伸ばして花芽分化を抑制し、その後電照を切って秋ギクの限界日長より短い自然の日長において開花させる技術である。秋冬作（11～4月）は、秋ギクを夜間に電照して開花を遅らせる「電照栽培」が開発されて、キクの開花制御が可能になった。

図2　キクの電照栽培
（写真提供：PIXTA）

❶限界日長とは、短日植物や長日植物の場合に、開花に必要な日長の限界のこと。短日植物の場合はある一定以下の日長、長日植物の場合はある一定以上の日長でなければ開花しない。

表3　キクの品種群と感光性

（川田・船越、1988より作成）

品種群名		感光性
		限界日長
夏秋ギク	早生	17～24時間未満
	中生	17時間
	晩生	16時間
秋ギク	早生	14～15時間
	中生	13時間
	晩生	12時間
寒ギク		11時間以下

（資料：農文協『農業技術大系　花卉編　キク型』）

開発されたキクの作型

電照抑制＋二度切り栽培　二度切りとは、10～11月咲きの秋ギクを電照して11月～2月上旬に収穫した後、苗を植え替えずに株を切り戻して再び萌芽させ、この芽を生長させて切り花にする方法である。「秀芳の力」（秋ギクの品種）は、二度切り栽培できる代表的な品種である。

シェード栽培　秋ギクを、光を透過しないフィルムで朝夕遮光して短日処理し、長日の時期に花芽の分化、発達、開花を促進させ、5～6月頃に出荷する栽培方法。

周年栽培　施設栽培では、基本的には秋ギクの「秀芳の力」と夏秋ギクの「精雲」を組み合わせて周年生産が行われている。

注目技術　赤色LEDを利用した花芽形成の制御技術

電照栽培では、以前には白熱灯❷や蛍光灯❷が用いられていたが、エネルギー効率の改善のため、発光ダイオード（LED）❷への利用に切り替わってきている。この3つの照明灯の光は、同じように見えるが、白熱灯と蛍光灯、LEDでは、発している光の波長が異なる。図は、白熱光と蛍光灯、LED（赤色光）が発している波長を調べてみたものである。

赤色LEDは630nm当たりに一つの山しか見えないが、白熱光は波長が長くなるにつれて山が次第に高くなり、蛍光灯は波長が異なるいくつも山が見える。

キクの花芽分化抑制に最も効果のある波長域は、およそ600～640nm付近の光（赤色光）であることが明らかになっている。つまり、電照によって効果的にキクの花芽分化抑制を行うには600～640nm付近の赤い光をキクに感じさせればよい。そのために最もエネルギー的に効率的な灯が、単一の波長を発する赤色LEDというわけである。従来の白熱電球に比べ、消費電力がおよそ10分の1程度と省エネルギーである。

なお、LEDには点灯直後が最も発光エネルギーが強いという特徴があるので、この性質を利用して、キクの間欠電照❸により電気使用量のさらなる削減技術「間欠電照」の研究が進められている。

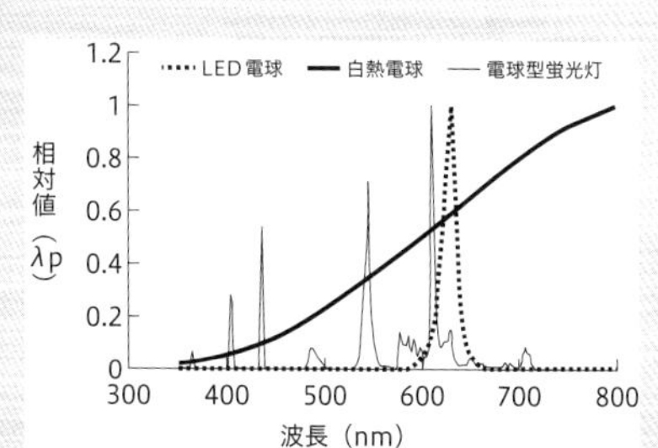

赤色LED電球と電球型蛍光灯、白熱電球との波長の比較　（「LEDを利用したキクの開花調節マニュアル」農業総合試験　平成25年6月より）

❷白熱灯とは、ガラス球内のフィラメント（抵抗体）のジュール熱による輻射を利用した電球を使った灯り。蛍光灯とは蛍光管内にガスが封入され、管には蛍光物質が塗られていて、そこに紫外線があたることで光る灯り。LEDは、発光ダイオードと呼ばれる半導体のことで、半導体結晶の中で電気エネルギーが直接光に変化する仕組みを応用した灯り。

❸連続的に電照するのではなく、短時間の電照を断続的に行う方法。

畜産

乳用牛と肉用牛

乳用牛　生乳の生産量は、2016年度以降、頭数の減少などにより減少傾向で推移してきたが、2019年度に増加に転じ、2020年度は1.0％増加した。牛乳等むけ処理量は、近年は健康志向の高まりなどにより横ばいで推移しており、2020年度は、新型コロナウイルス感染症の影響による巣ごもり需要などで牛乳消費が堅調だったため微増した。しかし、その後の業務用需要の減少や学校給食での減少への影響は記憶に新しい。

飼養戸数は毎年、年率4％程度、飼養頭数は年率2％程度の減少傾向で推移しているが、一戸当たり経産牛❶飼養頭数は前年に比べ増加傾向で推移しており、大規模化が進むとともに、牛の改良により一頭当たりの乳量は上昇傾向にある。

なお、黒毛和種の交配率の上昇❷により、2014～16年度にかけて乳用雌子牛の出生が減少して後継牛不足が懸念されたが、性判別精液❸の活用等の後継牛確保の取り組みの推進により、乳用雌子牛の出生頭数は2016年度を底に増加傾向で推移している。乳用牛からの和子牛出生頭数は年々増加傾向にあり、2019年度に約4万頭となっている。

❶出産を経験した牛のこと。反対に、出産をしていない牛は「未経産牛」と呼ぶ。

❷肉質の向上を求めて和牛子牛の需要が高まるなか、乳用雌牛へ黒毛牛の精液を交配して和牛×肉牛の雑種子牛を得ることが進んでいる。

❸DNA量のわずかな違いを識別することで、精子をX精子（雌精子）またはY精子（雄精子）に分別した精液。

酪農経営での労働時間は、表1のようにほかの畜種や製造業と比べ長く、1人当たり年間平均労働時間2094時間（2019年）である。そこで労働負担の軽減にむけ、下記の取り組みが進められている。

表1　1人当たりの年間平均労働時間（2019年）

酪農	肉用牛	養豚	製造業
2094	1689	1726	1916

資料：農林水産省「営農類型別経営統計」、厚生労働省「毎月勤労統計」より算出

（畜産の情報　2022.4　独立行政法人農畜産業振興機構（alic）より）

①飼養方式の改善（つなぎ飼いから放し飼いへ、フリーストール・フリーバーン牛舎の導入）

牛をつながずに牛舎内を自由に歩き回れ、牛の寝るベット（牛床）が一頭ごとに仕切られている「フリーストール」と、仕切りがなく自由に寝ることができる「フリーバーン」の形態がある牛舎の導入。個々の牛の休む場所が混み合わず清潔に保たれ、給餌場を休息場内に設けられるため給餌作業や搾乳作業の労力が少なくて済む。

②機械化（搾乳ロボット、自動給餌機械、餌寄せロボット、哺乳ロボットの導入）

③外部へ作業委託する取り組み

- **キャトルセンター**：繁殖農家で生ませた子牛を預かり、市場出荷まで育成する施設。
- **キャトル・ブーリディング・ステーション**：雌牛の分娩・種付けや子牛の保育・育成を集約的に行う組織。農家から母牛を預かり種付け・妊娠させ、農家に母牛を戻すことで農家の

規模拡大や労力の軽減を図る。

- **ＴＭＲセンター**：(Total Mixed Rationの略) 栄養を考えながら粗飼料と濃厚飼料を混ぜ合わせ、畜産農家に栄養価の高い飼料を提供する施設。個々の畜産農家が飼料を混ぜ合わせる手間を省くことができる。
- **コントラクター**：酪農家が規模拡大をして頭数を増やした場合、飼養管理に手がかかり、飼料の収穫や畑を耕すことが難しくなる。その飼料の収穫等、飼養管理以外で必要な作業を請け負う組織。
- **酪農ヘルパー**：酪農家が休みをとる際に農家に代わって、搾乳や給餌などの作業を行う人。
- **公共牧場**：公的組織が広大は草資源を活用して、農家の乳用牛や肉用牛の子牛の育成を担う組織。

肉用牛　飼養戸数は、小規模層を中心に減少傾向で推移しているが、飼養頭数は2017年から増加傾向にあり、一戸当たり飼養頭数は前年に比べ増加傾向で推移して、大規模化が進んでいる。繁殖雌牛の飼養頭数は、2010年をピークに減少していたが、2016年から増加傾向にある。飼養頭数の内訳は図1のようになる。

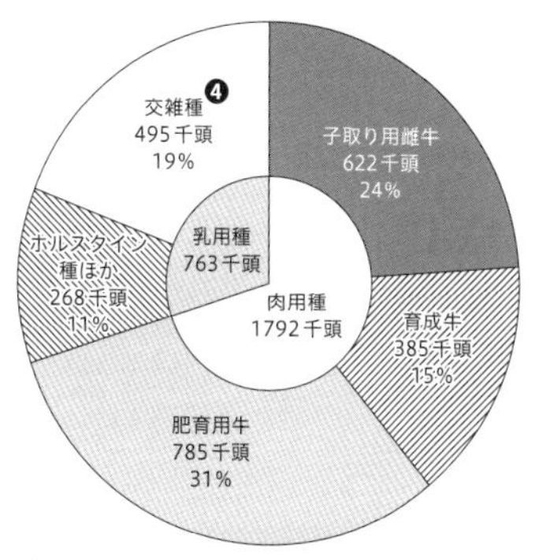

❹交雑種とは、肉用牛と乳用牛を交配した雑種牛のこと

図1　肉用牛飼養頭数の内訳(2020年)
(資料：農林水産省「畜産統計」)

国内生産量は、近年、減少傾向で推移していたが、2017年度から増加に転じ、2020年度は、乳用種の生産は減少したものの、和牛が引き続き増加したため増加している。

繁殖経営の生産性の向上・省力化を推進するため、ＩＣＴ等の新技術を活用した発情発見装置や分娩監視装置、哺乳ロボット等の機械装置の導入が進められている。

国産牛と和牛とWAGYU　「国産牛」は、品種とは関係なく、日本国内で飼育された牛を指す。ホルスタイン種やジャージー種などの乳用種、和牛以外の肉専用種、肉専用種と乳用種の交雑種が、国産牛に含まれる。海外で飼育され入ってきた牛の場合、3カ月以上日本で飼育すれば国産牛を名乗ることができる。

「和牛」とは、「黒毛和種」「褐毛(あかげ)和種」「日本短角種」「無角和種」の4品種と、それらの品種間のハイブリッドのみが名乗ることができる。

「WAGYU」とは、かつて和牛遺伝子の輸出規制のなかった当時、和牛遺伝子がオーストラリアに輸出され、以降、海外で生産可能になった外国産の和牛の総称。オーストラリア産WAGYU❺が生産・輸出ともにトップだが、それ以外でもWAGYUを生産している地域はアメリカやカナダ、中国などがある。

❺和牛遺伝子の交配割合が50％以上の牛を「WAGYU」として登録。

そうした海外産和牛と差別化を図るために現在、日本国内で生まれ育ち、血統が証明された正真正銘の日本産和牛にしか付けることができない図2のような和牛統一マーク「JAPANESE BEEF WAGYU」がある（2007年、農林水産省作成）。

図2　和牛統一マーク

5　栽培分野(2)

豚

飼養戸数は、小規模層を中心に減少傾向にあり、飼養頭数も2011年以降減少傾向で推移してきている。一方、一戸当たり飼養頭数及び子取用雌豚頭数は着実に増加しており、大規模化が進んでいる（図3）。

近年、国の豚肉輸入量は急増し、2019年は日本と中国で世界の輸入の5割を占める。しかし、北アメリカの現地価格の高騰や、為替相場の変動等により、かつてのように日本が思うままに豚肉を輸入できる環境ではなくなりつつあり、国内生産の振興が一層重要になっている。

日本では、独立行政法人家畜改良センター、都道府県、民間種豚生産者が国内外から育種素材を導入し、それぞれの目的・ニーズに応じた改良を実施し、多様な特性をもつ種豚の作成に取り組んでいる。現在、「国産純粋種豚改良協議会」を設立（2016年3月）して種豚改良を速めるよう進められている。

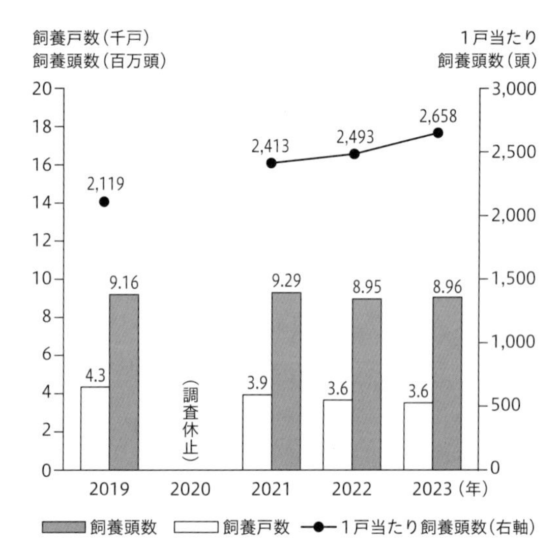

図3　豚の飼養戸数及び飼養頭数の推移
（資料：農林水産省「家畜統計」）

採卵鶏とブロイラー

鶏卵　鶏卵は需要のほとんどを国内産でまかなっているため、わずかな需給の変動が大きな価格変動をもたらす構造となっている。一戸当たり飼養羽数は増加傾向で推移しており、大規模化が進展。戸数で見ると、成鶏メス10万羽以上の戸数が19.6％を占め、成鶏メス飼養羽数で見ると、10万羽以上の採卵鶏農家が、全飼養羽数の80％を占めている（2021年）。

鶏肉　消費量は、唐揚げブームや消費者の健康志向の高まり等を背景に、増加傾向で推移している。生産量はここ数年、毎年過去最高を更新している。新型コロナウイルス感染症の影響で「巣ごもり」による需要が高まったため、2020年4月以降は上昇傾向で推移している。

飼養戸数は近年、小規模層を中心に減少傾向だが、出荷羽数は増加傾向である（図4）。一戸当たり飼養羽数及び出荷羽数は増加傾向で推移し、特に大規模層（年間出荷羽数50万羽以上）の市場占有率は拡大傾向にある。

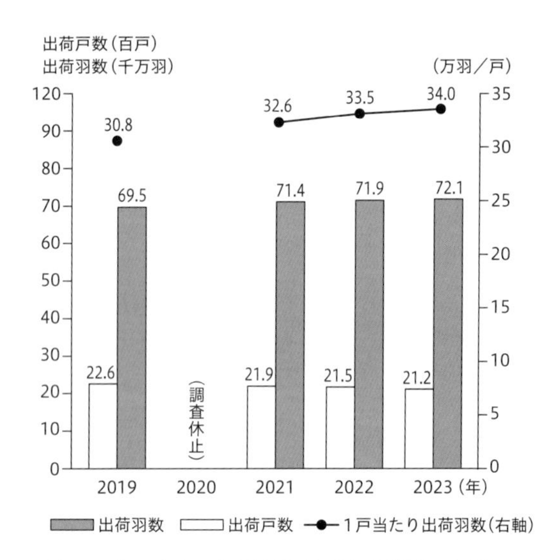

図4　ブロイラー出荷戸数及び出荷羽数の推移
（資料：農林水産省「家畜統計」）

飼料自給への新展開

近年の肉の消費量は、1960年に比較すると、約10倍に増加しているが、その需要を支える飼料の自給率は26%（2023年）にすぎず、74%は海外からの輸入に依存している（表2）。酪農の生産基盤の強化のためには、経営コストの3～5割程度を占める飼料費の低減が不可欠で、国産飼料に立脚した畜産への転換が求められている。

表2　近年の飼料自給率の推移　（単位：%）

年度	2013	2014	2015	2016	2017	2018	2019	2020	2021	2022(概算)
全体	26	27	28	27	26	25	25	25	26	26
粗飼料	77	78	79	78	78	76	77	76	76	78
濃厚飼料	12	14	14	14	13	12	12	12	13	13

（資料：農林水産省「飼料をめぐる情勢」2023年11月）

飼料は、牧草のように繊維含量が高く、容量の大きいものを「粗飼料」、配合飼料やその原料のように高エネルギーや高タンパク質の物を「濃厚飼料」として大別される（図5）。農林水産省では、飼料自給率について、粗飼料においては草地の生産性向上、飼料生産組織の運営強化等を中心に、濃厚飼料においては飼料用米やエコフィードの利用拡大等により向上を図り、飼料全体で34%（2030年度）の自給率を目標としている。

粗飼料における飼料生産組織の運営については、先に述べたコントラクター（組織数828）、TMRセンター（組織数163）の普及が図られている（2022年現在）。また水田活用の直接支払交付金（→p.30〈多面的機能発揮へ日本型直接支払制度〉の項参照）や収穫機械の導入に対する支援等により、水田で生産できる良質な粗飼料として、イネ（WCS）❺発酵粗飼料の生産が拡大している。

濃厚飼料の生産への取り組みとして、トウモロコシ（デントコーン）の子実だけを収穫し、飼料にする子実トウモロコシや、トウモロコシの雌穂【ear＝(芯・穂皮・子実)】を収穫し、密封貯蔵して発酵させた「イアコーンサイレージ」などの取り組みが推進されている。これは、(WCS）に比べTDN（可消化養分総量）❻が75～85%と栄養価が高く、牛・豚用の濃厚飼料として利用される。また、未利用資源や食品残渣を飼料として活用するエコフィードの取り組みも行われている。これにより廃棄物処理費の削減やSDGs（持続可能な開発目標）の推進がなされ、さらに生産された畜産物をブランド化して販売する取り組みも行われている。また、一定の基準（食品循環資源の利用率や栄養成分等）を満たす資源利用飼料を「エコフィード」として認証したり（2023年3月現在、29銘柄認証済）、エコフィードの安全かつ安定的な利活用の推進を目的として、一定の基準を満たした畜産物を「エコフィード利用畜産物」として認証する制度も制定している（2023年3月現在、5商品認証済）。

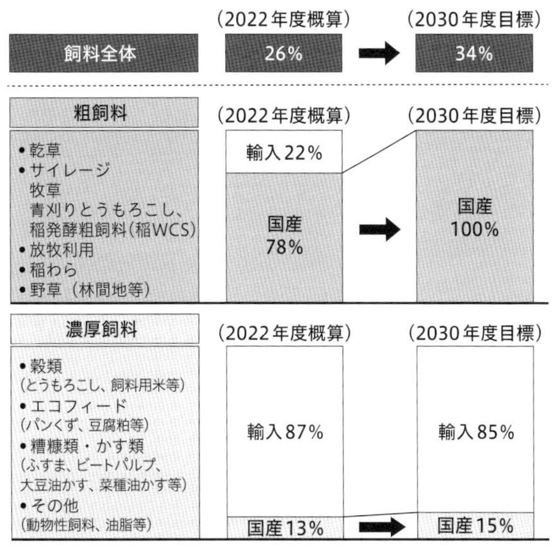

図5　飼料自給率の現状と目標
（資料：2023年9月農林水産省 畜産局 飼料課作成）

❺WCS　whole crop silageの略。飼料作物を細かく切断し、サイロなどの空気の入らない施設に密封し、乳酸菌の働きで発酵させた貯蔵飼料。穀実の着かない牧草を原料とする牧草サイレージと区別してホールクロップサイレージと呼ぶ。

❻飼料の栄養価の指標となるもので、与えた飼料に含まれている栄養分の中で消化可能な量のこと。飼料原料がもっているエネルギー価を把握するための値。イネ（WCS）の値は54.5%、稲わらサイレージは42.1%。

監修者
梶谷 正義
元東京都立農業関係高等学校教諭
柴田 一
東京都立学校農業関係教諭
竹中 真紀子
東京家政学院大学現代生活学部現代家政学科准教授

参考文献一覧

農林水産省発行「食料安全保障月報」2022年7月
農業協同組合新聞　2021年5月13日
「かんたん、わかる！ プロテインの教科書」ウェブサイト

写真提供者

三内丸山遺跡センター／明治大学博物館／株式会社くしまアオイファーム／和寒町／PIXTA／愛知県農業総合試験場／水野浩志／善林薫／松村正哉／植物防疫所／竹内博昭／平江雅宏／宮坂篤／澁谷知子／みかど化工株式会社／赤松富仁／高知県／京都乙訓農業改良普及センター／タキイ種苗株式会社／住友化学株式会社／愛知県／金磯泰雄／長井雄治／小野寺幸絵／後藤逸男／三角洋造／東郷弘之／児玉寿人／農研機構／

改訂新版　日本の農と食を学ぶ　上級編
－日本農業検定１級対応－
日本農業検定 事務局 編

2024年6月20日　発行
編者　日本農業検定 事務局
発行　一般社団法人全国農協観光協会
〒101-0021　東京都千代田区外神田1-16-8
GEEKS AKIHABARA 4階
日本農業検定 事務局
電話　03-5297-0325
発売　一般社団法人農山漁村文化協会
〒355-0022　埼玉県戸田市上戸田2-2-2
電話　048-233-9351（営業）　048-233-9374（編集）
FAX　048-299-2812

制作　㈱農文協プロダクション　ISBN978-4-540-24138-3
印刷・製本　協和オフセット印刷㈱